U0958132

零基础学 C++程序设计

刘媛媛　编著

電子工業出版社
Publishing House of Electronics Industry
北京・BEIJING

内 容 简 介

本书从实际生活中的数据出发，由浅入深，通过大量实例系统讲解 C++语言的相关内容，以及如何使用 C++语言中的语法处理数据。在处理数据的过程中，不断帮助读者学习和熟悉 C++语言的所有语法。同时，每章内容后还提供了大量习题用于巩固学习。作者专门为本书录制了大量的配套教学视频，以帮助读者更好地学习本书内容。

本书共分 4 篇。第一篇为基础语法篇，介绍第一个 C++语言程序、数据、数据运算、程序控制结构、函数、数组与字符串、指针与引用、复合数据类型；第二篇为面向对象篇，介绍类和对象、继承与派生、多态与虚函数、运算符重载和模板；第三篇为高级语法篇，介绍输入/输出流、预处理和宏、标准模板库（STL）、程序错误与异常处理、文件；第四篇为实战篇，介绍一个完整的员工信息管理系统。

本书适合所有想全面学习 C++语言的工作人员、技术开发人员阅读，也适合参加 C++语言等级考试的读者使用。

图书在版编目（CIP）数据

零基础学 C++程序设计 / 刘媛媛编著. —北京：电子工业出版社，2021.10
ISBN 978-7-121-42106-8

Ⅰ. ①零…　Ⅱ. ①刘…　Ⅲ. ①C++语言－程序设计　Ⅳ. ①TP312.8

中国版本图书馆 CIP 数据核字（2021）第 196917 号

责任编辑：雷洪勤　　文字编辑：刘真平
印　　刷：三河市华成印务有限公司
装　　订：三河市华成印务有限公司
出版发行：电子工业出版社
　　　　　北京市海淀区万寿路 173 信箱　邮编 100036
开　　本：787×1 092　1/16　印张：26.75　字数：684.8 千字
版　　次：2021 年 10 月第 1 版
印　　次：2022 年 9 月第 2 次印刷
定　　价：89.80 元

凡所购买电子工业出版社图书有缺损问题，请向购买书店调换。若书店售缺，请与本社发行部联系，联系及邮购电话：（010）88254888，88258888。

质量投诉请发邮件至 zlts@phei.com.cn，盗版侵权举报请发邮件至 dbqq@phei.com.cn。

本书咨询联系方式：leihq@phei.com.cn。

前　　言

C++语言是基于 C 语言发展起来的更加高效的面向对象语言。它在 C 语言的基础上增加了许多新的编程理念，语言更加规范。C++语言不仅拥有 C 语言对底层开发的操作能力，同时还具有提高代码复用率的面向对象特性。所以，C++语言是一种更加灵活、更加简捷、技术更加全面的编程语言。

作者结合自己多年的 C++语言开发经验和心得体会，花费一年多的时间编写了本书。希望各位读者能在本书的引领下跨入 C++语言开发大门，成为一名开发高手。本书最大的特色就是结合大量生活中的常见知识，从实际出发，全面、系统、深入地介绍 C++语言的开发技术，并以大量实例贯穿全书的讲解之中，最后详细介绍了 C++语言的应用和经典例题。学完本书后，读者可以具备独立编程开发的能力。

本书特色

1．配备大量多媒体语音教学视频，学习效果好

作者专门录制了大量的配套多媒体语音教学视频，以便让读者更加轻松、直观地学习本书内容，提高学习效率。读者购买本书，可以在华信教育资源网站免费下载对应的视频和代码源文件。网址：http://www.hxedu.com.cn。

2．内容全面、系统、深入

本书涵盖 C++语言的各个知识点。内容从环境配置和数据表达开始，逐步过渡到基础语法、复杂数据处理等。为了方便读者整合所学内容，本书最后介绍了一个完整的员工信息管理系统的开发过程。

3．提供大量习题

对于非在职的读者，学习 C++语言的最大问题是缺少练习和自我验证的机会。这导致大家一边学习后面的章节，一边忘记前面的内容。为此，本书提供了 300 多个习题，供大家练习和自我测试。

4．贯穿大量的实例和技巧

为了方便读者完全掌握 C++语言各个语法点的应用，全书添加了 200 多个示例；针对学习和开发中经常遇到的问题，本书还穿插了 70 多个注意事项，以便帮助读者更快速地掌握书中的内容。

5．符合不同读者的需求

本书充分考虑 C++自学人员及参加计算机等级考试读者的需求。在内容体系上，本书详细讲解程序的本质，以适合入门读者阅读；在知识点覆盖上，完全符合计算机等级考试大纲的要求，并介绍考试专用开发环境 Visual C++ 2010 学习版的使用。

本书内容及体系结构

第一篇　基础语法篇（第 1～8 章）

本篇主要内容包括第一个 C++语言程序、数据、数据运算、程序控制结构、函数、数组与字符串、指针与引用、复合数据类型等。通过本篇的学习，读者可以掌握 C++语言的基础语法，编写一些具有一定功能的程序。

第二篇　面向对象篇（第 9～13 章）

本篇主要内容包括类和对象、继承与派生、多态与虚函数、运算符重载、模板等。通过本篇的学习，读者可以掌握 C++语言中的高级语法，并可以对一些比较复杂的数据进行处理。

第三篇　高级语法篇（第 14～18 章）

本篇主要内容包括输入/输出流、预处理和宏、标准模板库（STL）、程序错误与异常处理、文件等。通过本篇的学习，读者可以编写各种预处理指令，实现对标准模板库的使用，以及对各种错误和文件的处理。

第四篇　实战篇（第 19 章）

本篇主要内容包括员工信息管理系统。通过本篇的学习，读者可以实现一个综合的案例，能够对 C++语言有更全面的了解。

学习建议

- 坚持编程：编程需要进行大量的练习，如同学习英语一样，只有不停地练习，才能掌握语法的使用。
- 多问：不懂就问，遇到问题要积极地向别人请教，这样才能让学到的知识更加扎实。
- 多看：需要多看一些好的编程，就如同写作文一样，要多看一些范文，才能掌握写作技巧。
- 多想：在编程时，需要思考使用哪种编程结构，或者看到好的编程时想一想为什么要这样写。

本书读者对象

- C++语言初学者。
- 想全面学习 C++语言开发技术的人员。
- C++语言专业开发人员。
- 利用 C++语言做开发的工程技术人员。
- C++语言的开发爱好者。
- 大中专院校的学生。
- 社会培训班学员。

作　者

目　　录

第一篇　基础语法篇

第二篇 面向对象篇

第三篇　高级语法篇

第四篇 实 战 篇

第一篇　基础语法篇

第 1 章　第一个 C++语言程序

C++是由 Bjarne Stroustrup 于 1979 年在美国新泽西州美利山贝尔实验室开始构思的。由于 C++语言进一步扩充和完善了 C 语言，所以最初命名为“带类的 C”，后来于 1983 年更名为“C++”。本章将通过编写第一个 C++语言程序，讲解编程语言、C++语言开发、构建开发环境、编写程序及代码构成等基础知识。

1.1　编程语言简介

编程语言是计算机与程序员之间交流的桥梁。通过编程语言，程序员可以精准地控制计算机去处理指定的数据。从诞生到现在，编程语言经历了以下三代。

1. 机器语言

从字面意思可以看出，机器语言属于机器可以直接识别的语言。机器语言又被称为第一代计算机语言，是用二进制代码表示的。二进制是计算机默认的计数方式。

计算机运行的最基础原理就是充电与放电两种状态，通过状态的切换实现不同的含义。所以，机器语言用两个数字指代充电与放电这两种状态。0 表示无、假、不符合或放电状态，1 表示有、真、符合或充电状态。通过大量的 0 和 1 的组合就可以表示大量的数据。组合越复杂，可表示的数据量越大。

机器语言控制计算机运行的原理就像谍战电影中特工发电报传输信息一样。通过点（快速按一下电报机）和划（长按电报机不放）组成固定组合，在密码本上将固定组合标注为固定的含义。

假设，发电报“点划划点”表示“任务完成”，将这条规则写入电报密码本。

小 A 只需要在 F 城市用电报机发出“点划划点”，小 B 接到后参考密码本就能知道小 A 已经完成了任务。

把小 A 转换为程序员，小 B 转换为计算机，“点划划点”转换为机器码“0110”。那么，程序员通过发送机器码“0110”，计算机就会输出“任务完成”。这就是最早的程序员与计算机交流的方式。

2. 汇编语言

汇编语言是任何一种用于电子计算机、微处理器、微控制器或其他可编程器件的低级语言，也称符号语言。在汇编语言中，用助记符代替机器指令的操作码，用地址符号或标号代替指令或操作数的地址。运用汇编语言编写的一般都是较为简练的小程序，其在执行方面较为便利，但汇编语言在程序方面较为冗长，所以具有较高的出错率。

3. 高级语言

高级语言是一种独立于机器、面向过程或对象的语言。该语言是参照数学语言设计的近似于日常会话的语言。高级语言并不是特指某一种具体的语言，而是包括很多编程语言，如流行的 C、C++、C#、Java、Pascal、Python、Lisp、Prolog、FoxPro 等。

注意：无论使用什么语言编写程序，编译器都会将编程语言编写的代码转换为机器语言，这样才能被计算机识别。

1.2 C++语言开发概述

C++语言是一种静态类型的、编译式的、通用的、大小写敏感的、不规则的编程语言，支持过程化编程、面向对象编程和泛型编程。本节将对 C++语言的发展及特点进行讲解。

1. C++语言的发展

C++语言起源于 C 语言。1980 年，Bjarne Stroustrup 及其同事从 Simula67 中引入面向对象的特征，开发出一种程序设计语言，命名为“带类的 C”，至 1983 年改名为“C++”，其发展如图 1.1 所示。

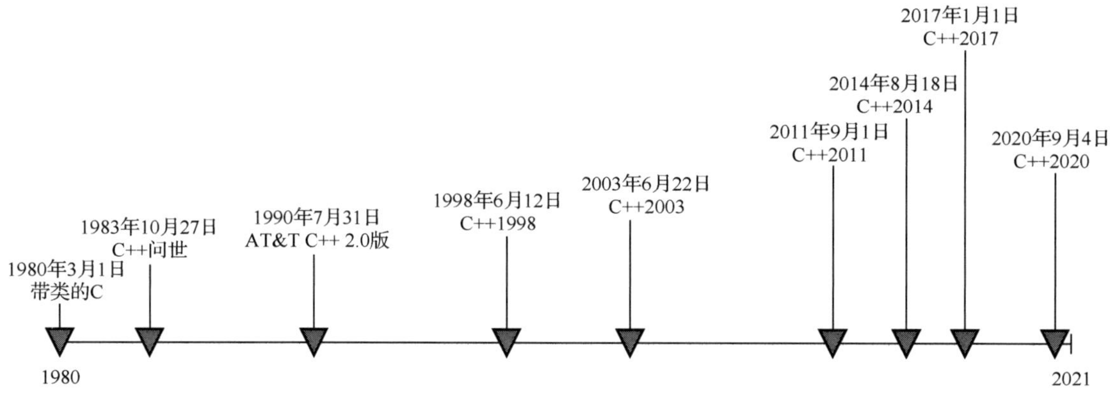

图 1.1　C++语言的发展

1998 年，C++标准委员会成立，随后发布了 C++1998、C++2003、C++2011、C++2014、C++2017、C++2020 六个标准。

2. C++语言的特点

C++语言具有如下特点。

- C++语言是 C 语言的超集，因此能与 C 语言兼容。
- C++语言支持面向对象的程序设计，具有封装性、继承性、多态性三个特点。
- C++语言既可以支持面向过程的程序设计，又可以进行面向对象的程序设计。

1.3　构建开发环境

每一种编程语言都必须有对应的开发环境。所谓开发环境（Software Development Environment，SDE）是指在基本硬件和宿主软件的基础上，为支持系统软件和应用软件的工程化开发和维护而使用的一组软件，简称 SDE。本节将讲解如何构建 C++语言的开发环境。

1.3.1　下载和安装 Visual Studio

Visual Studio 全称为 Microsoft Visual Studio（简称 VS），是美国微软公司的开发工具包系列产品。VS 是一个基本完整的开发工具集，它包括整个软件生命周期所需要的大部分工具，如 UML 工具、代码管控工具、集成开发环境（IDE）等。目前，Visual Studio 的最新版本为 Visual Studio 2019。下面将讲解最新版 Visual Studio 的下载和安装。

1. 下载

下载最新版 Visual Studio 安装启动器的具体步骤如下。

（1）打开浏览器，在地址栏中输入 Visual Studio 的官网地址 http://www.visualstudio.com/，打开官网首页，如图 1.2 所示。

图 1.2　官网首页

（2）在首页中单击“下载”（英文网站为“Download”）选项，进入下载页面，此时看到的就是最新版的 Visual Studio 安装启动器文件下载列表，如图 1.3 所示。

（3）在此页面中提供了很多与最新版 Visual Studio 安装启动器文件相关的版本。单击相关版本下面的“免费试用”按钮就可以实现最新版 Visual Studio 安装启动器文件相关版本的下载，并且进入如图 1.4 所示的下载页面。本书下载的是 Visual Studio Enterprise 2019。

注意：选择社区版和 Professional（专业）版都可以。

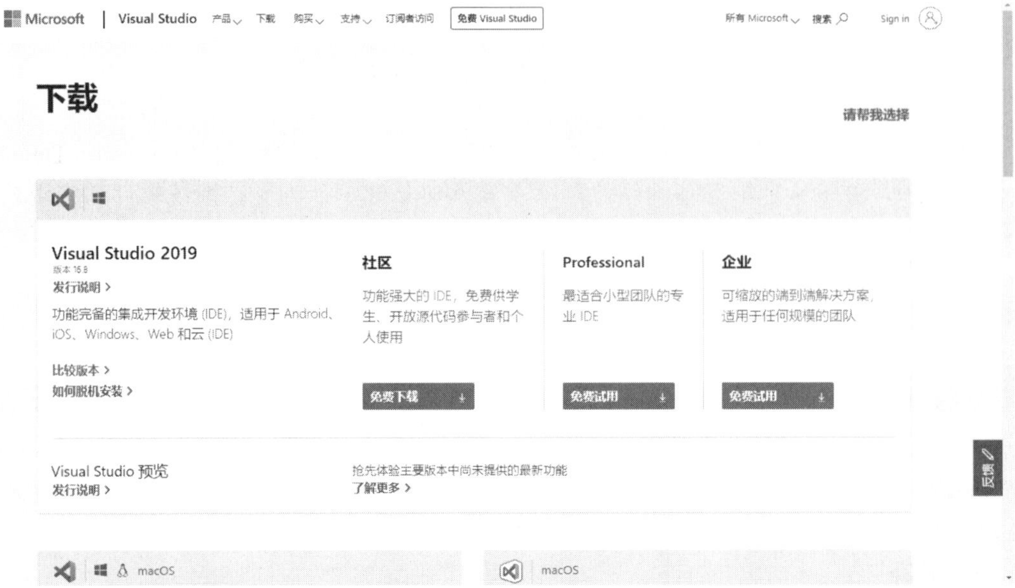

图 1.3　下载列表

图 1.4　Visual Studio 下载页面

（4）下载完成后，会在浏览器的“下载”文件夹中看到 Visual Studio Enterprise 2019 的安装启动器文件。

2. 安装

安装 Visual Studio 2019 的具体步骤如下。

（1）双击下载的 Visual Studio Enterprise 2019 安装启动器文件，会弹出“Extracting files”对话框。

（2）一段时间后，“Extracting files”对话框消失，弹出“Visual Studio Installer”对话框，如图 1.5 所示。

图 1.5　“Visual Studio Installer”对话框

（3）单击“继续”按钮，开始下载 Visual Studio 安装所需的文件，如图 1.6 所示。

图 1.6　下载 Visual Studio 安装所需的文件

（4）一段时间后，弹出“正在安装—Visual Studio Enterprise 2019—16.9.3”对话框，如图 1.7 所示。

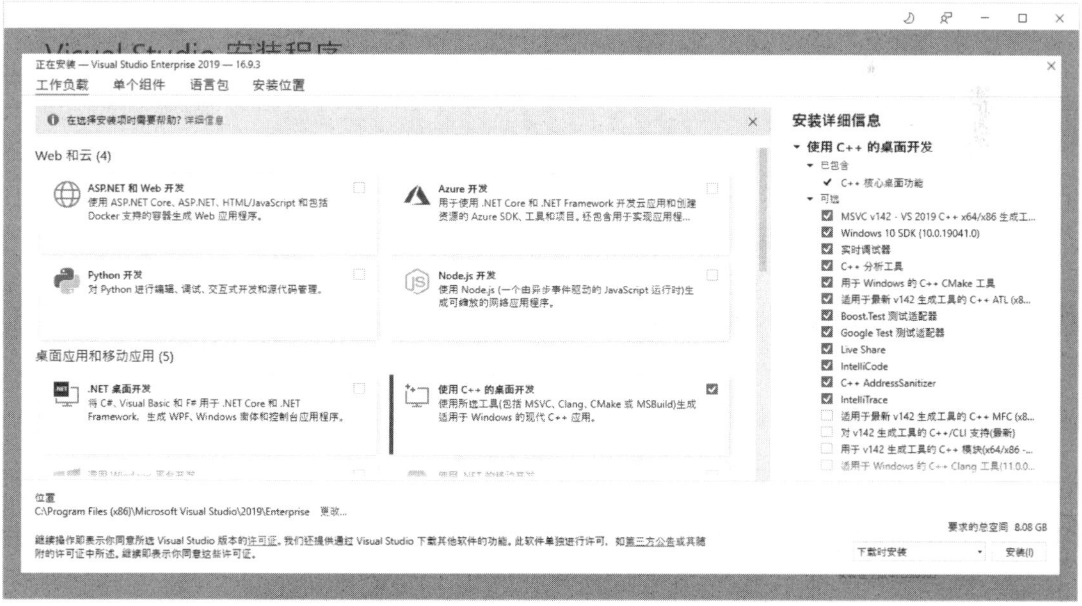

图 1.7　“正在安装—Visual Studio Enterprise 2019—16.9.3”对话框

（5）“正在安装—Visual Studio Enterprise 2019—16.9.3”对话框提供了四个选项卡，开发者需要根据个人需求，选择选项卡中的组件。这里需要选择一个组件，即“使用 C++的桌面开发”组件。

（6）单击“安装”按钮进行安装，如图 1.8 所示。这个安装过程需要很长的时间，请读者耐心等待。

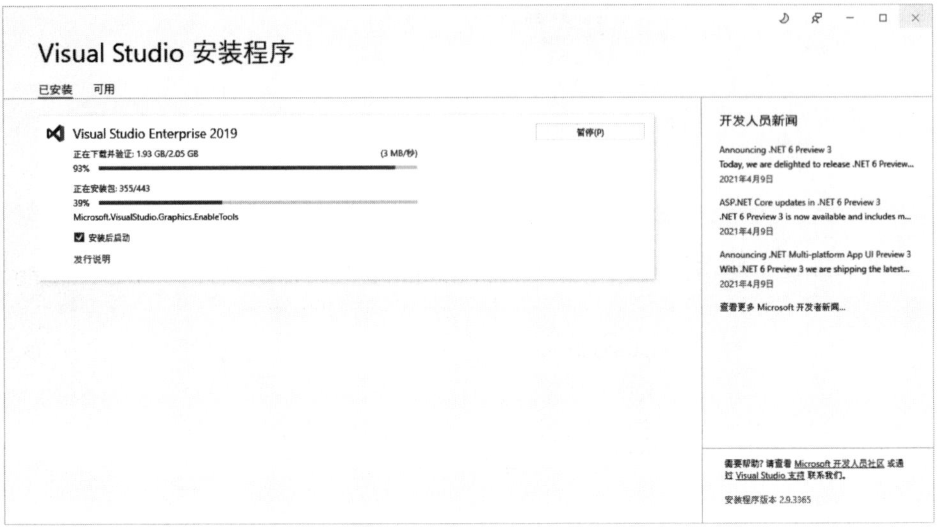

图 1.8　进行安装

（7）安装完成后，会看到如图 1.9 所示对话框。

图 1.9　安装完成

1.3.2　下载和安装考试版 Visual C++ 2010

C 语言等级考试使用的开发环境是 Visual C++ 2010，也称 Visual Studio 2010。下面将讲解该版本的下载和安装。

1. 下载

在 Visual Studio 官网中最老的版本为 Visual Studio 2012。如果要下载 Visual C++ 2010 的

安装包，则需要在第三方网站进行下载。

2. 安装

安装 Visual C++ 2010 的具体步骤如下。

（1）双击 Visual C++ 2010 安装包（本书中的安装包是一个.iso 的镜像文件），会打开 Visual C++ 2010 安装包的文件夹，如图 1.10 所示。

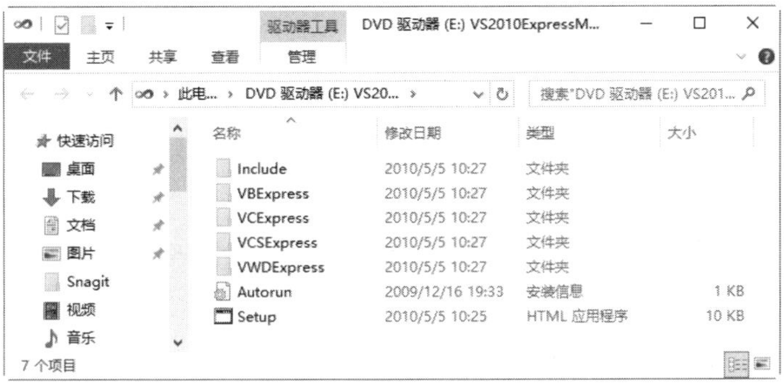

图 1.10　文件夹

（2）双击 Setup，会弹出“欢迎使用 Visual Studio 2010 学习版安装程序”对话框，如图 1.11 所示。

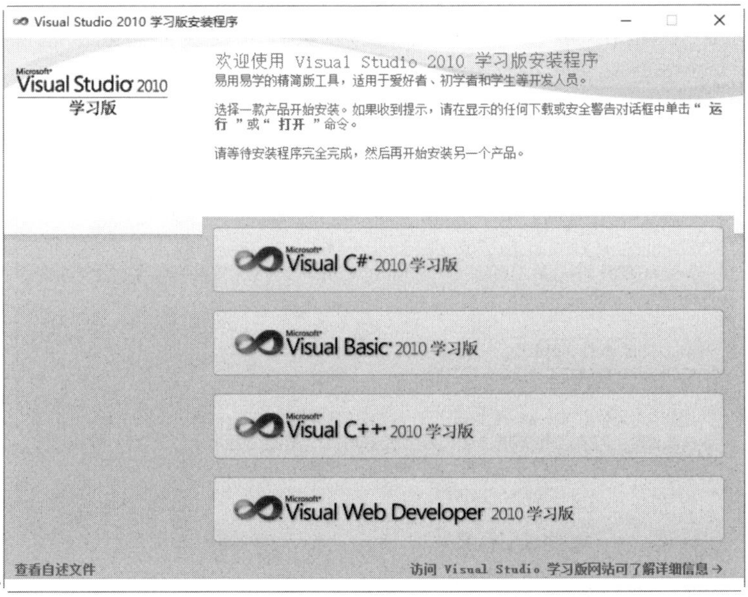

图 1.11　“欢迎使用 Visual Studio 2010 学习版安装程序”对话框

（3）选择“Visual C++ 2010 学习版”选项，弹出“安装程序”对话框，如图 1.12 所示。

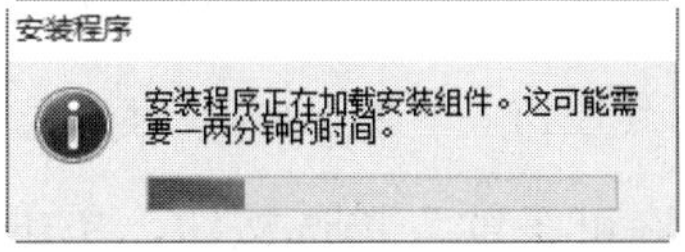

图 1.12　“安装程序”对话框

（4）一段时间后，弹出“欢迎使用安装程序”对话框，如图 1.13 所示。

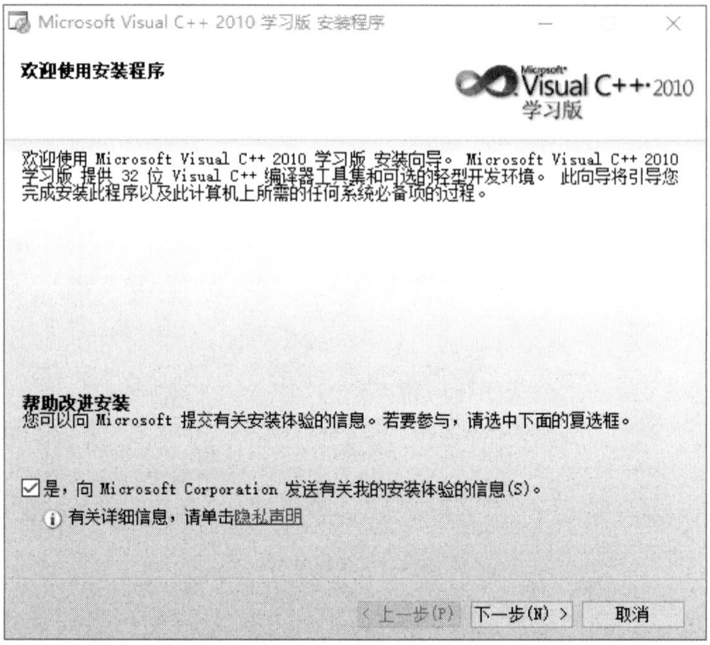

图 1.13 “欢迎使用安装程序”对话框

（5）勾选“是，向 Microsoft Corporation 发送有关我的安装体验的信息”复选框，单击“下一步”按钮，弹出“许可条款”对话框，如图 1.14 所示。

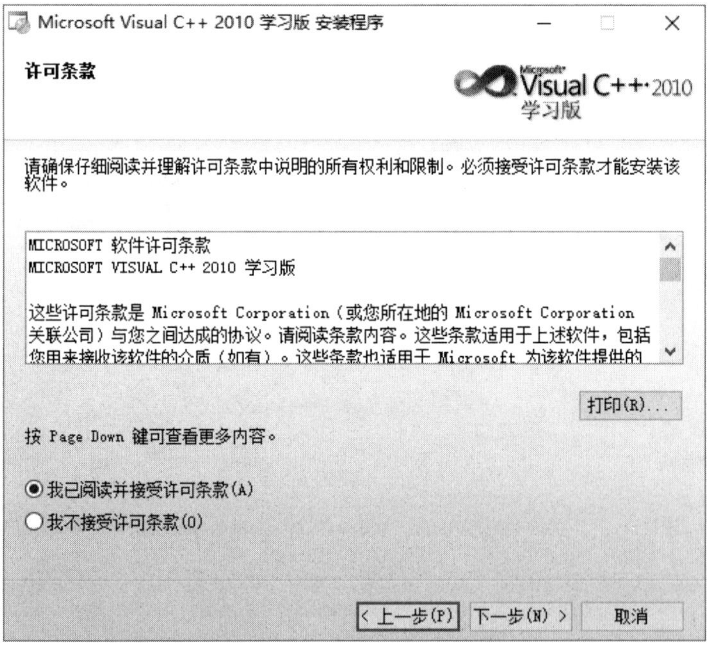

图 1.14 “许可条款”对话框

（6）单击“我已阅读并接受许可条款”单选按钮，单击“下一步”按钮，弹出“安装选项”对话框，如图 1.15 所示。

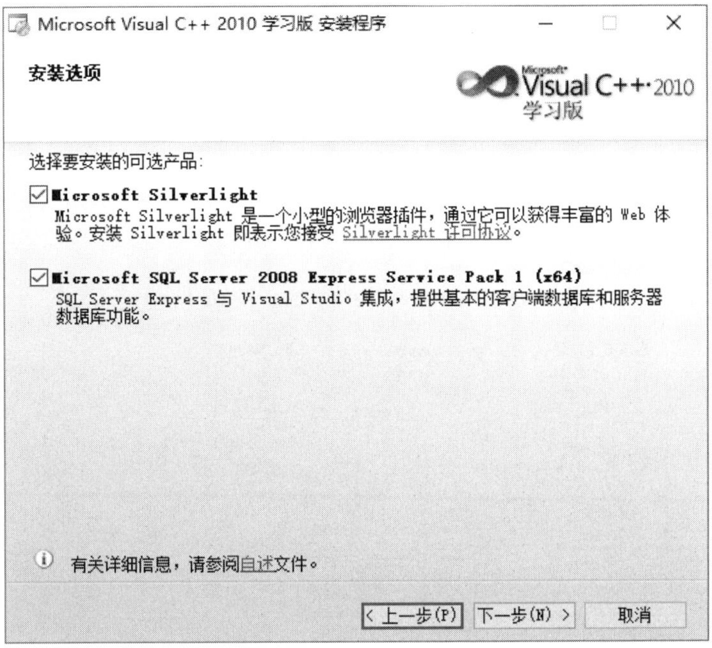

图 1.15　“安装选项”对话框

（7）保持默认设置，单击“下一步”按钮，弹出“目标文件夹”对话框，如图 1.16 所示。

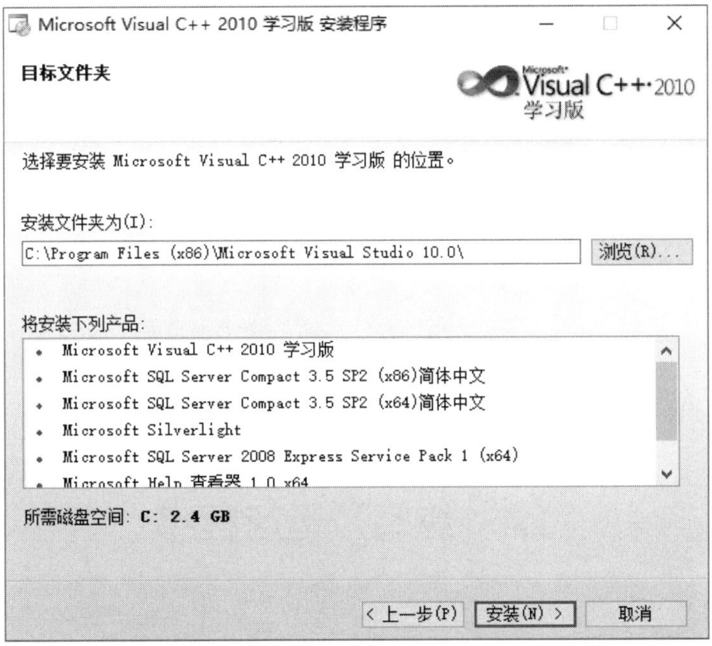

图 1.16　“目标文件夹”对话框

（8）选择默认的安装文件位置，单击“安装”按钮，弹出“安装进度”对话框，如图 1.17 所示。

（9）安装完成后，弹出“安装完成”对话框，如图 1.18 所示。

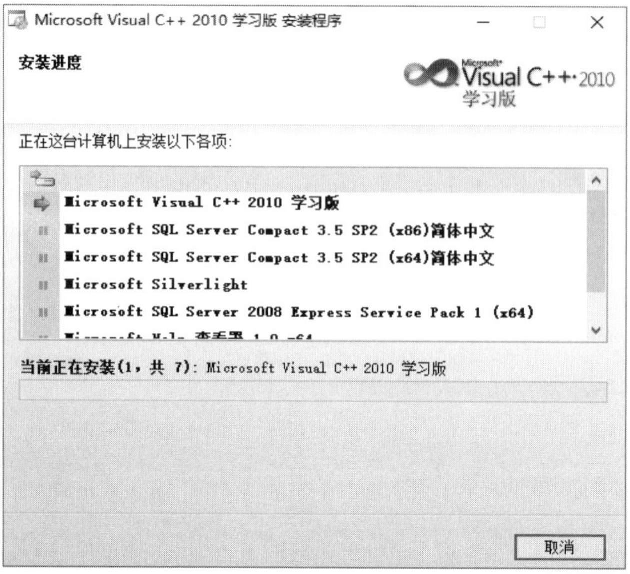

图 1.17 “安装进度”对话框

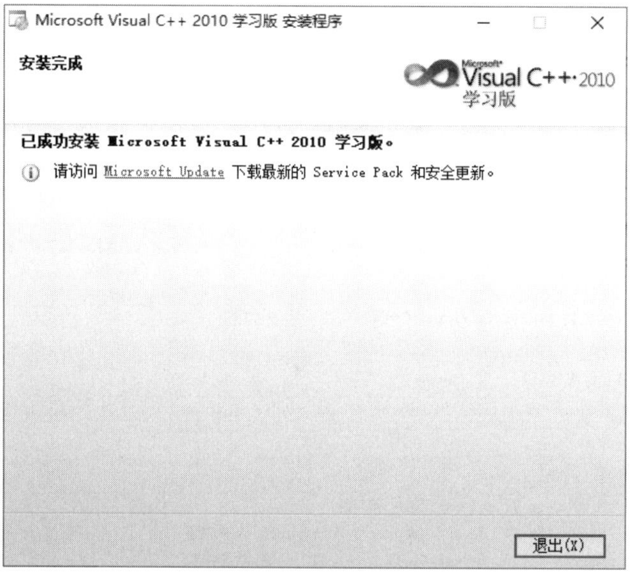

图 1.18 “安装完成”对话框

1.4 编写及运行程序

构建好开发环境后，就可以在该环境中编写程序了。本节将讲解如何在 Visual Studio 和考试版 Visual C++ 2010 中编写及运行程序。

1.4.1 使用 Visual Studio

下面将讲解如何在 Visual Studio 中编写及运行程序。

1. 首次启动 Visual Studio

安装完 Visual Studio 后，就可以启动 VS 了。如果是首次启动 VS，则需要对 VS 进行一些设置，具体操作步骤如下。

（1）在“开始”菜单中找到“Visual Studio 2019”并单击，进入 Visual Studio 2019 加载页面，如图 1.19 所示。

（2）一段时间后，进入“登录 Visual Studio”界面，如图 1.20 所示。单击“以后再说”按钮，进入环境启动界面，如图 1.21 所示。这里开发者可以根据自己的需要选择。

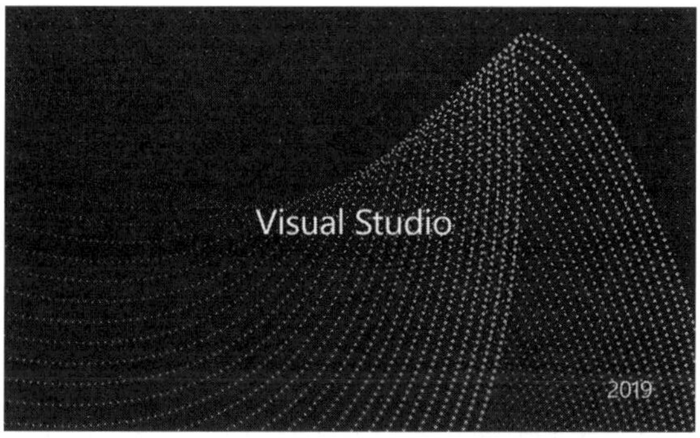

图 1.19　Visual Studio 2019 加载页面

图 1.20　“登录 Visual Studio”界面

（3）单击“启动 Visual Studio”按钮，进入“我们正为第一次使用做准备”界面，如图 1.22 所示。这时，需要等待软件自动配置完成以后才可以正常使用 Visual Studio。

图 1.21　环境启动界面

图 1.22　“我们正为第一次使用做准备”界面

（4）等待一段时间后，就会进入 Visual Studio 的起始界面，如图 1.23 所示。

图 1.23　Visual Studio 的起始界面

注意：如果不是第一次启动 VS，则在打开或启动 VS 后，首先会显示 Visual Studio 的 Logo，一段时间后，就会进入 Visual Studio 的起始界面。

2. 创建项目

项目的创建可以将 C++语言开发中使用的文件保存起来，帮助用户管理程序文件和资源文件。以下就是创建一个 Hello C++项目的具体操作步骤。

（1）在 Visual Studio 的起始界面，单击“创建新项目”选项，弹出“创建新项目”对话框，如图 1.24 所示。

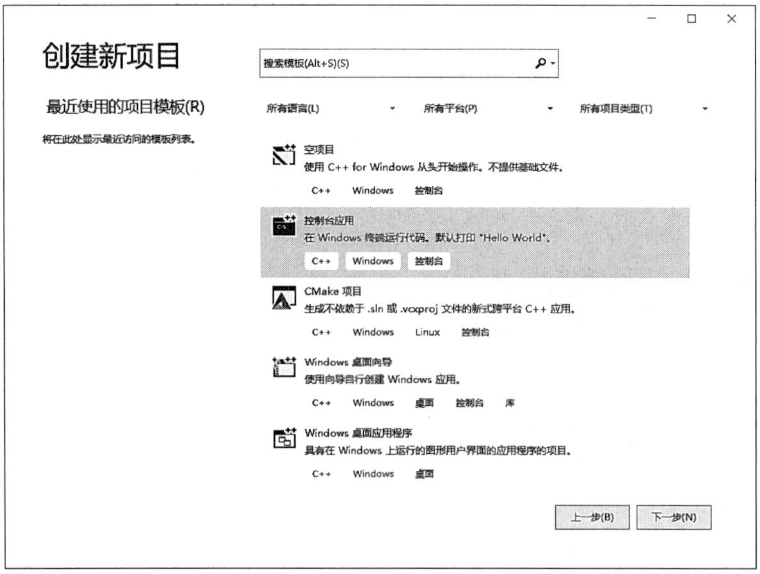

图 1.24　“创建新项目”对话框

（2）选择“控制台应用”选项，弹出“配置新项目”对话框，如图 1.25 所示。输入项目名称，此处输入 Hello C++。

图 1.25　“配置新项目”对话框

（3）单击“创建”按钮，弹出“Microsoft Visual Studio”对话框，如图 1.26 所示。

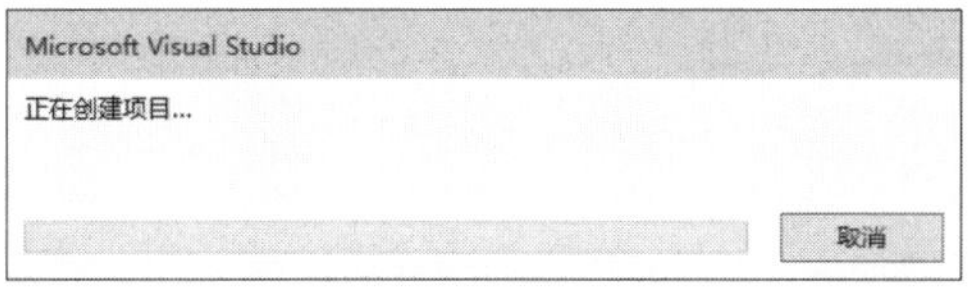

图 1.26　“Microsoft Visual Studio”对话框

（4）一段时间后，Hello C++项目就创建好了，如图 1.27 所示。

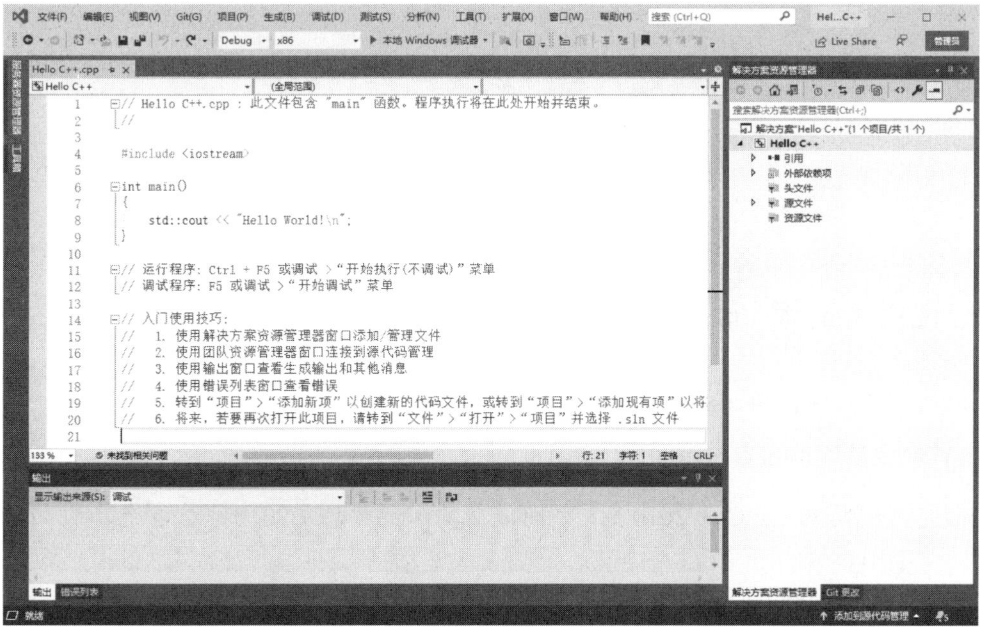

图 1.27　创建的项目

3. 编写程序

创建好项目之后，编写如下程序，该程序的功能是输出一个字符串 Hello C++。

```
#include<iostream>
int main()
{
    std::cout << "Hello C++! "<< std::endl;
    return 0;
}
```

4. 运行程序

程序编写完成，单击工具栏中的“运行”按钮运行程序，如图 1.28 所示。

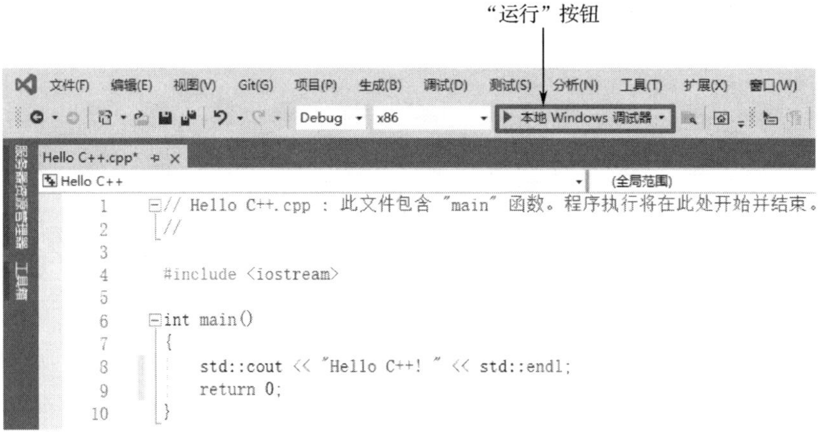

图 1.28　单击“运行”按钮

程序的运行结果会在弹出的 Microsoft Visual Studio 调试控制台中显示，如图 1.29 所示。

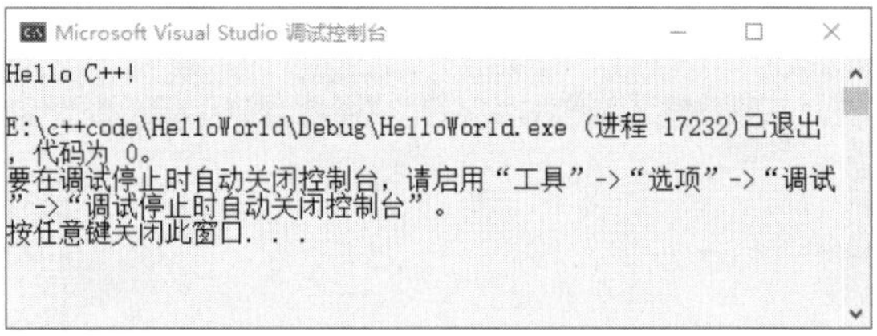

图 1.29　Microsoft Visual Studio 调试控制台

1.4.2　使用考试版 Visual C++ 2010

下面将讲解如何在考试版 Visual C++ 2010 中编写及运行程序。

1. 首次启动 Visual C++ 2010

安装完考试版 Visual C++ 2010 后，就可以启动 Visual C++ 2010 了。首次启动 Visual C++ 2010 的具体操作步骤如下。

（1）在“开始”菜单中找到“Microsoft Visual C++ 2010 Express”并单击，进入 Visual C++ 2010 加载界面，如图 1.30 所示。

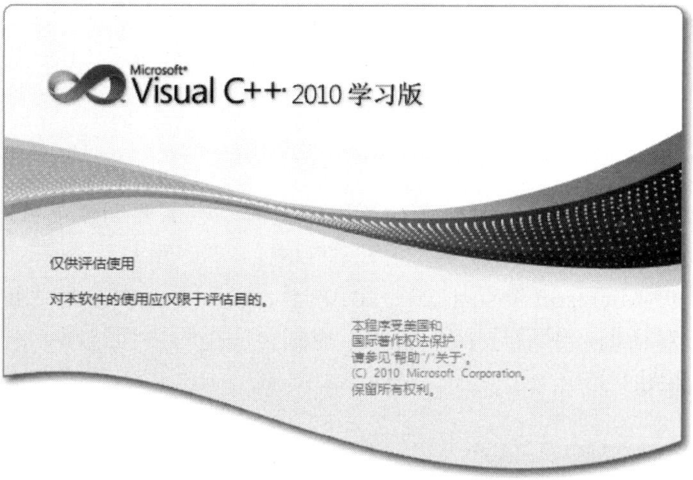

图 1.30 Visual C++ 2010 加载界面

（2）一段时间后，弹出“Microsoft Visual C++ 2010 学习版”对话框，如图 1.31 所示。

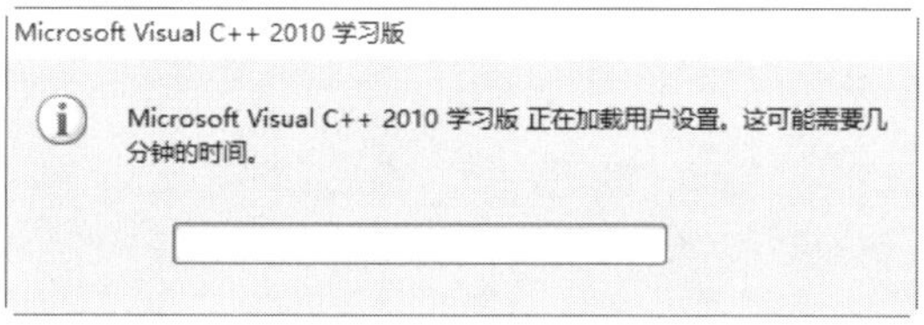

图 1.31 “Microsoft Visual C++ 2010 学习版”对话框

（3）一段时间后，会进入“起始页-Microsoft Visual C++ 2010 学习版”界面，如图 1.32 所示。

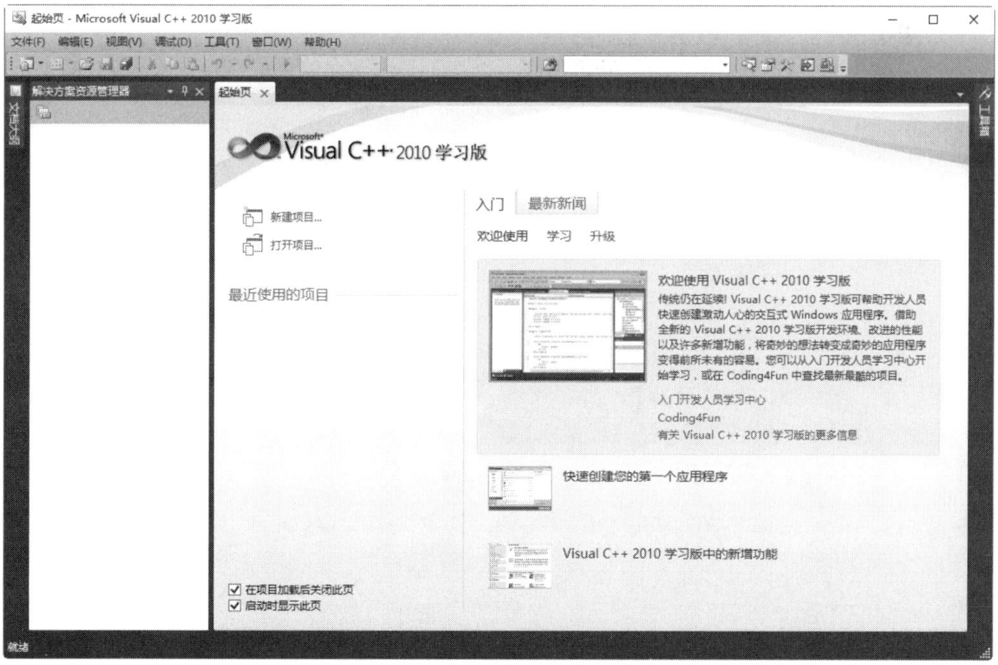

图 1.32 “起始页-Microsoft Visual C++ 2010 学习版”界面

注意： 如果不是第一次启动考试版 Visual Studio，则在打开或启动 VS 后，首先会显示考试版 Visual C++ 2010 加载界面，一段时间后，就会进入“起始页-Microsoft Visual C++ 2010 学习版”界面。

2. 创建项目

对于 Visual C++ 2010 开发环境，在编写程序之前，也需要创建项目。创建 Hello C++项目的具体操作步骤如下。

（1）在“起始页-Microsoft Visual C++ 2010 学习版”界面中单击“新建项目...”按钮，弹出“新建项目”对话框，然后选中“Win32 控制台应用程序”选项，在“名称”文本框中输入 Hello C++，如图 1.33 所示。

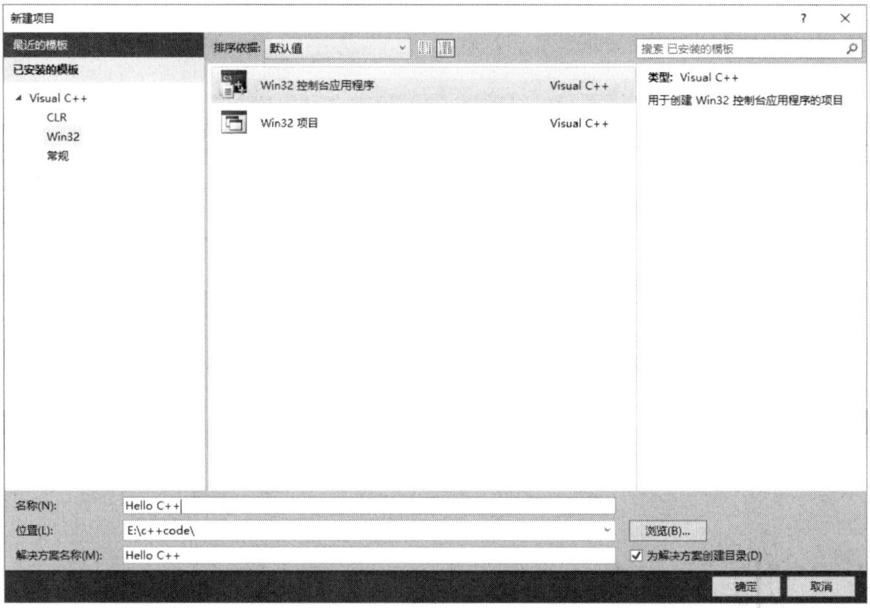

图 1.33 “新建项目”对话框

（2）单击“确定”按钮，弹出“欢迎使用 Win32 应用程序向导”对话框，如图 1.34 所示。

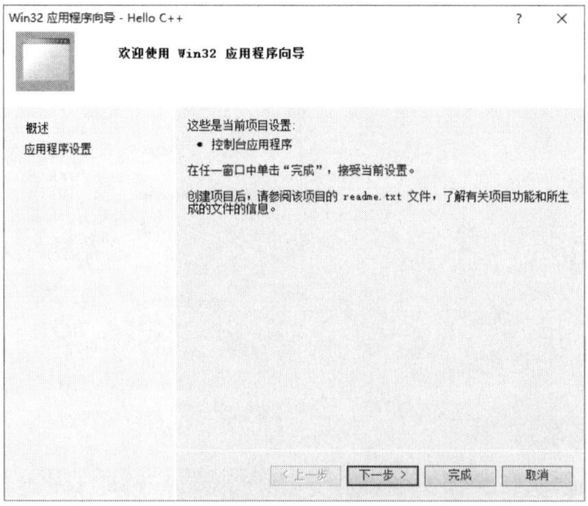

图 1.34 “欢迎使用 Win32 应用程序向导”对话框

（3）单击“下一步”按钮，弹出“应用程序设置”对话框，如图 1.35 所示。

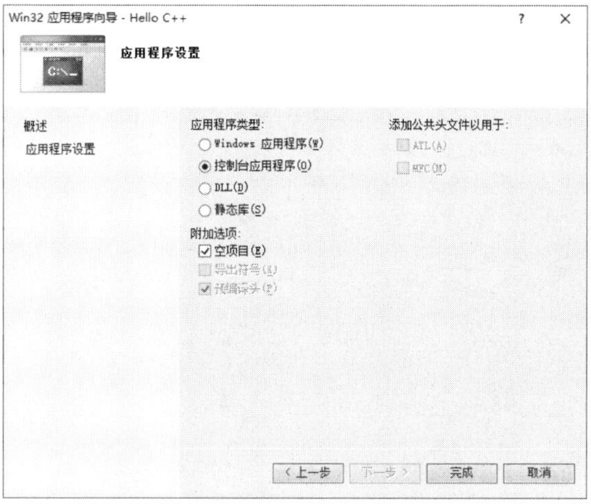

图 1.35　“应用程序设置”对话框

（4）在“应用程序类型”选项组中选择“控制台应用程序”，在“附加选项”选项组中选择“空项目”选项。单击“完成”按钮，此时 Hello C++项目就创建好了，如图 1.36 所示。

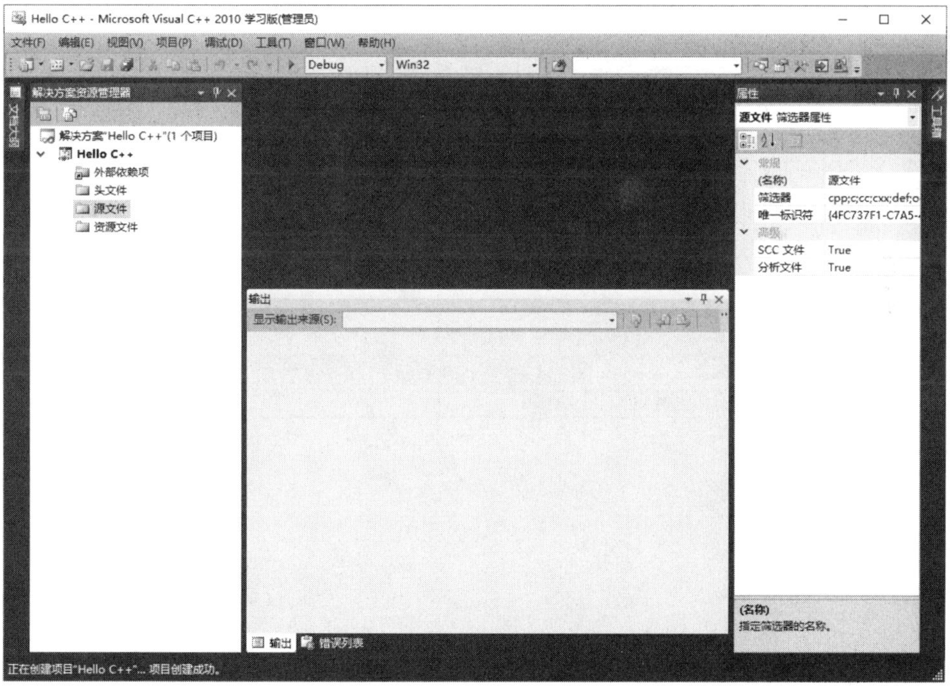

图 1.36　Hello C++项目

3. 编写程序

项目创建好后，要编写程序，还需要在“源文件”文件夹中添加一个.cpp 文件，具体操作步骤如下。

（1）右击“源文件”文件夹，在弹出的快捷菜单中选中“添加”|“新项目”命令，弹出“添加新项-Hello C++”对话框，如图 1.37 所示。

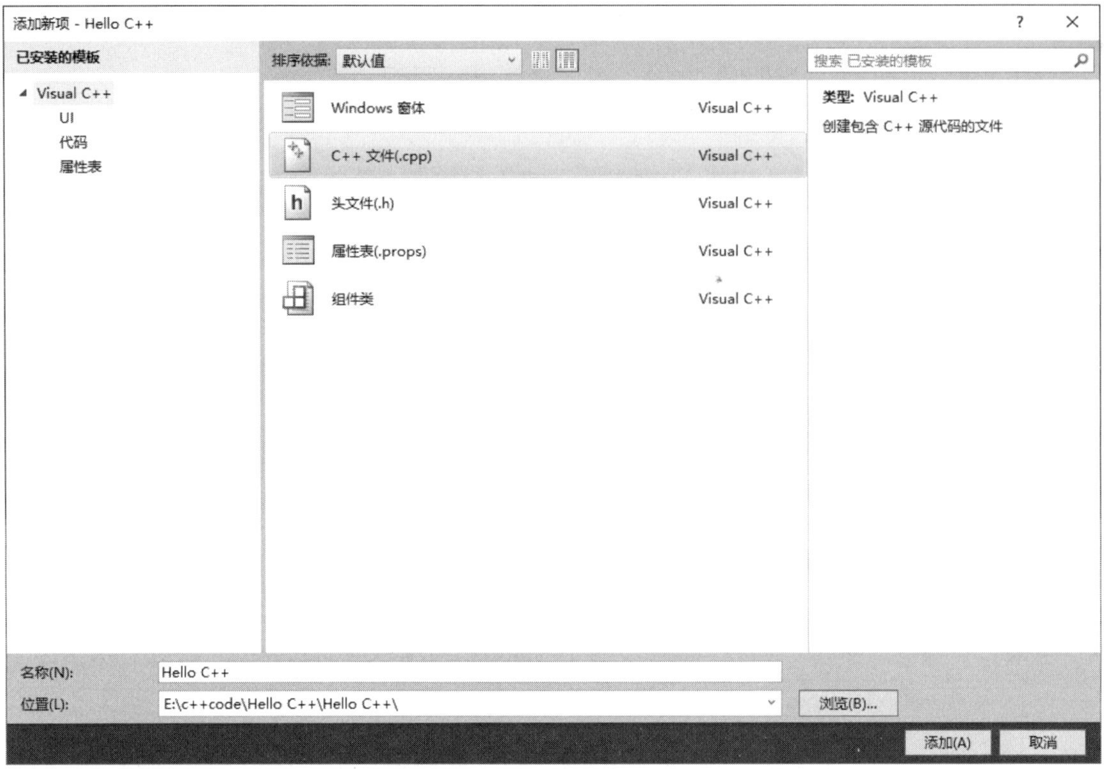

图 1.37 “添加新项-Hello C++”对话框

（2）选择“C++ 文件（.cpp）”选项，在“名称”文本框中输入 Hello C++，单击“添加”按钮，此时一个名为 Hello C++.cpp 的文件就添加到了“源文件”文件夹中，如图 1.38 所示。

图 1.38 文件添加成功

（3）添加了 Hello C++.cpp 文件后，就可以在该文件中添加以下程序了，该程序用于输出字符串 Hello C++。

```
#include<iostream>
int main()
{
    std::cout << "Hello C++! " << std::endl;
    system("pause");
    return 0;
}
```

4. 运行程序

程序编写无误后，就可以运行了。单击工具栏中的“运行”按钮，如图 1.39 所示，会弹出“Microsoft Visual C++ 2010 学习版”对话框，如图 1.40 所示。单击“是”按钮，弹出 Hello C++.exe 对话框，如图 1.41 所示。在此对话框中会看到程序执行的结果。

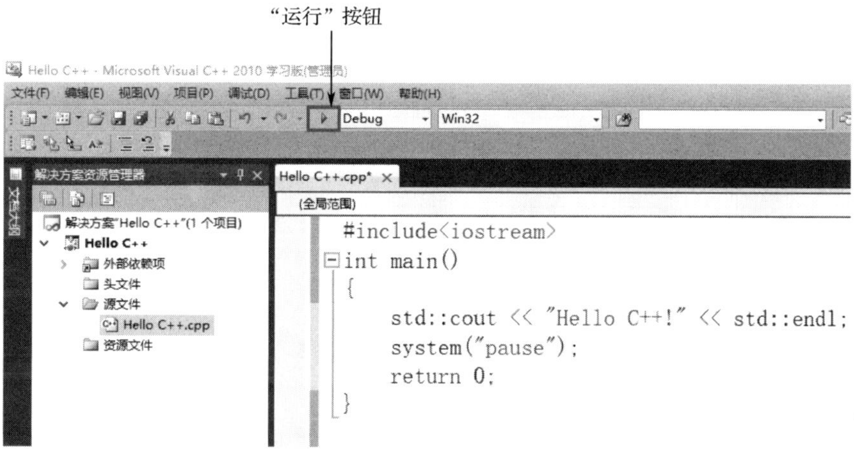

图 1.39　单击“运行”按钮

图 1.40　“Microsoft Visual C++ 2010 学习版”对话框

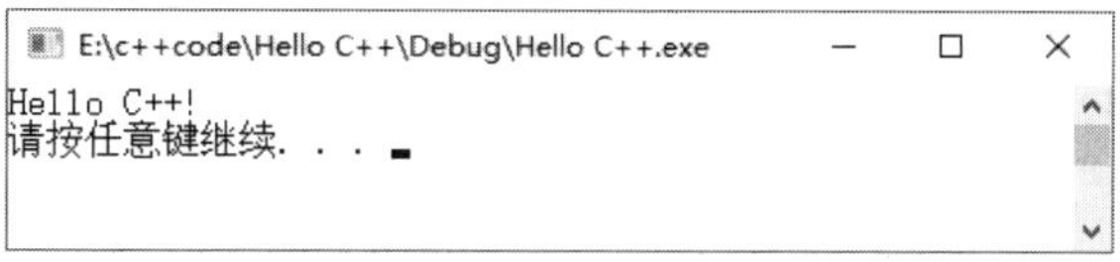

图 1.41　Hello C++.exe 对话框

1.5 了解 C++语言代码

C++语言代码对于计算机来说就是命令，代码下达命令，计算机执行命令。本节将对 C++语言程序进行简单介绍，其中包含代码的构成及注释等内容。

1.5.1 代码构成

一个 C++程序（也就是代码）可以包含一个或多个源文件，源文件可以理解为一本功能大全。一个源文件中可以包含一个或多个函数，也就是说一本功能大全中会记录很多指定功能的命令。

一个程序必须有且只有一个主函数，即 main()函数，在功能大全中会记录如何使用主函数。代码构成如图 1.42 所示。

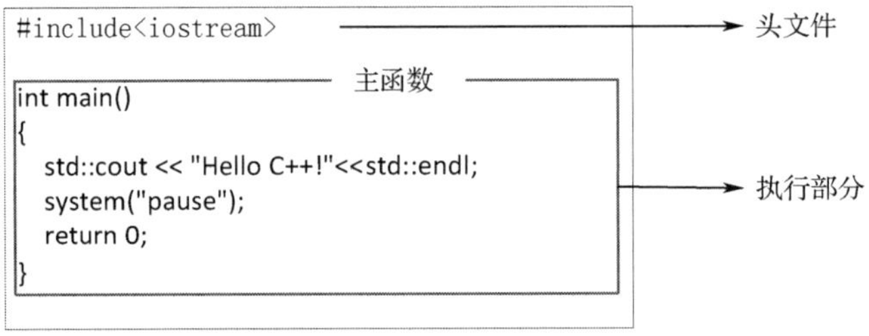

图 1.42 代码构成

下面对图中的代码进行介绍。

- 第一行代码：#include <iostream> 是预处理器指令，告诉 C++编译器在实际编译之前要包含 iostream 文件。
- 第二行代码：int main() 是主函数，程序从这里开始执行。
- 第四行代码：std::cout << "Hello C++!" << std::endl;，std::cout 表示输出，std::endl 表示换行，整行作用是将“Hello C++!”输出到计算机屏幕上并且在输出后换行。
- 第五行代码：system("pause");，其作用是运行改行代码时让系统暂停，让 Hello C++.exe 对话框不会自动关闭。在 VS2010 编译器中需要这行代码。
- 第六行代码：return 0;，其作用是终止 main()函数，并返回值 0，等于告诉计算机程序执行完成。

1.5.2 注释

注释就是对代码行的解释说明。使用注释可以提高代码的可读性，这样在对代码进行维护时，可以快速地了解一段代码的作用。在 C++语言中，注释有单行注释和多行注释两种。下面将对这两种注释进行介绍。

1. 单行注释

单行注释是一次只有一行注释。单行注释以“//”开始，如图 1.43 所示。

```
#include <iostream>

int main()
{
    std::cout << "Hello C++! " << std::endl; //输出Hello C++!
    return 0;
}
```

图 1.43　单行注释

2. 多行注释

多行注释就是一行或者更多行叙述文字插入一些注释分隔符中。这些注释分隔符以注释标记“/*”开始，以“*/”结束，如图 1.44 所示。

```
#include <iostream>

int main()
{
    std::cout << "Hello C++! " << std::endl; //输出Hello C++!
    return 0;
}

/* 运行程序: Ctrl + F5 或调试 >“开始执行(不调试)”菜单
   调试程序: F5 或调试 >“开始调试”菜单

    入门使用技巧:
   1. 使用解决方案资源管理器窗口添加/管理文件
   2. 使用团队资源管理器窗口连接到源代码管理
   3. 使用输出窗口查看生成输出和其他消息
   4. 使用错误列表窗口查看错误
   5. 转到“项目”>“添加新项”以创建新的代码文件，或转到“项目”>“添加现有项”以将现有代码文件添加到项目
   6. 将来，若要再次打开此项目，请转到“文件”>“打开”>“项目”并选择 .sln 文件*/
```

图 1.44　多行注释

1.6 小　　结

通过本章的学习，读者需要了解以下内容。

- 机器语言又被称为第一代计算机语言，是用二进制代码表示的。二进制是计算机默认的计数方式。
- 汇编语言是任何一种用于电子计算机、微处理器、微控制器或其他可编程器件的低级语言，也称符号语言。
- 高级语言是一种独立于机器、面向过程或对象的语言。该语言是参照数学语言设计的近似于日常会话的语言。
- C++语言是 C 语言的超集，支持面向对象的程序设计，具有封装性、继承性、多态性三个特点；支持面向过程的程序设计，也可进行面向对象的程序设计。
- Visual Studio 全称为 Microsoft Visual Studio（简称 VS），是美国微软公司的开发工具包系列产品。
- 在 C++语言二级考试中使用的开发环境是 Visual C++ 2010，也称 Visual Studio 2010。
- 一个 C++程序（也就是代码）可以包含一个或多个源文件，一个源文件中可以包含一个或多个函数。
- 注释就是对某个事物的解释说明。在 C++语言中的注释有单行注释和多行注释两种。

1.7　习　　题

一、填空题

1．机器语言是第一代计算机语言，是用_____进制代码表示的、计算机能直接识别和执行的一种机器指令的集合。

2．编程语言分为三种，分别是_____、汇编语言和_____。

3．汇编语言是任何一种用于电子计算机、微处理器、微控制器或其他可编程器件的_____语言，也称_____语言。

4．开发环境的简称为_____。

5．C++语言二级考试使用的开发环境为_____。

6．一个程序必须有且只有一个_____函数，即 main()函数。

7．在 C++语言中有_____行注释和_____行注释。

二、选择题

1．下面说法中正确的是（　　）。

A．C++语言程序总是从第一个定义的函数开始执行

B．在 C++语言程序中，要调用的函数必须在 main( )函数中定义

C．C++语言程序总是从 main( )函数开始执行

D．C++语言程序中的 main( )函数必须放在程序的开始部分

2．下面代码中有（　　）处错误。

```
#include <iostream>
int main()
{
    std::cout << "Hello" << std::endl;
}
```

A．无错误　　　　B．1　　　　C．2　　　　D．3

3．在 Visual Studio 2019 中，如果要创建 C++语言程序的项目，需要在“创建新项目”对话框中选择（　　）项目。

A．空项目　　　　B．控制台应用

C．CMake 项目　　　　D．Windows 桌面应用程序

4．下面代码的运行结果是（　　）。

```
#include <iostream>
int main()
{
    std::cout << "    Hello tom" << std::endl;
}
```

A．Hello tom　　　　B．Hello t　　　　C．Hellot　　　　D．Hello

三、简答题

简述 C++语言的特点。

四、编程题

1．编写一个程序，输出如图 1.45 所示的三角形。

```
            *
           ***
          ******
        **********
       **************
     ******************
   **********************
  **************************
```

图 1.45　三角形

2．在下面画横线的地方填上适当的代码，该代码实现输出字符串 Hello, Jim。

```
___________ <iostream>
int ___________ ()
{
    std::cout << "___________" << std::endl;
}
```

五、操作题

1．在 Visual Studio 中创建一个 MyC 项目。

2．在 Visual C++ 2010 中创建一个 MyC 项目。

第 2 章　数　　据

数据在我们的生活中无处不在且种类繁杂。例如，鞋子的尺寸、火箭的运行轨迹、星球之间的引力等都属于数据。这些数据中会混合各种类型的数字、文字、公式等信息。简单数据的处理很容易，例如，计算 13 减 8 等于几，而针对复杂数据，就可以使用计算机去处理。例如，使用计算机通过计算模拟卫星的移动轨迹。本章将讲解计算机在处理数据前如何将数据进行分类。

2.1　数据处理过程

程序员使用计算机处理数据就像普通人通过“训犬师”与狗进行交流一样。人想要和狗快速、准确地交流需要训犬师的帮助。你告诉训犬师“让狗去拿报纸”，训犬师通过动作或指定声音对这条命令进行翻译，然后狗执行命令，如图 2.1 所示。

图 2.1　普通人发出命令后的处理过程

因为计算机只能看懂以二进制 0 与 1 的形式存在的数据或者命令，就像狗能听懂狗的语言，所以，程序员想控制计算机按照指令处理指定数据，需要将命令与要处理的数据转换为计算机能处理的二进制命令或数据。

转换命令或数据的工具叫作编译器，就像训犬师。程序员在编译器的输入框中发送命令，然后点击运行，编译器将命令转换为二进制形式的数据，计算机收到命令后按照命令进行运算。程序员发送的命令就是编程语言，像 C 语言、C++语言等，计算机处理数据过程如图 2.2 所示。

图 2.2　计算机处理数据过程

因为计算机语言需要专门学习，普通人无法使用，所以，普通人无法直接对计算机发送命令。程序员将所有常用的命令或者一个完整功能的命令集合在一起编译成一个可执行文件，也就是普通人使用的计算机软件，就像人们使用的交友软件 QQ、微信等。在可执行软件中程序员会将程序设置为普通人能操作的界面，轻松对计算机发送命令，如图 2.3 所示。

图 2.3　程序员将代码生成普通人可用的应用

2.2　标识符与关键字

在编写程序时需要使用符号去标识指定的数据。这些符号分为两种，一种是编译人员根据数据需求自定义的符号，称为标识符；另一种是 C++语言官方规定的一些特殊符号，称为关键字。接下来对其进行详细讲解。

1. 标识符

在 C++中用来表示程序中数据名称的符号称为标识符。标识符在命名时需要遵循以下规则。

- 标识符的第一个字符必须是字母或者下画线。
- 标识符的长度一般不超过 31 个字符。
- 标识符中不应有除字母、数字和下画线以外的字符。
- C++中标识符是区分大小写的。大写字母 A 与小写字母 a 会被当作不同的标识符。

正确的标识符如下所示。

```
A  a  Abc  abc  d_a  _abc  a8
```

错误的标识符如下所示。

```
8a  a@b
```

2. 关键字

关键字是 C++语言所保留、具有特殊的含义、用来表示固定含义的一些指定符号。关键字就像标杆一样，只有通过关键字，C++编译器才能正确识别程序员输入的内容。一些常用的关键字如表 2.1 所示。

表 2.1 常用关键字

asm	auto	bool	break	case	catch	char
class	const	continue	default	delete	do	double
else	enum	extern	false	float	for	friend
goto	if	inline	int	long	main	namespace
new	operator	private	protected	public	register	return
short	signed	sizeof	static	struct	switch	template
this	throw	true	try	typedef	typeied	typename
union	unsigned	using	virtual	void	volatile	while

注意：在 C++中不能使用关键字来命名标识符。

2.3 数据类型

使用 C++语言可以处理大量种类繁多的数据。为了方便处理，C++语言的标准会将数据分为不同类型，也就是数据类型。每种数据类型所占的内存空间会有所不同。

2.3.1 什么是进制

进制也就是进位计数制，是人为定义的带进位的计数方法。生活中能接触到的进制一般有两种，一种是十进制，也就是“逢十进一”，在计数时会经常使用；另一种是五进制，也就是“逢五进一”，在班级投票选举中常用，也就是写“正”字，每满五票可以写一个“正”字，方便统计票数。

计算机使用的进制为二进制，每位可以使用 0 与 1 这两个整数表示，遵循“逢二进一”的规则。二进制也可以称为机器码，一般编程人员不用编写，主要用于底层开发或者机器识别。在计算机中数据会以二进制形式进行存放，如图 2.4 所示。

…	0	0	1	1	0	1	…

图 2.4　二进制数据

以下重点对二进制进行讲解。

1. 二进制表示

二进制数据是用 0 和 1 两个数码来表示的数。它的基数为 2，并且每一个数都会使用括号括起来，如图 2.5 所示。

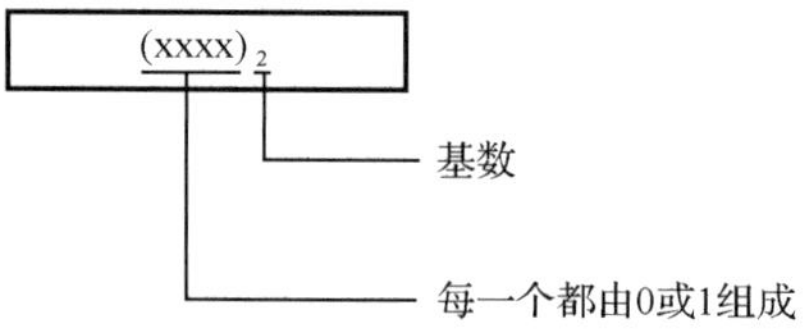

图 2.5　二进制

二进制数 1001 的表示形式如下。

$(1001)_2$

2. 进位规则

进位规则为“逢二进一”，即两数相加时低位满二就向高位进一，进上去的 1 在高位进行运算时用到，如图 2.6 所示。此图是两个二进制数进行加法运算。

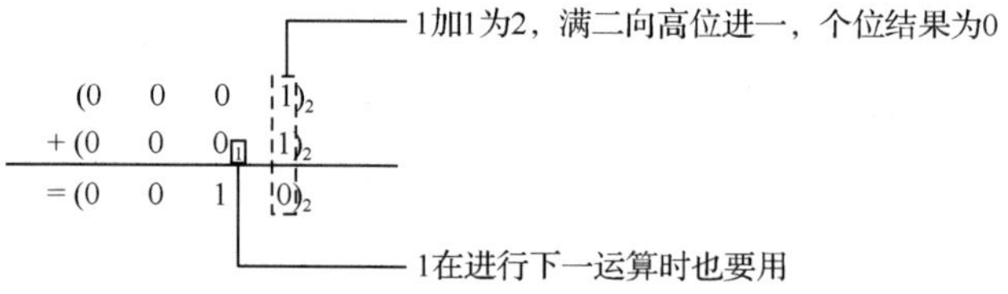

图 2.6　进位规则

3. 借位规则

借位规则为“借一当二”，即当两个数相减时，被减数的低位小于减数的低位时，向高位借一，看成 2 加在被减数上，再去减减数，低位向高位借走的 1，在借走的高位做运算时用到，如图 2.7 所示。此图是两个二进制数进行减法运算。

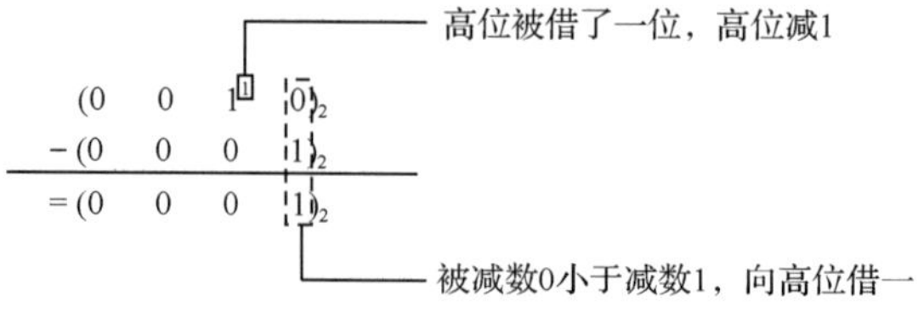

图 2.7　借位规则

2.3.2 C++支持的进制

在 C++语言中，开发者可以使用二进制、八进制、十进制与十六进制四种进制在代码中书写整数。接下来将对这四种进制进行详细介绍。

1. 二进制

书写二进制的整数时，需要为整数添加一个前缀“0b”或“0B”，如图 2.8 所示。

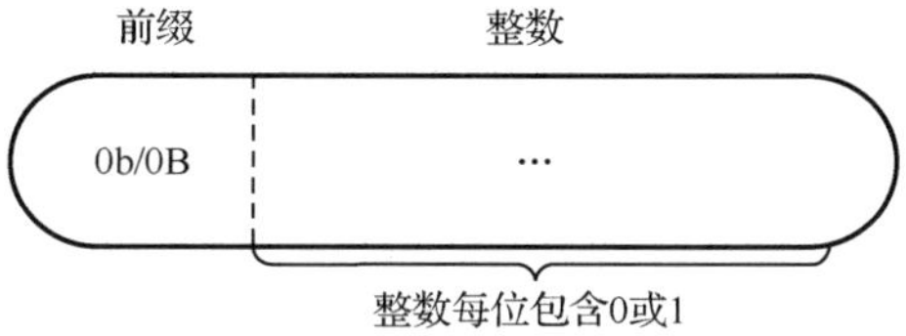

图 2.8 二进制数书写规范

【示例 2-1】下面将一个二进制数以十进制数形式输出。

```
#include <iostream>
int main()
{
    std::cout <<"输出二进制数 0b1001 为："<< 0b1001 << std::endl;
    return 0;
}
```

程序运行结果如下。

```
输出二进制数 0b1001 为：9
```

0b1001 中的 0b 为二进制标识，告知计算机该数为一个二进制数，然后系统会在屏幕输出十进制数。

二进制数转换为十进制数的方法如图 2.9 所示。

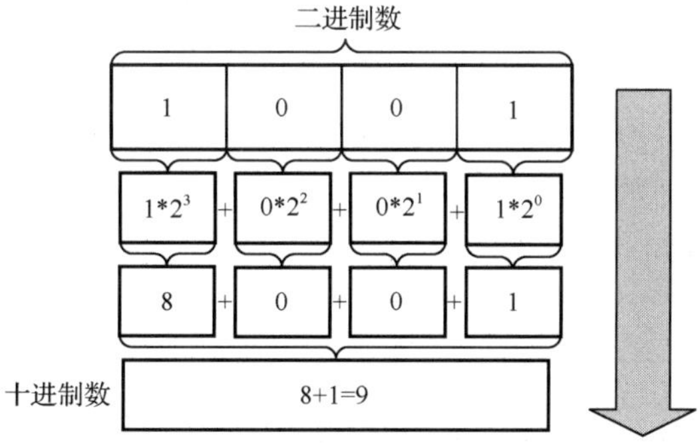

图 2.9 二进制数转换为十进制数

在转换中，将二进制数从低位到高位依次使用 2 的次幂进行替换，然后与二进制数 0 或 1 进行对位相乘，最后将所有乘积相加，得出二进制数对应的十进制数。

2. 八进制

八进制数的每一位都可以使用 0～7 这八个整数，遵循“逢八进一”的规则。书写八进制的整数时，需要为整数添加一个前缀数字“0”，如图 2.10 所示。八进制常在关卡中使用，比如游戏中关卡一般都是 8 个大关卡，每个大关卡有 8 个小关卡。

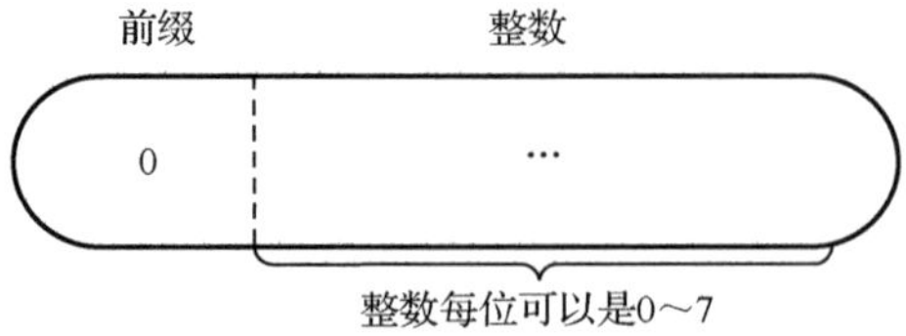

图 2.10　八进制数书写规范

【示例 2-2】下面将一个八进制数以十进制数形式输出。

```
#include <iostream>
int main()
{
    std::cout <<"输出八进制数 017 为："<< 017<< std::endl;
    return 0;
}
```

程序运行结果如下。

```
输出八进制数 017 为：15
```

八进制数转换为十进制数的方法如图 2.11 所示。

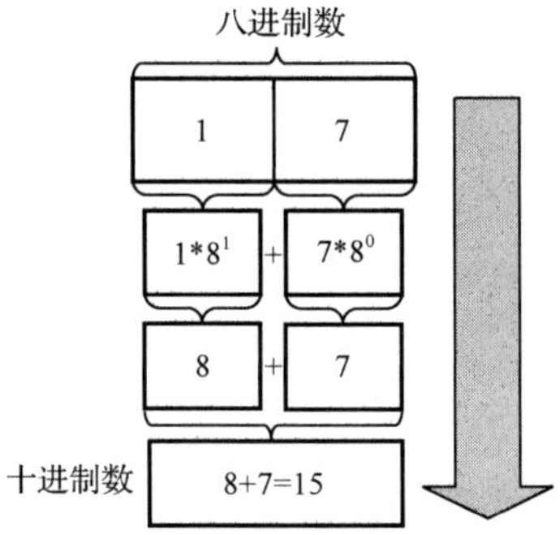

图 2.11　八进制数转换为十进制数

在转换中，将八进制数从低位到高位依次使用 8 的次幂进行替换，然后与八进制数进行对位相乘，最后将所有乘积相加，得出八进制数对应的十进制数。

二进制数转换为八进制数就是将二进制数从右向左每三位合并为一位。下面将一个二进制的 111111 转换为八进制的 077，如图 2.12 所示。

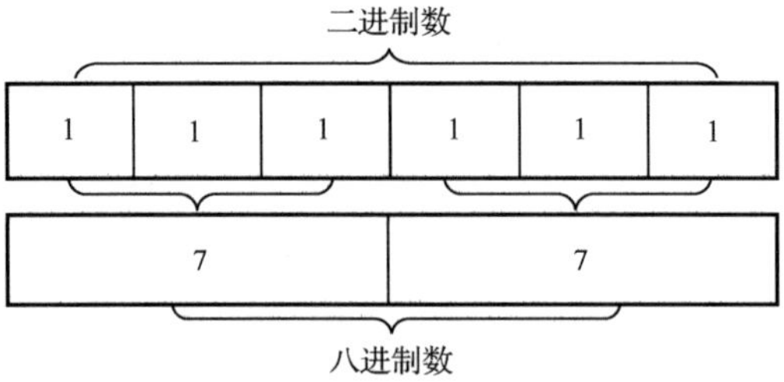

图 2.12　二进制数转换为八进制数（1）

在转换时，有时会发现二进制的位数无法以每三位为单元进行分割，此时就需要使用 0 来补位。下面将一个二进制的 10011011 转换为八进制的 0233，如图 2.13 所示。

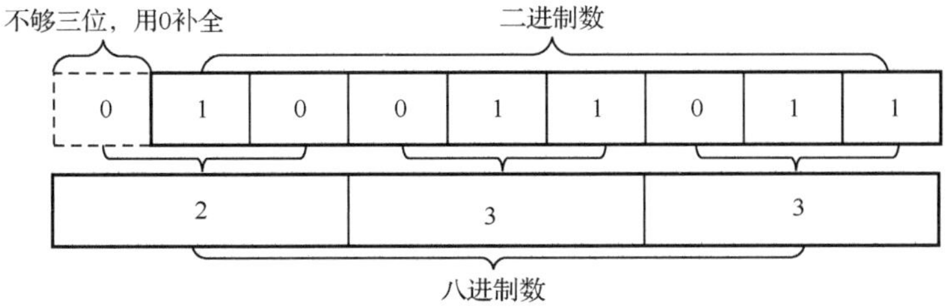

图 2.13 二进制数转换为八进制数（2）

3. 十进制

由于人的手指是十个，十进制相对符合人的人体构造，所以十进制是人们最常使用的进制。

十进制数每一位都可以使用 0～9 共十个整数，遵循“逢十进一”的规则。十进制整数有负值，在书写时不能以数字“0”开始，但是可以以负号开始，如图 2.14 所示。

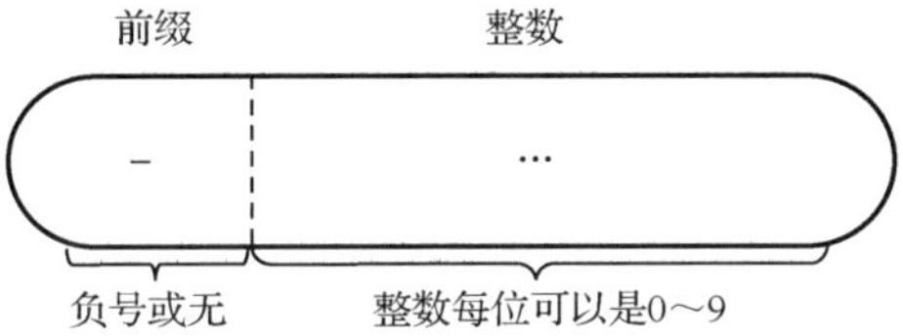

图 2.14 十进制数书写规范

十进制数转换为二进制数时要用到辗除法，也就是“除模取余”法。除模取余是指将一个几进制的数转换为另一个进制的数时，另一个进制就是模，用将要转换的进制数除以模，取它的余数。下面将一个十进制的 19 转换为二进制的 10011，如图 2.15 所示。

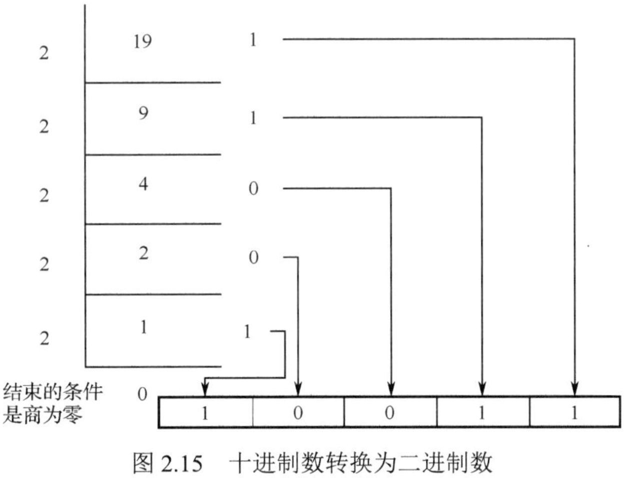

图 2.15 十进制数转换为二进制数

4. 十六进制

随着计算机处理的数据不断增加，人们发现使用八进制也无法满足需求，因此程序员创造出了十六进制。例如，颜色的表示模式分为 RGB 模式与 CMYK 模式，其中 RGB 模式就是使用 6 位十六进制数来表示颜色，如#FF0000。

十六进制数每一位都可以使用 0～9 和 A～F 共 16 个字符表示，遵循“逢十六进一”的规则。十六进制整数在书写时需要在整数前加“0x”或“0X”，如图 2.16 所示。

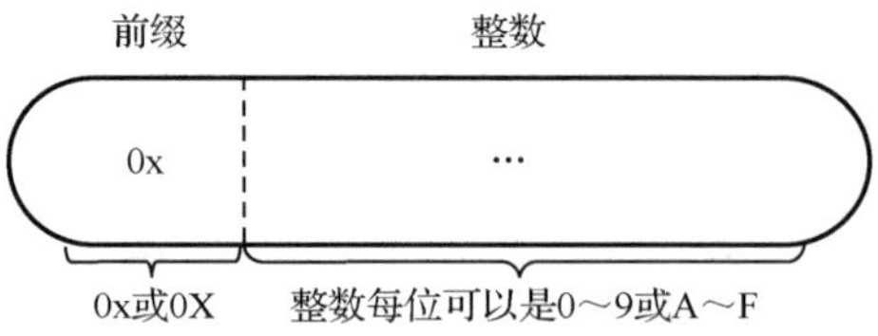

图 2.16　十六进制数书写规范

【示例 2-3】下面将一个十六进制数以十进制数形式输出。

```
#include <iostream>
int main()
{
    std::cout <<"输出十六进制数 0x1FD 为："<< 0x1FD << std::endl;
    return 0;
}
```

程序运行结果如下。

```
输出十六进制数 0x1FD 为：509
```

十六进制数转换为十进制数的方法如图 2.17 所示。

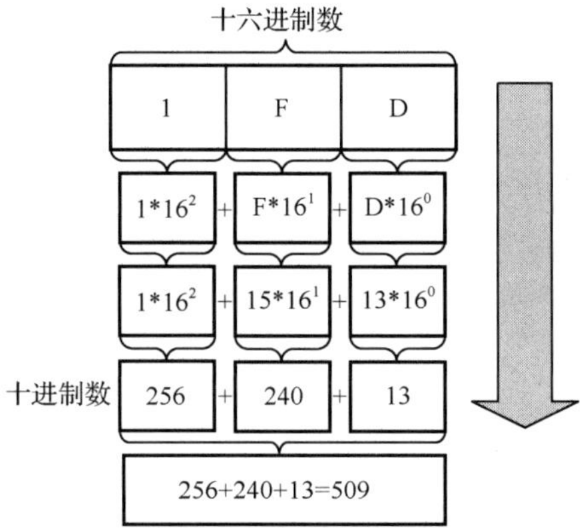

图 2.17　十六进制数转换为十进制数

二进制数转换为十六进制数就是将二进制数从右向左每四位合并为一位。下面将一个二进制的 10101100 转换为十六进制的 0xAC，如图 2.18 所示。

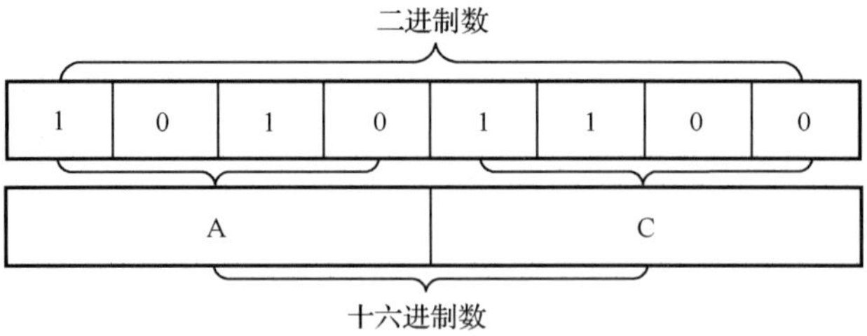

图 2.18　二进制数转换为十六进制数（1）

在转换时，有时会发现二进制数无法以每四位为单元进行分割，此时就需要在前面使用 0 来补位。例如，下面将一个二进制的 11011 转换为十六进制的 0x1B，如图 2.19 所示。

二进制、八进制、十进制及十六进制之间的转换如表 2.2 所示。对于这个表应该做到熟记于心，可以快速读懂各种进制的数字。

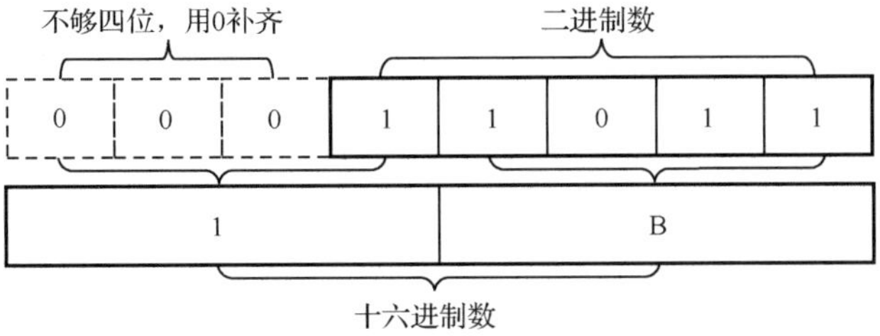

图 2.19 二进制数转换为十六进制数（2）

表 2.2 进制之间的转换

二 进 制	八 进 制	十 六 进 制	十 进 制
0	00	0x0	0
1	01	0x1	1
10	02	0x2	2
11	03	0x3	3
100	04	0x4	4
101	05	0x5	5
110	06	0x6	6
111	07	0x7	7
1000	010	0x8	8
1001	011	0x9	9
1010	012	0xA	10
1011	013	0xB	11
1100	014	0xC	12
1101	015	0xD	13
1110	016	0xE	14
1111	017	0xF	15

2.3.3 整数类型

计算机硬件的空间是有大小限制的，所以在处理整数数据时需要控制整数所占的空间大小。根据所占空间大小，可以将整数分为四种，即整型、短整型、长整型、长长整型。下面将进行讲解。

1. 整型

在 C++语言中，整型是整数的默认保存类型。整型使用 int 表示，占 4 字节，如图 2.20 所示。

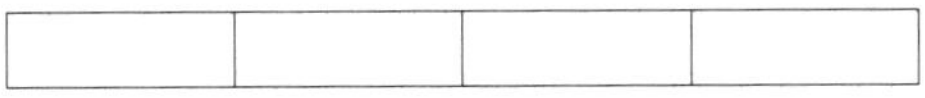

图 2.20 整型

由于存储所使用的空间有限，整型可以表达的整数范围为-2^{31}～$2^{31}-1$，即-2147483648～2147483647，如图 2.21 所示。

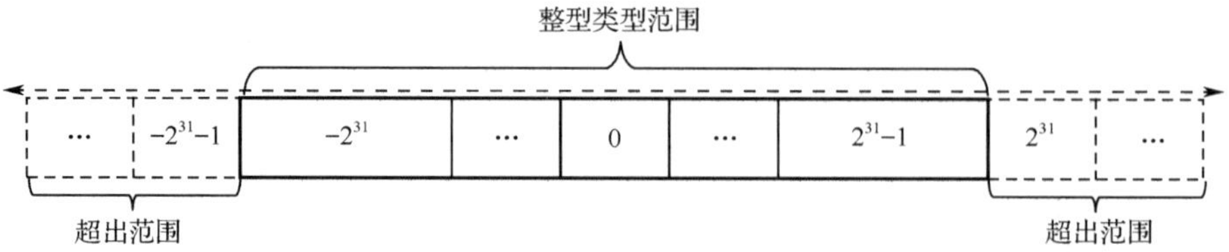

图 2.21　整型类型的范围

【示例 2-4】下面输出整数的字节长度，判断整数值是否会被默认保存为整型。

```
#include <iostream>
int main()
{
    std::cout << "整数 10 的长度为：" << sizeof(10) <<"字节"<< std::endl;
    return 0;
}
```

程序运行结果如下。

```
整数 10 的长度为：10 字节
```

sizeof()为一个函数，可以将 sizeof()函数简单理解为一个机器，可以告诉你指定值在内存中的长度。在这里判断的是整数 10 在内存中所占字节长度。

【示例 2-5】下面输出整型类型占几字节。

```
#include <iostream>
int main()
{
    std::cout << "整型的长度为：" << sizeof(int) <<"字节"<< std::endl;
    return 0;
}
```

程序运行结果如下。

```
整型的长度为：4 字节
```

2. 短整型

短整型可以用于表示数值较小的整数，使用英文字母 short 表示，占 2 字节，如图 2.22 所示。

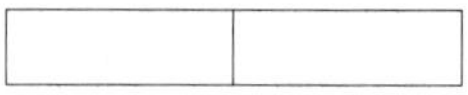

图 2.22　短整型

短整型可以表示的范围为-2^{15}～$2^{15}-1$，即-32768～32767，如图 2.23 所示。

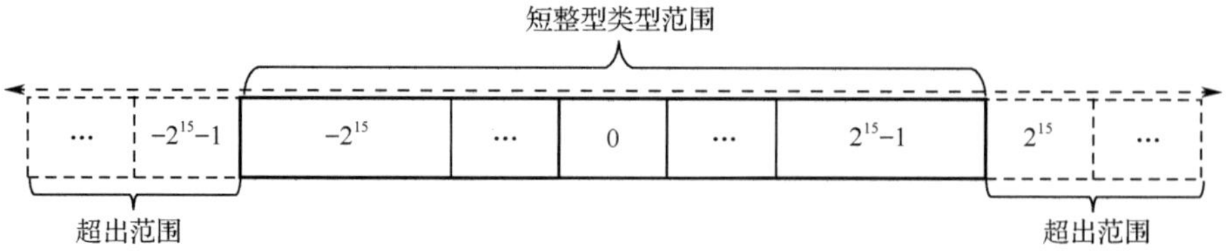

图 2.23　短整型类型的范围

【示例 2-6】下面输出短整型占几字节。

```
#include <iostream>
int main()
{
    std::cout << "短整型的长度为：" << sizeof(short) <<"字节"<< std::endl;
    return 0;
}
```

程序运行结果如下。

```
短整型的长度为：2 字节
```

3. 长整型

C++语言还提供长整型用来保存更大的整数。该类型使用英文字母 long 表示。在 Visual Studio 2019 中，长整型使用 4 字节，如图 2.24 所示。

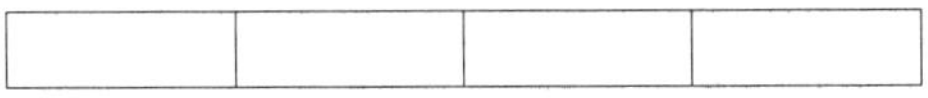

图 2.24　长整型

长整型的范围为-2^{31}～$2^{31}-1$，即-2147483648～2147483647，如图 2.25 所示。

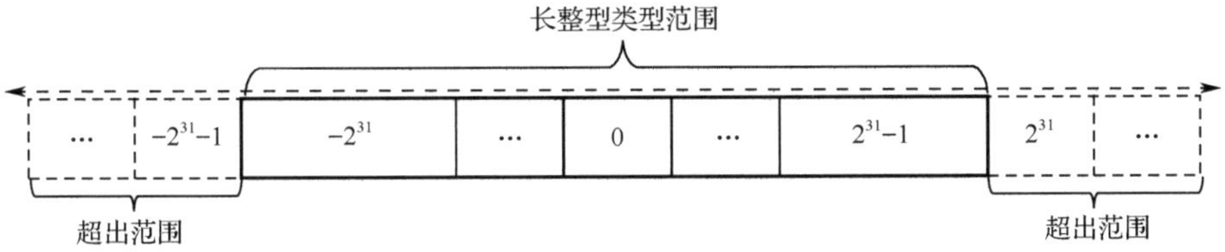

图 2.25　长整型类型的范围

【示例 2-7】下面输出长整型占几字节。

```
#include <iostream>
int main()
{
    std::cout << "长整型的长度为：" << sizeof(long) <<"字节"<< std::endl;
    return 0;
}
```

程序运行结果如下。

```
长整型的长度为：4 字节
```

在书写的时候长整型要在数字后面加字母 l 或 L，如 355L。

【示例 2-8】下面输出带 L 后缀的数字的字节长度。

```
#include <iostream>
int main()
{
    std::cout << "长整型 66L 的长度为：" << sizeof(66L) <<"字节"<< std::endl;
    return 0;
}
```

程序运行结果如下。

```
长整型 66L 的长度为：4 字节
```

4. 长长整型

C++语言还提供长长整型用来保存更大的整数。该类型使用两个英文字母 long 表示，即 long long。长长整型使用 8 字节，如图 2.26 所示。

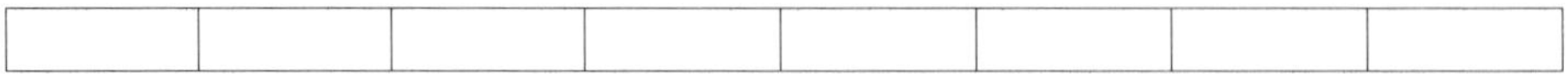

图 2.26　长长整型

长长整型的范围为 -2^{63}～$2^{63}-1$，即-9223372036854775808～9223372036854775807，如图 2.27 所示。

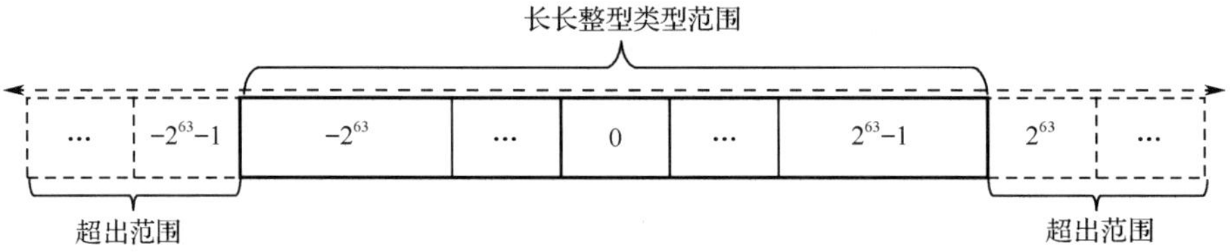

图 2.27　长长整型类型的范围

【示例 2-9】下面输出长长整型占几字节。

```
#include <iostream>
int main()
{
        std::cout << "长长整型的长度为：" << sizeof(long long) << "字节" << std::endl;
        return 0;
}
```

程序运行结果如下。

```
长长整型的长度为：8 字节
```

在书写的时候长长整型要在数字后面加字母 ll 或 LL，如 355LL。

【示例 2-10】下面输出带 LL 后缀的数字的字节长度。

```
#include <iostream>
int main()
{
        std::cout << "长长整型 66LL 的长度为：" << sizeof(66LL) << "字节" << std::endl;
        return 0;
}
```

程序运行结果如下。

```
长长整型 66LL 的长度为：8 字节
```

5. 无符号整型

无符号整型只能表示 0 和正数，它会将整型的二进制符号位挪用为整数位。这样无符号整型的正数范围会比有符号整型的正数范围扩大一倍，如图 2.28 所示。

在整型类型名称前添加前缀 unsigned，即构成对应的无符号整型。书写时在数字后面加字母 u 或 U。无符号整型包含以下几种。

- 无符号整型：使用英文字母 unsigned int 表示，占 4 字节，可表示的范围为 0～4294967295。

- ❑ 无符号短整型：使用英文字母 unsigned short 表示，占 2 字节，可表示的范围为 0～65535。
- ❑ 无符号长整型：使用英文字母 unsigned long 表示，占 4 字节，可表示的范围为 0～4294967295。
- ❑ 无符号长长整型：使用英文字母unsigned long long表示，占8字节，可表示的范围为0～18446744073709551615。

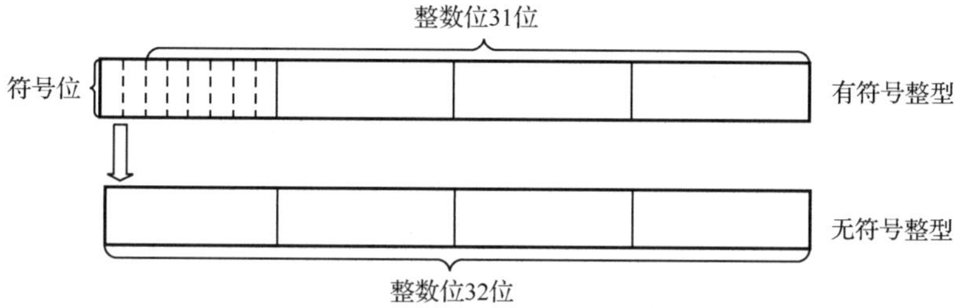

图 2.28　无符号整型 4 字节

在需要处理的数据只有正整数时，使用无符号整型是十分划算的，这样可以更好地利用计算机的空间提高计算效率。

【示例 2-11】 unsigned 类型的数据是不会显示为负数的，如果出现负数会输出 4294967196。下面输出两个 unsigned 整型数字，一个为正数，一个为负数。

```
#include <iostream>
int main()
{
    unsigned int a = 100;                //无符号整型变量 a 的值赋值为 100
    unsigned int b = -100;               //无符号整型变量 b 的值赋值为-100
    std::cout << "无符号整型变量 a 的值为：" << a << std::endl;
    std::cout << "无符号整型变量 b 的值为：" << b << std::endl;
     return 0;
}
```

程序运行结果如图 2.29 所示。

图 2.29　程序运行结果

总结前面讲解的所有整数类型，共有八种，如表 2.3 所示。

表 2.3　八种整型

类型说明符	内 存 字 节	数 的 范 围
short	2	-32768～32767
int	4	-2147483648～2147483647
long	4	-2147483648～2147483647
long long	8	-9223372036854775808～9223372036854775807
unsigned short	2	0～65535

续表

类型说明符	内 存 字 节	数 的 范 围
unsigned int	4	0～4294967295
unsigned long	4	0～4294967295
unsigned long long	8	0～18446744073709551615

2.3.4 浮点类型

浮点型数据即实数。浮点类型用于处理实数数据，是计算机使用最广泛的一种类型。浮点数利用指数使小数点的位置可以根据需要而上下浮动，从而可以灵活地表达更大范围的实数。

根据浮点的精度不同，浮点类型分为单精度类型（float）、双精度类型（double）和扩展精度浮点类型（long double）。下面进行详细讲解。

1. 单精度类型

单精度类型用于保存较小的实数。该类型使用英文字母 float 表示。float 占 4 字节，如图 2.30 所示。单精度的表示范围为 3.4E−38～3.4E+38，有效位为 6 位。

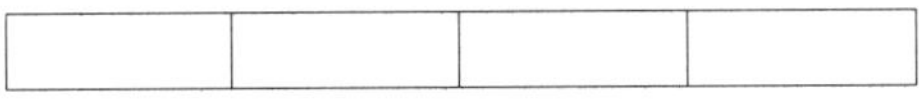

图 2.30　float 整型

【示例 2-12】下面输出单精度的字节长度。

```
#include <iostream>
int main()
{
    std::cout << "单精度的字节长度为：" << sizeof(float) <<"字节"<< std::endl;
    return 0;
}
```

程序运行结果如下。

```
单精度的字节长度为：4 字节
```

2. 双精度类型

双精度类型用于保存较大的实数。该类型使用英文字母 double 表示。double 占 8 字节，如图 2.31 所示。双精度的表示范围为 1.7E−308～1.7E+308，有效位为 10 位。

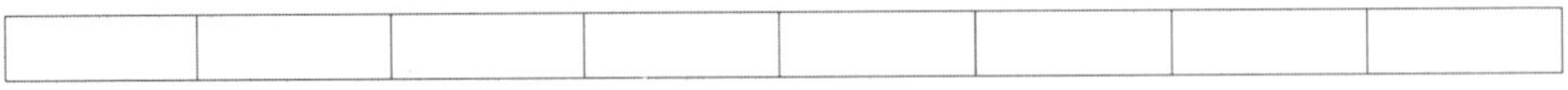

图 2.31　double 整型

【示例 2-13】下面输出双精度的字节长度。

```
#include <iostream>
int main()
{
    std::cout << "双精度的字节长度为：" << sizeof(double) <<"字节"<< std::endl;
    return 0;
```

```
}
```

程序运行结果如下。

```
双精度的字节长度为：8字节
```

3. 扩展精度浮点类型

扩展精度浮点类型用于有特殊浮点需求的硬件中，具体的实现方式和精度也不太相同。该类型使用英文字母long double表示。long double占8字节，表示范围为1.7E-308～1.7E+308，有效位为10位。

2.3.5 字符类型和字符串

下面对字符类型进行详细讲解。

1. 字符类型

字符类型用于处理字符数据，如人名、字母等。C++语言中，字符类型在内存中占1字节，该类型使用英文字母char表示，其表示数值的范围为127～-128。

字符型数据的本质是存储字符的ASCII（American Standard Code for Information Interchange，美国标准信息交换码）码值。根据ASCII码标准，数值65代表大写字母A，而97则代表小写字母a，ASCII码前128个码的十进制数表示如表2.4所示。

表2.4 ASCII码表

十进制数	符 号	十进制数	符 号	十进制数	符 号	十进制数	符 号
0	NUT	18	DC2	36	$	54	6
1	SOH	19	DC3	37	%	55	7
2	STX	20	DC4	38	&	56	8
3	ETX	21	NAK	39	,	57	9
4	EOT	22	SYN	40	(	58	:
5	ENQ	23	TB	41	)	59	;
6	ACK	24	CAN	42	*	60	<
7	BEL	25	EM	43	+	61	=
8	BS	26	SUB	44	,	62	>
9	HT	27	ESC	45	-	63	?
10	LF	28	FS	46	.	64	@
11	VT	29	GS	47	/	65	A
12	FF	30	RS	48	0	66	B
13	CR	31	US	49	1	67	C
14	SO	32	(space)	50	2	68	D
15	SI	33	!	51	3	69	E
16	DLE	34	”	52	4	70	F
17	DCI	35	#	53	5	71	G

续表

十进制数	符号	十进制数	符号	十进制数	符号	十进制数	符号
72	H	86	V	100	d	114	r
73	I	87	W	101	e	115	s
74	J	88	X	102	f	116	t
75	K	89	Y	103	g	117	u
76	L	90	Z	104	h	118	v
77	M	91	[	105	i	119	w
78	N	92	\	106	j	120	x
79	O	93	]	107	k	121	y
80	P	94	^	108	l	122	z
81	Q	95	—	109	m	123	{
82	R	96	、	110	n	124	|
83	X	97	a	111	o	125	}
84	T	98	b	112	p	126	~
85	U	99	c	113	q	127	DEL

在 ASCII 码表中的特殊字母组合，其含义如表 2.5 所示。

表 2.5　特殊字符的含义

特殊字符	含义	特殊字符	含义	特殊字符	含义
NUL	空	VT	垂直制表	SYN	空转同步
SOH	标题开始	FF	走纸控制	ETB	信息组传送结束
STX	正文开始	CR	回车	CAN	作废
ETX	正文结束	SO	移位输出	EM	纸尽
EOY	传输结束	SI	移位输入	SUB	换置
ENQ	询问字符	DLE	空格	ESC	换码
ACK	承认	DC1	设备控制 1	FS	文字分隔符
BEL	报警	DC2	设备控制 2	GS	组分隔符
BS	退一格	DC3	设备控制 3	RS	记录分隔符
HT	横向列表	DC4	设备控制 4	US	单元分隔符
LF	换行	NAK	否定	DEL	删除

在 C++中还有一些是由斜杠和多个字符所组成的，但被当作单一字符处理的特殊字符，它们被称为转义字符。转义字符是不可以被打印的字符，都具有特殊的功能，如表 2.6 所示。

表 2.6　转义字符

转义字符	说明
\a	蜂鸣
\b	回退键

续表

转义字符	说明
\f	换页
\n	换行
\r	回车换行
\t	水平制表
\v	垂直制表
\\	反斜杠
\’	单引号
\”	双引号
\?	问号
\nnn	八进制位模式，nnn 是一个八进制数
\xnn	十六进制位模式，xnn 是一个十六进制数

【示例 2-14】下面输出一个水平制表符与八进制数 172 对应的字符 z。字符 z 的 ASCII 码值十进制数为 122，转换为八进制数 172。

```
#include <iostream>
int main()
{
    std::cout << "输出水平制表符用八进制数字 172 输出字母 z：172" << std::endl;//无转义字符
    std::cout << "输出水平制表符\t 用八进制数字 172 输出字母 z：\172" << std::endl;//有转义字符
   return 0;
}
```

程序运行结果如图 2.32 所示。

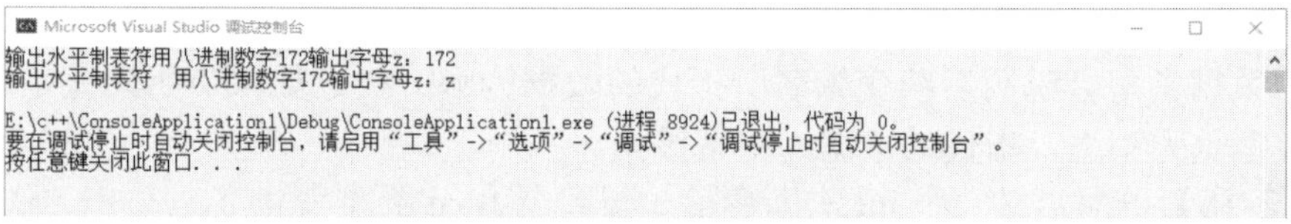

图 2.32 输出指定转义字符

2. 有符号与无符号字符类型

字符型数据根据有无符号可以分为有符号字符型和无符号字符型。有符号字符型用英文 signed char 表示，无符号字符型用英文 unsigned char 表示，其对应的取值范围如表 2.7 所示。

表 2.7 字符数据类型

数据类型	类型描述	占字节数	取值范围
char	字符型	1	-128～127
signed char	有符号字符型	1	-128～127
unsigned char	无符号字符型	1	0～255

3. 字符串类型

处理单个字符时可以使用字符类型，处理多个字符时就可以使用字符串类型。例如，

abcde、Hello、1234 这些都是字符串。C++中字符串类型不属于基础数据类型，在后面的章节中会进行详细讲解。

2.3.6 布尔类型

布尔类型是用于表达逻辑判断的一种数据类型。C++语言中，布尔类型使用英文字母 bool 表示。该类型只有真（true）和假（false）两个值。使用整数表示时，0 表示假，1 表示真。布尔类型多用于程序判断、流程控制及逻辑判断。简单理解布尔类型就像做判断题，只有对和错两种结果。

2.4 变　　量

计算机处理的信息中有一部分数据是存在的，但是具体值却是未知的，如一堆煤、一车人等，一堆煤的质量是不确定的，一车人的人数也是不确定的。处理这些存在但是具体值不确定的数据时就需要用一种符号（标识符）去指代它们。这种指代在 C++语言中被称为变量。

2.4.1 定义变量

变量就像一个盒子，根据数据类型不同可以定义为不同类型的盒子，需要处理几种数据就定义几种类型的盒子。定义变量的 C++语句称为变量的声明。变量的声明由数据类型、变量名与分号三部分组成，其语法形式如下。

```
变量数据类型　变量名;
```

也可以使用逗号分隔符同时声明多个同类型的变量，语法形式如下。

```
变量数据类型　变量名 1,变量名 2,…,变量名 n;
```

变量的数据类型会说明后续变量名所指代的数据为哪一类。如果声明为整型，那么对应的变量的类型也为整型，指代的数据为整型数据。

【示例 2-15】下面定义一个 int 类型变量 a 与多个 float 类型变量 b、c、d。

```
#include <iostream>
int main()
{
    int a;
    float b, c, d;
    return 0;
}
```

2.4.2 变量名

变量名就是变量的名字，在设置变量名时必须遵循标识符命名规则，另外还建议遵循以下几条规则。

- 见名见意，即看到变量的名字能直接或间接明白该变量指代的数据内容。例如，age 一般指代年龄数据。

- 尽量不用汉语拼音。因为汉语拼音会出现同音不同意的问题，所以尽量避免使用。例如，变量 jishu 可以指代“技术”也可以指代“奇数”。
- 命名不宜过长。名字过长会增加阅读困难，并且容易编写错误。
- 建议采用驼峰标记法和匈牙利标记法来命名变量。

2.4.3 变量的初始化

在声明变量之后，需要将该变量指向某个数据，也就是将一个值赋给变量。这个过程称为变量的初始化。声明变量只是告诉计算机我要占用一块内存，具体大小由数据类型决定。然后，将数值赋给指定变量，这样才能对数据进行处理。

变量的初始化语法形式如下。

```
变量名=初始值;
```

在声明变量时也可以实现初始化，其语法形式如下。

```
变量类型 变量名=初始值;
```

在变量初始化时，会用到赋值运算符（=）。该运算符会将右侧的值指定给左侧的变量。在赋值时，值的类型一定要符合变量的数据类型。

【示例 2-16】如果变量只声明不初始化会出现错误。

```
#include <iostream>
int main()
{
    int a;
    std::cout << "输出变量 a 的值为" << a << std::endl;
    return 0;
}
```

程序运行结果如图 2.33 所示。

图 2.33 错误提示

2.5 常　　量

与变量不同，常量是不建议改变的数据。例如，在使用数据 π 时，其代表的就是圆周率，其值是不可以被改变的。针对这类数据，C++使用常量的形式来指代。

常量可以分为文字常量与自定义常量。文字常量就是直接可以看出本意的数据，如整数 6、字母 a 等都是文字常量；自定义常量可以理解为不可改变数值的变量。

自定义常量需要使用关键字 const，其定义格式如下。

```
const 数据类型 常量名=文字常量;
```

常量不能单独声明，必须在声明的同时进行初始化，也就是定义常量。自定义常量在定义后是无法在其他语句中对其进行修改或者赋值的，否则会出现错误。

【示例 2-17】在定义常量以外的地方为常量赋值出现错误。

```
#include <iostream>
int main()
{
    const int a=10;
    a = 100;
    std::cout << "输出自定义常量 a 的值为" << a << std::endl;
   return 0;
}
```

程序运行结果如图 2.34 所示。

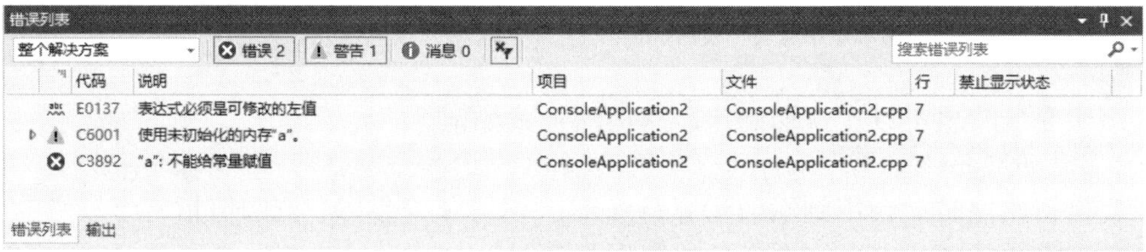

图 2.34　错误提示

注意：声明一个实型常量时，如果实型文字常量没有任何说明，那么默认为双精度实型常量；如果要表示单精度实型常量，则要在该实型文字常量后加上 F 或 f；如果要表示长双精度实型常量，则要在该实型文字常量后加上 L 或 l。

2.6　小　　结

通过本章的学习，读者需要了解以下内容。

- 编写程序时需要使用符号去标识指定的数据。这些符号分为两种，一种是编译人员根据数据需求自定义的符号，称为标识符；另一种是 C++语言官方规定的一些特殊符号，称为关键字。
- 进制也就是进位计数制，是人为定义的带进位的计数方法。
- 整数类型可以分为四种，即整型、短整型、长整型、长长整型。
- 根据浮点的精度不同，浮点类型分为单精度类型（float）、双精度类型（double）和扩展精度浮点类型（long double）。
- 字符类型用于处理字符数据。
- 字符型数据根据有无符号可以分为有符号字符型（用英文 signed char 表示）和无符号字符型（用英文 unsigned char 表示）。
- 处理多个字符时可以使用字符串类型。
- C++语言中，布尔类型使用英文字母 bool 表示。该类型只有真（true）和假（false）两个值。使用整数表示时，0 表示假，1 表示真。
- 变量的声明由数据类型、变量名与分号三部分组成。

2.7 习 题

一、填空题

1. 计算机使用的进制为_____。
2. 二进制数每位可以使用_____与_____这两个整数表示。
3. 二进制进位规则为“逢_____进一”。
4. 二进制借位规则为“借一当_____”。
5. 在C++语言中，整数的默认保存类型是_____。
6. 整型使用_____表示，占_____字节。
7. 短整型使用_____表示。
8. 双精度类型在内存中占_____字节。
9. 单精度类型在内存中占_____字节。
10. ？的转义字符书写格式为_____。
11. 字符B的ASCII码值为_____。
12. 布尔类型使用英文字母_____表示。该类型只有_____和假两个值。
13. 常量可以分为_____常量与自定义常量。

二、选择题

1. 下列整数的十进制写法错误的是（ ）。
   A. 666 B. 123 C. 085 D. 654
2. 下列整数的十六进制写法正确的是（ ）。
   A. d085 B. 010 C. 0X66 D. 100
3. 下面代码的运行结果是（ ）。

```
#include <iostream>
int main()
{
    std::cout << 017 << std::endl;
}
```

   A. 15 B. 16 C. 17 D. 18
4. int类型占（ ）字节。
   A. 4 B. 3 C. 2 D. 1
5. 长整型的数值表示范围为（ ）。
   A. $-2^{23}\sim0$ B. $-2^{15}\sim2^{15}-1$ C. $-2^{31}\sim2^{31}$ D. $-2^{31}\sim2^{31}-1$
6. 下面代码的运行结果是（ ）。

```
#include <iostream>
int main()
{
    std::cout << '\072' << std::endl;
}
```

   A. a B. ? C. : D. !

7．下面选项不属于小数的是（　　）。

A．5.0　　B．.3　　C．1.　　D．.

8．下面选项属于字符常量的是（　　）。

A．'1'　　B．t1　　C．'ad'　　D．'1s'

9．下面代码的运行结果是（　　）。

```
#include <iostream>
int main()
{
    std::cout << 0X6B << std::endl;
}
```

A．107　　B．108　　C．109　　D．110

10．下面的标识符是错误的选项为（　　）。

A．4ac　　B．A3　　C．_name　　D．A_c32

11．下面不属于 C++语言关键字的选项为（　　）。

A．name　　B．int　　C．long　　D．short

12．下面代码的运行结果是（　　）。

```
#include <iostream>
int main()
{
    std::cout << sizeof(360) << std::endl;
}
```

A．360　　B．4　　C．8　　D．2

13．下面不是转义字符的是（　　）。

A．\b　　B．\\　　C．\r　　D　\\'

14．下列四组选项中，正确的 C++语言标识符是（　　）。

A．%x　　B．a+b　　C．a123　　D．123

15．下面代码的运行结果是（　　）。

```
#include <iostream>
int main()
{
    int a = 'A';
    std::cout << a << std::endl;
}
```

A．65　　B．'A'　　C．A　　D．a

16．在 C++语言中，字符 c 对应的 ASCII 码值是（　　）。

A．66　　B．67　　C．99　　D．100

17．在 C++语言中，字符类型使用（　　）表示。

A．int　　B．float　　C．char　　D．double

18．下面代码的运行结果是（　　）。

```
#include <iostream>
int main()
{
    int a = 'A';
```

```
    std::cout << "\?Hello\nWorld" << std::endl;
}
```

A. ?Hello B. ?Hello
World C. Hello D. HelloWorld

19. 下面合法的八进制数是（　　）。

A. 0 B. 018 C. -077 D. 0.10

20. 下面不合法的十六进制数是（　　）。

A. oxff B. 0Xabc C. 0x11 D. 0x19

21. 下面代码的运行结果是（　　）。

```
#include <iostream>
int main()
{
    std::cout << 0b111101 << std::endl;
}
```

A. 60 B. 61 C. 62 D. 63

22. 八进制在进行加法运算时，遵循（　　）规则。

A. 逢八进一 B. 逢二进一 C. 逢十进一 D. 逢十六进一

23. 下面对命名规则介绍错误的是（　　）。

A. 标识符只能由字母、数字和下画线组成

B. 标识符的第一个字符只能是字母或下画线

C. 标识符中的字母是需要区分大小写的，即标识符 A 和 a 会被计算机识别为两个标识符

D. 标识符可以使用关键字

24. 下面的数字可以用无符号整型保存的是（　　）。

A. 10000000000000 B. 1.5

C. 1 D. -1

25. 在 C++语言中，字符型数据在内存中以（　　）形式存放。

A. 原码 B. BCD 码 C. 反码 D. ASCII 码

26. 下面选项属于 float 类型的是（　　）。

A. 3.14 B. 3.14f C. 3.14L D. 0.0314E2

27. C++的合法注释是（　　）。

A. /*This is a C++ program/* B. // This is a C++ program

C. "This is a C++ program D. /This is a C++ program//

28. 下列数据类型不是 C++语言基本数据类型的是（　　）。

A. 字符型 B. 整型 C. 实型 D. 数组

29. 下列字符列中，可作为 C++语言程序自定义标识符的是（　　）。

A. switch B. file C. break D. do

30. 在 C++语言中，自定义的标识符（　　）。

A. 能使用关键字并且不区分大小写 B. 不能使用关键字并且不区分大小写

C. 能使用关键字并且区分大小写 D. 不能使用关键字并且区分大小写

31. C++语言中的标识符只能由字母、数字和下画线三种字符组成，且第一个字符（　　）。

A. 必须为字母

B. 必须为下画线

C. 必须为字母或下画线

D. 可以是字母、数字和下画线中的任一种字符

32. 自定义常量需要使用关键字（　　）定义。

A. const　　B. do　　C. break　　D. switch

三、找错题

下面代码有两处错误，请指出。

```
int main()
{
    const int a = 10;
    a = 60;
    std::cout << "输出自定义常量 a 的值为" << a << std::endl;
}
```

四、编程题

1. 以下的变量声明，还可以怎么写？

```
int peopleNumber;
int step;
float leftEyeVision;
int age;
float rightEyeVision;
```

2. 使用转义字符输出以下内容。

```
A
        A
                A
```

第3章　数 据 运 算

小明有 5 元钱，买铅笔花掉 1 元，请问小明还剩多少钱？这是一道我们在小学时就会碰到的应用题。在这道题中运用了算术运算中的减法。在 C++中也拥有很多运算，除常用的算术运算外，还有赋值运算、自增自减运算、位运算等，在本章中将详细讲解相关内容。

3.1　运算符与表达式

运算符与表达式是数据处理的最基本元素。运算符指定数据运算的具体运算方式，表达式用于描述运算的具体内容，下面将讲解运算符与表达式的相关内容。

3.1.1　运算符

运算符用于执行程序代码运算，会针对一个以上操作数项目来进行运算。例如，在 3−2 中，操作数为 3 和 2，运算符为减号（−），如图 3.1 所示。

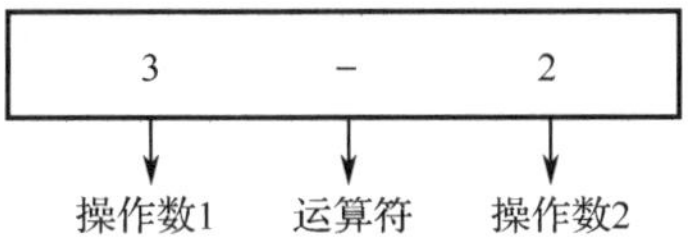

图 3.1　运算符和操作数

根据操作数的个数，运算符可以分为三种，分别为单目运算符、双目运算符和三目运算符。这里的“目”代表的就是操作数，如图 3.2 所示。

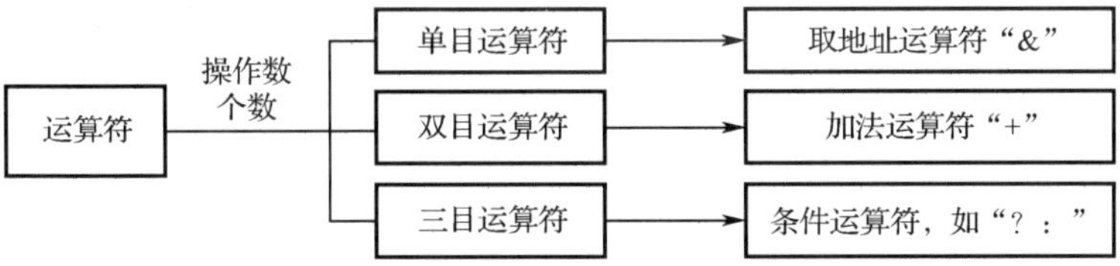

图 3.2　运算符根据操作数个数的分类

说明：单目运算符也可以称为一元运算符，双目运算符和三目运算符也称为二元运算符和三元运算符。

运算符根据功能可以划分为赋值运算符、算术运算符、位运算符、关系运算符、逻辑运算符、条件运算符、逗号运算符、sizeof 运算符及其他运算符。

3.1.2　表达式

表达式是由数值、运算符等按照特定规则排列构成的组合。在 C++中，最小的表达式为一个常量，如数字 8。它们符合表达式的规则，在代码中没有语法错误，但是没有任何意义。

【示例 3-1】下面在代码中编写并运行最小的表达式。

```
#include <iostream>
int main()
{
    8;
    1 + 1;
    3 * 5;
    int a = 1;
    std::cout << "纯数字常量的值没有含义但是没有语法错误可以正常运行" << std::endl;
    return 0;
}
```

程序运行结果如图 3.3 所示。

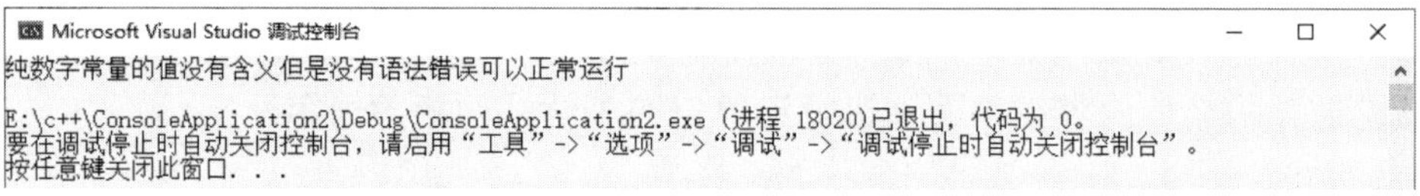

图 3.3　程序运行结果

3.2　赋值运算符

变量的作用是指代数据。例如，你要去动物园看动物，那么，动物就是一个变量。具体看什么动物就是为这个变量赋值，或称为初始化变量的值。在讲解变量赋值时，就已经用到了赋值运算符。

3.2.1　赋值运算符简介

赋值运算符属于双目运算符，拥有两个操作数，符号为“=”。它与数学中的等于号一样，但是具体的功能却不同。赋值运算符的操作数位于其左右两侧，作用是将右侧的值赋给左侧，例如，a=b 的含义是将变量 b 的值赋给变量 a，a 的值就会变为 b 的值，如图 3.4 所示。

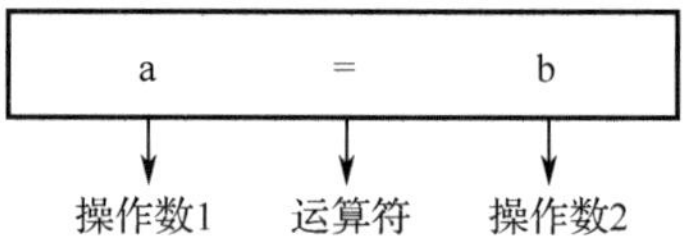

图 3.4　赋值运算符

【示例 3-2】下面使用赋值运算符输出变量 b 的值。

```
#include <iostream>
int main()
{
    int a=10;          //变量 a 的值为 10
    int b=20;          //变量 b 的值为 20
    std::cout << "覆盖前变量 b 的值为" << b << std::endl;
    b = a;             //将变量 a 的值赋给变量 b，变量 b 的值被变量 a 的值覆盖
    std::cout << "覆盖后变量 b 的值为" << b << std::endl;
    return 0;
```

```
}
```

程序运行结果如下。

```
覆盖前变量 b 的值为 20
覆盖后变量 b 的值为 10
```

3.2.2　数据类型转换

在饭店吃饭时我们常常会遇到抹零的问题，例如消费了 101.5 元，抹零后收 101 元。在此过程中就将浮点类型的数据 101.5 直接转换为整数类型数据 101 进行了计算。

在 C++处理数据的过程中，也会遇到这种“抹零”的情况。数据在计算时也会发生数据类型转换的情况。数据类型转换在 C++中可以分为两种，第一种是隐式转换，第二种是显式转换。下面对其进行讲解。

1. 隐式转换

隐式转换指 C++语言中不需要特别的声明就可以自动进行数据类型的转换。例如，从 int 类型数据转换到 long 类型数据就是一种隐式转换。

隐式转换适合类型尺寸大小相同或者将小尺寸转换为大尺寸的情况，类型的转换方向如图 3.5 所示。

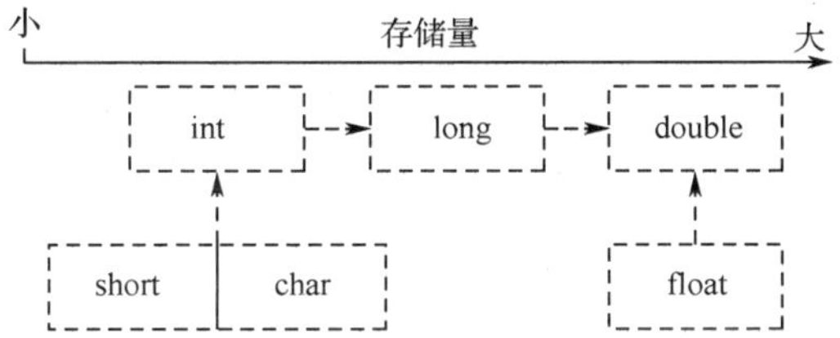

图 3.5　类型的转换方向

在这里 char 最小，double 最大。在转换过程中遵循将小数据转换为大数据的原则就不会出现数据丢失的现象。

【示例 3-3】下面将字符类型数据隐式转换为整型类型数据，并进行输出。

```
#include <iostream>
int main()
{
    char a = 'p';      //字符类型数据
    std::cout << "a 的值为：" << a << std::endl;
    int b = a;          //赋值运算
    std::cout << "b 的值为：" << b << std::endl;
    return 0;
}
```

程序运行结果如下。

```
a 的值为：p
b 的值为：112
```

从运行结果中可以看出，在赋值运算时，字符 p 的类型发生了改变，b 输出的是字符 p 的整数类型 ASCII 码值 112。由于字符类型只占 1 字节，整型类型占 4 字节，所以从小尺寸转换到大尺寸，进行隐式转换并且没有出现数据丢失。

在赋值运算中，如果将大数据转换为小数据，那么在数据隐式转换过程中就可能会出现数据丢失或数据出错的问题，在编译时就会出现警告提示。

【示例 3-4】下面将浮点类型数据隐式转换为短整型数据，并进行输出。

```
#include <iostream>

int main()
{
    short a = 0;
    std::cout << "a 的值为: " << a << std::endl;
    float b = 123456.123;
    float c = 1234.123;
    a = b;  //隐式转换超出 short 类型范围
    std::cout << "a 的值为: " << a << std::endl;
    a = c;  //隐式转换类型不同丢失小数点后数据
    std::cout << "a 的值为: " << a << std::endl;
    return 0;
}
```

程序运行结果如下。

```
a 的值为：0
a 的值为：-7616
a 的值为：1234
```

从运行结果中可以看出，变量 b 的值用短整型输出，超出了短整型的范围，所以输出的结果为错误值。变量 c 的值用短整型输出，丢失了小数位数据。

这两种情况都是由大尺寸数据隐式转换为小尺寸数据导致的。所以，在值的传递过程中一定要注意类型转换时的尺寸问题。

在 C++语言的赋值运算中，将大尺寸隐式转换为小尺寸类型时是会出现警告的，由于警告不影响程序运算，所以一般不显示。此时只要对编译器进行简单设置就能看到警告信息。依次单击“项目|××属性”，在打开的对话框中将“将警告视为错误”选项设置为“是”，如图 3.6 所示。

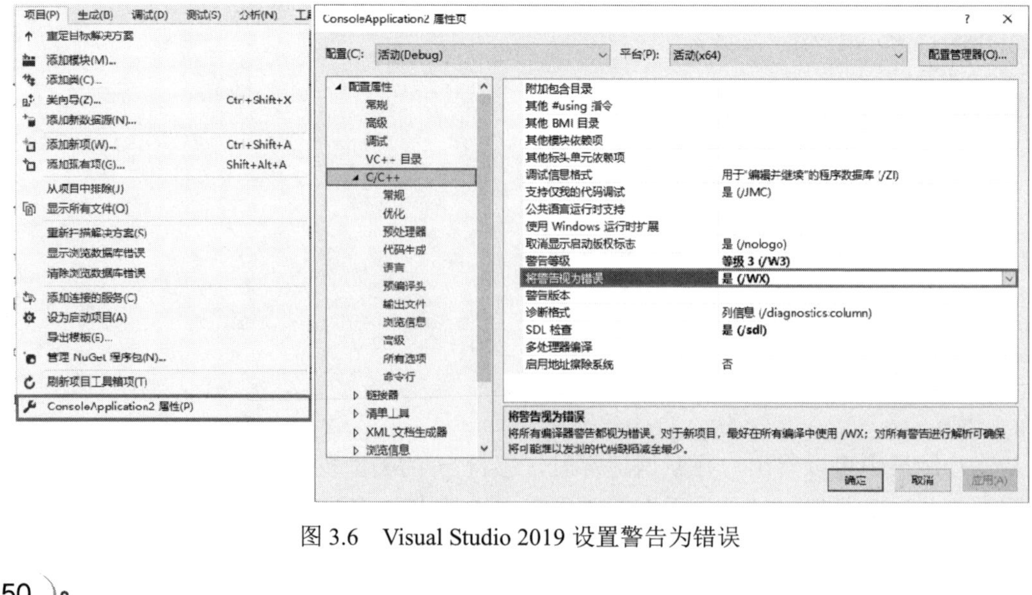

图 3.6　Visual Studio 2019 设置警告为错误

再次运行程序看到警告信息，如图 3.7 所示。

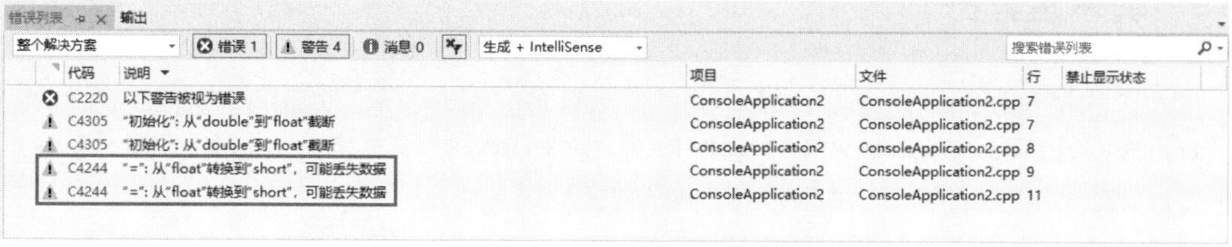

图 3.7　警告信息

2. 显式转换

显式转换是指通过指定语法强制将数据转换为指定类型。这种转换需要指定的关键字配合来实现。显式转换的语法如下。

```
(数据类型) 表达式
```

显示转换可以让程序员直接通过代码控制数据类型的转换，让数据按照指定类型数据进行计算。就像计算超级大的数据时，可以只计算整数部分，舍弃小数部分。这样做的优点是能控制要计算的数据类型，缺点是会丢失数据的精确度，所以在编写程序时要“因地制宜”，根据具体情况选择。

【示例 3-5】使用显式转换让表达式的值为整型数据。

```
#include <iostream>
int main()
{
    float a = 123.3;
    int b = 1;
    std::cout << "隐式转换时表达式的值为：" << a + b << std::endl;
    std::cout << "显式转换时表达式的值为：" <<(int)a + b << std::endl;
    return 0;
}
```

程序运行结果如下。

```
隐式转换时表达式的值为：124.3
显式转换时表达式的值为：124
```

从运行结果中可以看出，当没有显式转换时，表达式 a+b 在运算时，b 的值 1 会隐式转换为浮点型 1.0，然后 1.0+123.3 的结果为浮点型数据 124.3。

当使用显式转换时，表达式(int)a + b 在运算时，a 的值 123.3 会显式转换为 123，然后 123+1 的结果为整型数据 124。

注意：加法运算符（+）的作用与数学中的加号相同，如果不太明白可以先看看后面章节对加法运算符的讲解。

3.3　常用运算符

在数据处理中，除最基础的赋值运算符外还有很多常用的运算符，包括算术运算符、自增自减运算符、位运算符等，下面将详细进行讲解。

3.3.1 算术运算符

算术运算符包括四则运算加、减、乘、除运算符（+、−、*、/）和取模运算符（%）。加、减、乘、除运算符与数学中的四则运算符相同，在使用除法运算符时，除数（第 2 个操作数）不能为 0。取模运算符的两个操作数必须为整数类型。

算术运算符是双目运算符，也就是需要拥有两个操作数。其操作数一般是整数和浮点数。C++语言中支持的算术运算符如表 3.1 所示。

表 3.1 算术运算符

运 算 符	运算符名称	功 能
+	加法运算符	表示两个数相加
−	减法运算符	表示两个数相减
*	乘法运算符	表示两个数相乘
/	除法运算符	表示两个数相除
%	取模运算符	整除后的余数

提示： 在算术运算符中也会遵循隐式类型转换规则，如果两个操作数都是整数，则运算的结果也是整数；如果两个操作数类型不同，则自动转换为尺寸较大的数据类型进行计算。

【示例 3-6】使用算术运算符运算数据。

```
#include <iostream>
int main()
{
    int a = 6;
    int b = 2;
    float c = 5.5;
    std::cout << "a+b=" << a + b << std::endl;
    std::cout << "a-b=" << a - b << std::endl;
    std::cout << "a*b=" << a * b << std::endl;
    std::cout << "a/b=" << a / b << std::endl;
    std::cout << "a%b=" << a % b << std::endl;
    std::cout << "a+c=" << a + b << std::endl;
    return 0;
}
```

程序运行结果如下。

```
a+b=8
a-b=4
a*b=12
a/b=3
a%b=0
a+c=8
```

在 C++中，算术运算符也有优先级和结合性规则。算术运算符的结合性都是从左到右的；算术运算符的优先级如图 3.8 所示。

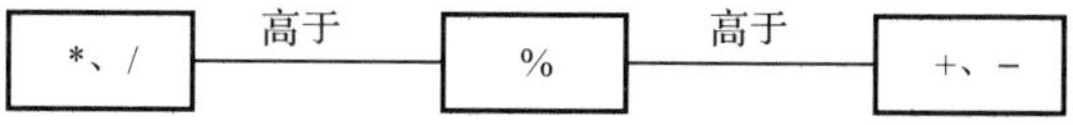

图 3.8　算术运算符的优先级

【示例 3-7】下面使用算术运算符运算数据。

```
#include <iostream>
int main()
{
    int a = 6;
    int b = 2;
    int c = 3;
    int d = 7;
    int e = 8;
    std::cout << "a+b-c/d+e%d=" << a + b - c / d +e % d << std::endl;
}
```

程序运行结果如下。

```
a+b-c/d+e%d=9
```

在此代码中使用了多个算术运算符，首先会进行除法运算，其次进行取模运算，然后进行加法运算、减法运算，最后再进行加法运算。

3.3.2　正负运算符

生活所接触到数据会有正负之分。同样，C 语言使用正负运算符用于数字的正负运算。正负运算符包含两个符号“+”与“-”。

1. 正运算符

正运算符（+）属于单目运算符，拥有一个操作数。该运算符一般用于格式上的对齐，并不能让负数变为正数。其语法形式如下。

```
+ 操作数
```

【示例 3-8】下面验证使用正运算符无法改变数的值。

```
#include <iostream>
int main()
{
    int a = -1;
    a = +a;
    std::cout << "a 的值为" << a << std::endl;
}
```

程序运行结果如下。

```
a 的值为-1
```

可以看出代码中的正运算符并没有改变变量 a 的值。

2. 负运算符

负运算符（-）属于单目运算符，拥有一个操作数，可以让数字进行负运算。其语法形式如下。

```
- 操作数
```

【示例 3-9】下面演示负运算符改变值的正负。

```
#include <iostream>
int main()
{
    int a = -1;
    a = -a;
    std::cout << "a 的值为" << a << std::endl;
}
```

程序运行结果如下。

```
a 的值为 1
```

从代码中可以看出，负运算符将变量 a 的值进行了正负改变。

3.3.3 复合赋值运算符

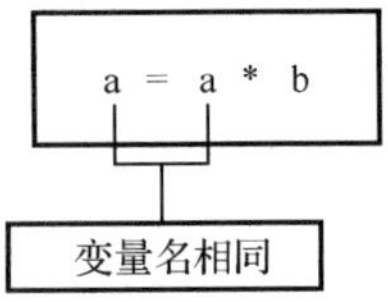

图 3.9 变量名相同

在进行算术运算时，如果赋值运算符左右两侧的变量名相同，如图 3.9 所示，就可以使用复合赋值运算符来简化代码。

在 C++语言中，为了提高运算效率和简化书写，提供了复合赋值运算符，又称扩展赋值运算符。该类型运算符如表 3.2 所示。

表 3.2 复合赋值运算符

运算符	名称	用法	说明	等效形式
+=	加法赋值运算符	a+=b	将 a+b 的值放在 a 中	a=a+b
-=	减法赋值运算符	a-=b	将 a-b 的值放在 a 中	a=a-b
*=	乘法赋值运算符	a*=b	将 a*b 的值放在 a 中	a=a*b
/=	除法赋值运算符	a/=b	将 a/b 的值放在 a 中	a=a/b
%=	求余赋值运算符	a%=b	将 a%b 的值放在 a 中	a=a%b

【示例 3-10】下面使用加法赋值运算符求和。

```
#include <iostream>
int main()
{
    int a = 6;
    int b = 6;
    a = a+10;
    b += 10;    //等同于 b=b+10
    std::cout << "a 的值为" << a << std::endl;
    std::cout << "b 的值为" << b << std::endl;
    return 0;
}
```

程序运行结果如下。

```
a 的值为 16
b 的值为 16
```

从运行结果中可以看出，a=a+10 与 a=+10 的效果是相同的。

3.3.4　自增自减运算符

在生活中我们常常会做一些简单的计数运算。例如，在 App 中签到赢取积分，每次签到积分都会增加 1。对于这种累加或累减运算使用加法运算符编写程序是没有必要的，因此在 C++语言中提供了专门的增量运算符与减量运算符，也就是自增运算符和自减运算符。

1. 自增运算符

自增运算符（++）属于单目运算符，拥有一个操作数，操作数必须是变量，适用于整数和小数类型。该运算符可以让变量进行自加运算。根据运算符使用的位置，该运算符有两种语法形式。

（1）前缀自增运算符会让操作数自增 1 后，再参与其他运算，其语法形式如下。

```
++ 操作数
```

【示例 3-11】下面演示前缀自增运算符的使用。

```
int main()
{
    int i = 6;
    std::cout << "i 的值为" << ++i<< std::endl;
    std::cout << "i 的值为" << i << std::endl;
    return 0;
}
```

程序运行结果如下。

```
i 的值为 7
i 的值为 7
```

在代码 std::cout << "i 的值为" << ++i<< std::endl;中，首先 i 变量会先进行自增，然后才会参与输出，所以输出结果为 7，如图 3.10 所示。

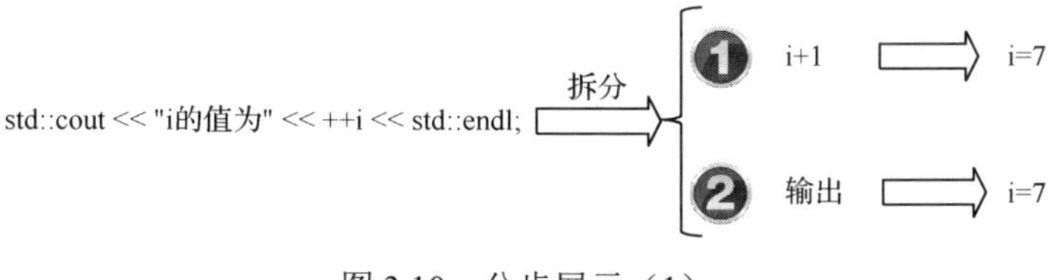

图 3.10　分步展示（1）

代码 std::cout << "i 的值为" << i << std::endl;再次输出 i 的值，i 仍然为 7。

（2）后缀自增运算符会让操作数参与运算后，操作数的值再自增 1，其语法形式如下。

```
操作数 ++
```

【示例 3-12】下面演示后缀自增运算符的使用。

```
#include <iostream>
int main()
{
    int i = 6;
    std::cout << "i 的值为" << i++ << std::endl;
    std::cout << "i 的值为" << i << std::endl;
    return 0;
```

```
}
```

程序运行结果如下。

```
i 的值为 6
i 的值为 7
```

在代码 std::cout << "i 的值为" << i++ << std::endl;中，首先会输出变量 i 的值，然后变量 i 进行自增运算，如图 3.11 所示。

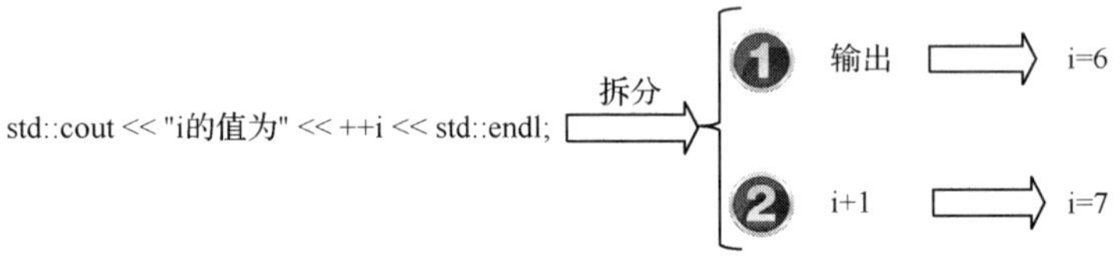

图 3.11　分步展示（2）

所以，std::cout << "i 的值为" << i++ << std::endl;输出结果为 6，std::cout << "i 的值为" << i << std::endl;输出的结果为 7。

2. 自减运算符

自减运算符（--）属于单目运算符，拥有一个操作数，操作数必须是变量，适用于整数和小数类型。该运算符可以让变量进行自减运算。根据运算符使用的位置，该运算符有两种语法形式。

（1）前缀自减运算符会让操作数自减 1 后，再参与其他运算，其语法形式如下。

```
-- 操作数
```

【示例 3-13】下面演示前缀自减运算符的使用。

```
#include <iostream>
int main()
{
    int i = 6;
    std::cout << "i 的值为" << --i<< std::endl;
    std::cout << "i 的值为" << i << std::endl;
    return 0;
}
```

程序运行结果如下。

```
i 的值为 5
i 的值为 5
```

在代码中首先变量 i 会先进行自减，然后才会参与输出，所以两次输出结果都为 5。

（2）后缀自减运算符会让操作数参与其他运算后，操作数的值再自减 1，其语法形式如下。

```
操作数 --
```

【示例 3-14】下面演示后缀自减运算符的使用。

```
#include <iostream>
int main()
{
    int i = 6;
    std::cout << "i 的值为" << i--<< std::endl;
    std::cout << "i 的值为" << i << std::endl;
```

```
    return 0;
}
```

程序运行结果如下。

```
i 的值为 6
i 的值为 5
```

在代码中首先变量 i 会被输出，然后才会进行自减运算，所以第一次输出为 6，第二次输出为 5。

3. 自增自减运算符使用建议

由于自增自减运算符会涉及多个加号或者减号的使用，所以在一个表达式中要尽量避免多次出现同一类运算。

【示例 3-15】下面演示多个自增运算符的使用。

```
#include <iostream>
int main()
{
    int i = 6;
    i = i++ + i++;
    std::cout << "i 的值为" << i << std::endl;
    return 0;
}
```

程序运行结果如下。

```
i 的值为 14
```

代码 i=i+++i++;中就多次使用了自增运算符，并与加法运算符混合使用。这种写法导致代码可读性极低，而且在不同编译器中运行结果会出现不同。

3.3.5　位运算符

计算机的运算基础是二进制数的运算。在内存中，数据都以二进制形式进行存储。C++语言也提供二进制数值相关的运算符，它们统称为位运算符。位是其中的最小单位，1 字节（byte）由 8 位（bit）组成。每 1 位即 1bit，8bit=1byte，即 1 字节，在 C++提供了多种位运算符，如表 3.3 所示。

表 3.3　位运算符

运　算　符	名　　称	功　　能	实　　例	结　　果
&	按位与运算符	表示 a 与 b 按位与	二进制 1001&0101	二进制 0001
|	按位或运算符	表示 a 与 b 按位或	二进制 1001!0101	二进制 1101
^	按位异或运算符	表示 a 与 b 按位异或	二进制 1001^0101	二进制 1100
>>	右移运算符	表示 a 右移 b 位	二进制 1001>>2	二进制 0010
<<	左移运算符	表示 a 左移 b 位	二进制 1001<<1	二进制 0010
～	按位取反运算符	表示 a 按位取反	二进制～1001	二进制 0110

位运算符优先级如图 3.12 所示。在位运算中除按位取反运算符~为右结合外，其他几个位运算符都为左结合。

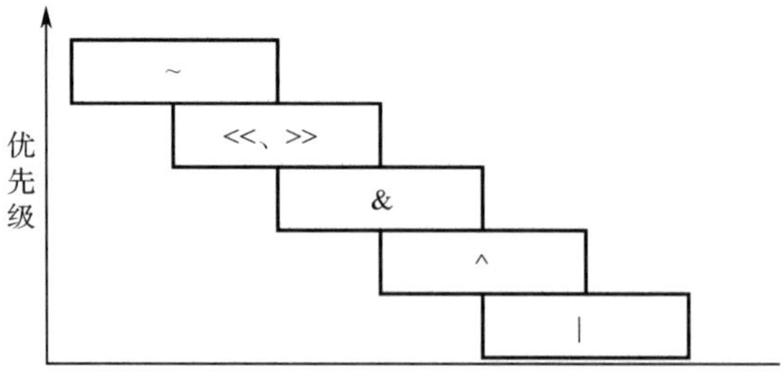

图 3.12　位运算符优先级

1. 位逻辑运算符

位的逻辑运算简单来说就是将指定的两个位中的二进制数据进行比较，如果相同，运算结果为 1；如果不同，运算结果就为 0。二进制数运算涉及的位逻辑运算符包括按位取反运算符、按位与运算符、按位或运算符、按位异或运算符四种，如表 3.4 所示。

表 3.4　位逻辑运算符

运　算　符	名　　称
~	按位取反
&	按位与
|	按位或
^	按位异或

1）按位取反运算符

按位取反运算符（~）属于单目运算符，拥有一个操作数，其语法形式如下。

```
~ 操作数
```

按位取反运算符可以将数值转换为二进制数后按位取反，即 0 变为 1，1 变为 0。

【示例 3-16】下面将 1 进行取反运算并输出。

```
#include <iostream>
int main()
{
    std::cout << "1 取反的值为" << ~1 << std::endl;
    return 0;
}
```

程序运行结果如下。

```
1 取反的值为-2
```

代码中十进制数 1 的二进制数为 00000001，取反运算后为二进制数 11111110，即十进制数-2，取反过程如图 3.13 所示。

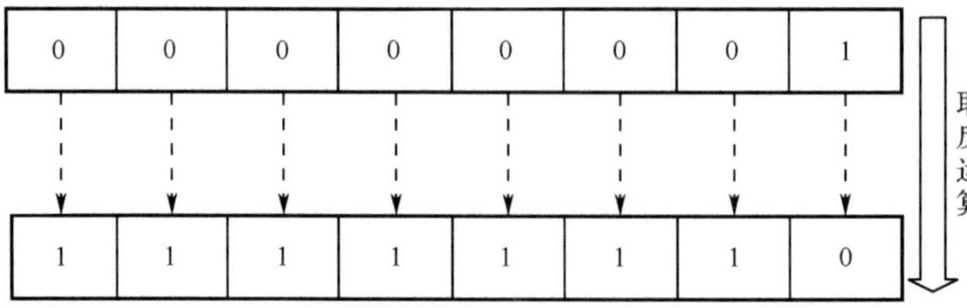

图 3.13　1 取反运算

2）按位与运算符

按位与运算符（&）属于双目运算符，拥有两个操作数，其语法形式如下。

```
操作数 1 & 操作数 2
```

按位与运算符可以将数值转换为二进制数后按位进行与运算。其运算规则是按位比较，都为 1 时为 1，都为 0 时为 0，一个为 1 一个为 0 时则为 0，如图 3.14 所示。

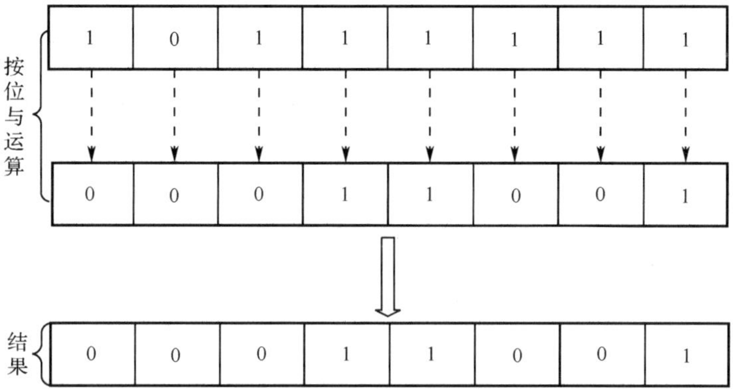

图 3.14　按位与运算

【示例 3-17】下面演示按位与运算，并输出结果。

```
#include <iostream>
int main()
{
    int a = 1 & 2;
    std::cout << "1 和 2 按位与运算的值为" << a << std::endl;
    return 0;
}
```

程序运行结果如下。

```
1 和 2 按位与运算的值为 0
```

代码中十进制数 1 的二进制数为 01，十进制数 2 的二进制数为 10，按位进行与运算，二进制结果为 00 即十进制数 0，如图 3.15 所示。

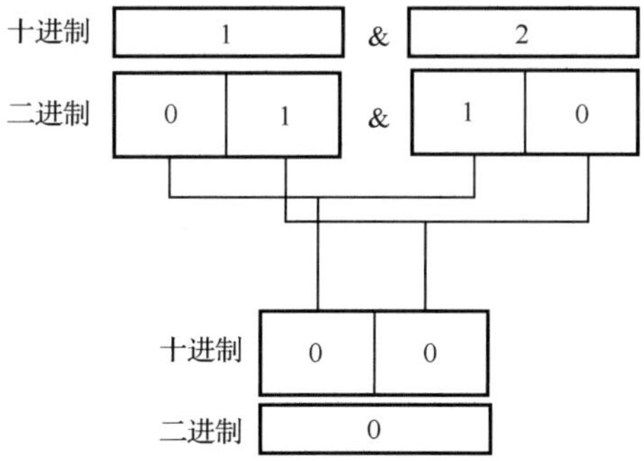

图 3.15　1&2 运算过程

3）按位或运算符

按位或运算符（|）属于双目运算符，拥有两个操作数，其语法形式如下。

```
操作数 1 | 操作数 2
```

按位或运算符可以将数值转换为二进制数后按位进行或运算。其运算规则是按位比较，都为 0 时为 0，都为 1 时为 1，一个为 1 一个为 0 时则为 1，如图 3.16 所示。

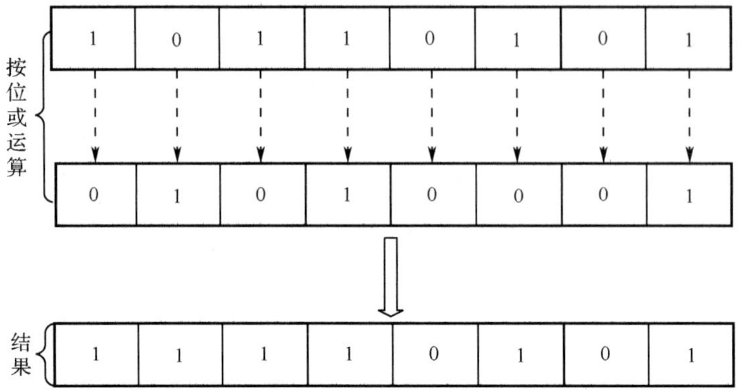

图 3.16　按位或运算

【示例 3-18】下面演示按位或运算，并输出运算结果。

```
#include <iostream>
int main()
{
    int a = 1 | 2;
    std::cout << "1 和 2 按位或运算的值为" << a << std::endl;
    return 0;
}
```

程序运行结果如下。

```
1 和 2 按位或运算的值为 3
```

代码中十进制数 1 的二进制数为 01，十进制数 2 的二进制数为 10，按位进行或运算，二进制结果为 11 即十进制数 3，如图 3.17 所示。

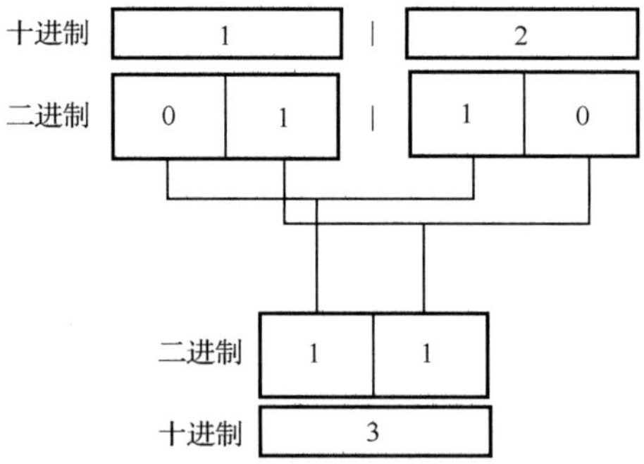

图 3.17　1|2 运算过程

4）按位异或运算符

按位异或运算符（^）属于双目运算符，拥有两个操作数，其语法形式如下。

```
操作数 1 ^ 操作数 2
```

按位异或运算符可以将数值转换为二进制数后按位进行异或运算。其运算规则是按位比较，两个值相同时，运算结果为 0；两个值不同时，运算结果为 1，如图 3.18 所示。

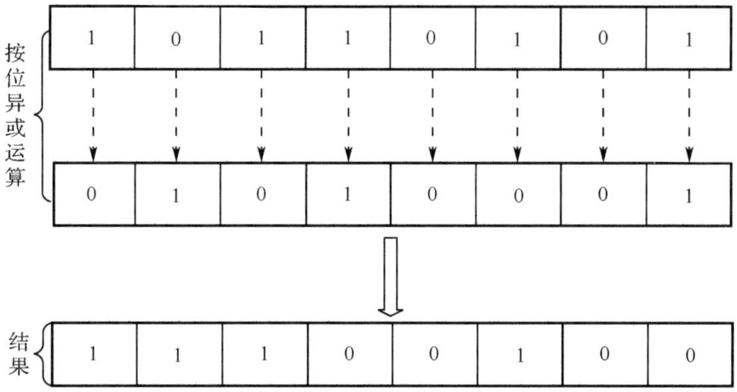

图 3.18　按位异或运算

【示例 3-19】下面演示按位异或运算，并输出运算结果。

```
#include <iostream>
int main()
{
    int a = 2 ^ 3;
    std::cout << "2 和 3 按位异或运算的值为" << a << std::endl;
    return 0;
}
```

程序运行结果如下。

```
2 和 3 按位异或运算的值为 1
```

代码中十进制数 2 的二进制数为 10，十进制数 3 的二进制数为 11，按位进行异或运算，二进制结果为 01 即十进制数 1，如图 3.19 所示。

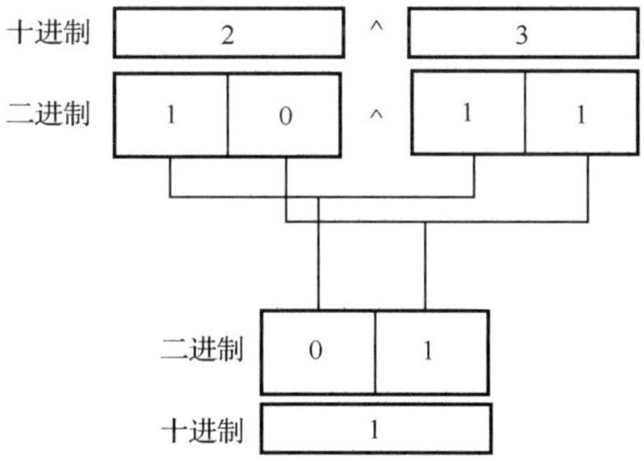

图 3.19　2^3 运算过程

2. 移位运算符

移位运算就是将二进制数据向右或向左移动，如果有空位用 0 补齐的运算，这样会让数值产生变化。C++语言中的移位运算符包括左移运算符与右移运算符两种，如表 3.5 所示。

表 3.5　移位运算符

运　算　符	名　　称
<<	左移运算符
>>	右移运算符

1）*左移运算符*

左移运算符（<<）属于双目运算符，拥有两个操作数。操作数 1 表示要左移的数，操作数 2 表示要左移的位数。这里的位是指二进制的数值位，1 位即 1bit，8 位为 1 字节，其语法形式如下。

```
操作数 1 << 操作数 2
```

左移运算符可以将数值转换为二进制数后按位进行左移运算。其运算规则是将二进制数向左移动，右侧移动空下的位置用 0 补全。例如，表达式 11100100<<4 表示将 11100100 左移 4 位，结果为 01000000。

【示例 3-20】下面演示左移运算，并输出运算结果。

```
#include <iostream>
int main()
{
    int a = 1 << 4;
    std::cout << "1 左移 4 位的值为" << a << std::endl;
    return 0;
}
```

程序运行结果如下。

```
1 左移 4 位的值为 16
```

代码中十进制整数 1 的二进制数为 00000001，左移 4 位后为 00010000，转换为十进制整数为 2^4 也就是 16，如图 3.20 所示。

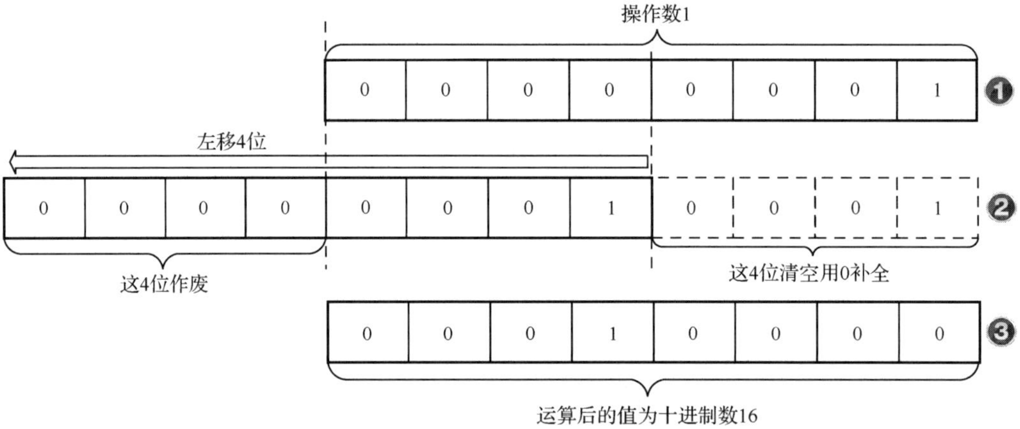

图 3.20　1<<4 运算过程

2）*右移运算符*

右移运算符（>>）属于双目运算符，拥有两个操作数，操作数 1 表示要右移的值，操作数 2 表示要右移的位数。这里的位是指二进制的数值位，其语法形式如下。

```
操作数 1 >> 操作数 2
```

右移运算符可以将数值转换为二进制数后按位进行右移运算。其运算规则是将二进制数向右移动，左侧移动空下的位置用 0 补全。例如，表达式 11100100>>4 表示将 11100100 右移 4 位，结果为 00001110。

【示例 3-21】下面演示右移运算，并输出运算结果。

```
#include <iostream>
int main()
```

```
{
    int a = 4 >> 4;
    std::cout << "4 右移 4 位的值为" << a << std::endl;
    return 0;
}
```

程序运行结果如下。

```
4 右移 4 位的值为 0
```

代码中十进制整数 4 的二进制数为 00000100，右移 4 位后为 00000000，转换为十进制整数为 0，如图 3.21 所示。

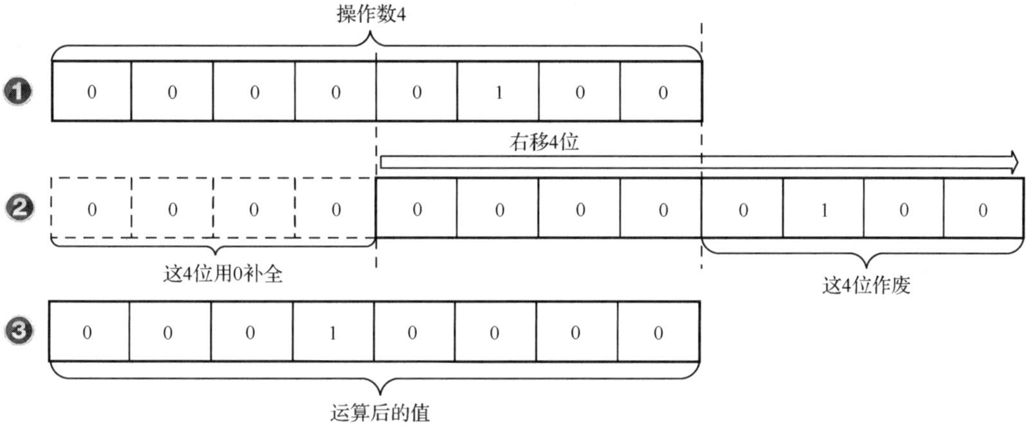

图 3.21　4>>4 运算过程

3.3.6　关系运算符

在生活中，我们常常会对两个物体的大小、质量等属性进行比较。在 C++语言中，也需要对数据的大小进行比较，如按照年龄为公司员工进行排序。C++语言提供了六种关系运算符，如表 3.6 所示。

表 3.6　关系运算符

运　算　符	说　　明
<	小于
<=	小于等于
>	大于
>=	大于等于
==	等于
!=	不等于

关系运算符拥有两个操作数，如下所示。

```
操作数 1    关系运算符    操作数 2
```

其运算规则是比较两个操作数的关系是否和关系运算符的含义相同，如果相同，运算结果为 1；如果不同，运算结果为 0。例如，在表达式 3>2 中，因为 3 确实大于 2，与运算符大于号（>）的含义相同，所以该表达式的运算结果为 1。

例如，在表达式 3>5 中，3 并不大于 5，与大于号的含义不同，所以表达式 3>5 的运算结果为 0。表达式 5>3 中，5 确实大于 3，与大于号的含义相同，所以表达式 5>3 的运算结果为 1。

【示例 3-22】输出关系运算符的运算结果。

```
#include <iostream>
int main()
{
    int a = 1 > 2;
    std::cout << "a 的值为" << a << std::endl;
    a = 1 < 2;
    std::cout << "a 的值为" << a << std::endl;
    a = 2 >= 2;
    std::cout << "a 的值为" << a << std::endl;
    a = -5 >= 2;
    std::cout << "a 的值为" << a << std::endl;
    a = 1 == 2;
    std::cout << "a 的值为" << a << std::endl;
    a = 1 != 2;
    std::cout << "a 的值为" << a << std::endl;
    return 0;
}
```

程序运行结果如下。

```
a 的值为 0
a 的值为 1
a 的值为 1
a 的值为 0
a 的值为 0
a 的值为 1
```

从运行结果中可以看出，每个关系运算符的结果除了 1 就是 0，具体的值由两个操作数的关系是否与当前关系运算符一致决定。

3.3.7 逻辑运算符

C++语言包括逻辑与、逻辑或和逻辑非三种逻辑运算符。逻辑运算符可以对指定的条件进行对错判断然后运算，接下来将进行详细讲解。

1. 逻辑与运算

逻辑与运算符（&&）属于双目运算符，拥有两个操作数，其语法形式如下。

```
操作数 1 && 操作数 2
```

其中操作数 1 与操作数 2 都属于条件表达式，当两个操作数都为真时，运算结果为 1，表示真；否则，运算结果为 0，表示假。

2. 逻辑或运算

逻辑或运算符（||）属于双目运算符，拥有两个操作数，其语法形式如下。

```
操作数 1 || 操作数 2
```

其中操作数 1 与操作数 2 都属于条件表达式，当两个操作数中至少有一个为真时，运算结果为 1，表示真；如果两个操作数都为假，则运算结果为 0，表示假。

3. 逻辑非运算

逻辑非运算符（!）属于单目运算符，拥有一个操作数，其语法形式如下。

```
! 操作数
```

操作数属于条件表达式，当操作数为真时，运算结果为 0，表示假；当操作数为假时，运算结果为 1，表示真。

逻辑运算符的判断条件与运算结果如表 3.7 所示。

表 3.7 逻辑运算符的判断条件与运算结果

a	b	!a	!b	a&&b	a||b
真（true）	真（true）	假（false）	假（false）	真（true）	真（true）
真（true）	假（false）	假（false）	真（true）	假（false）	真（true）
假（false）	真（true）	真（true）	假（false）	假（false）	真（true）
假（false）	假（false）	真（true）	真（true）	假（false）	假（false）

逻辑运算优先级如图 3.22 所示。逻辑运算符！为右结合，运算符&&与运算符||为左结合。

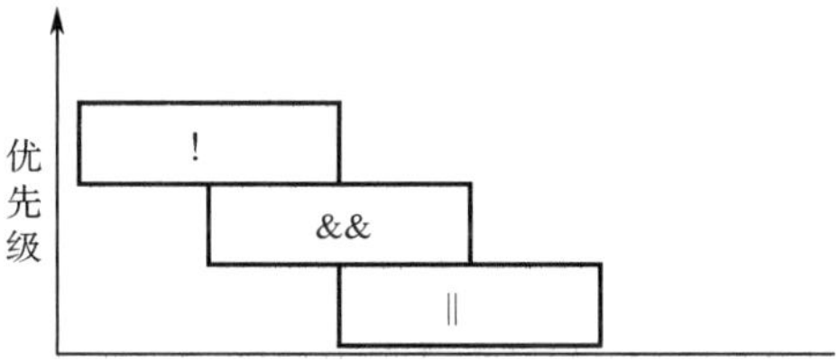

图 3.22 逻辑运算优先级

【示例 3-23】下面演示逻辑运算符的使用。

```
int main()
{
    int a = 1>2 && 3>2;
    std::cout << "a 的值为" << a << std::endl;
    a = 1 > 2 || 3 > 2;
    std::cout << "a 的值为" << a << std::endl;
    a = 1 > 2;
    a = !a;
    std::cout << "a 的值为" << a << std::endl;
    return 0;
}
```

程序运行结果如下。

```
a 的值为 0
a 的值为 1
a 的值为 1
```

代码运行过程如下。

- 在表达式 1>2 && 3>2 中，1>2 的值为 0，3>2 的值为 1，因为有一个值为 0，所以

0&&1 的值为 0。

- 在表达式 1>2 ||3>2 中，1>2 的值为 0，3>2 的值为 1，因为有一个 1，所以 0||1 的值为 1。
- 在表达式 a = 1 > 2 与 a = !a 中，1>2 的值为 0，零取反就是 1，所以！0 的值为 1。

3.3.8　逗号运算符

逗号运算符可以使多个表达式写在一行上，从而大大地简化了程序，语法形式如下。

```
表达式 1,表达式 2,表达式 3,…,表达式 n
```

在声明变量的内容中我们就使用过逗号运算符，例如，可以将代码

```
int a=1;
int b=2;
int c=5;
```

写为

```
int a=1,b=2,c=5;
```

在后面将要讲解的条件语句中也会使用大量的逗号运算符。

3.3.9　条件运算符

在生活中我们常常会遇到一些二选一的情况。例如，完成暑假作业的同学可以正常放学，没有完成暑假作业的同学需要叫家长来接。这里面“是否完成暑假作业”就是一个条件，当达到条件后能正常放学，如果没有达到条件则需要叫家长来接。

C++中的条件运算符（?: ）就可以用于实现根据条件选择运算结果的效果。条件运算符（?: ）属于三目运算符，有三个操作数。操作数 1 为条件，如果条件为真，则运算结果值为操作数 2；如果条件为假，则运算结果值为操作数 3。其语法形式如图 3.23 所示。

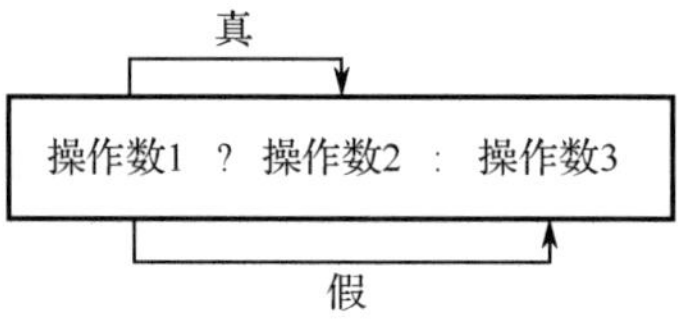

图 3.23　条件运算符语法形式

【示例 3-24】下面使用条件运算符进行运算。

```
#include <iostream>
int main()
{
    int a = 10 > 20 ? 10 : 20;
    std::cout << "10 和 20 中" <<a << "比较大" << std::endl;
    return 0;
}
```

程序运行结果如下。

```
10 和 20 中 20 比较大
```

从代码中可以看出，10>20 的运算结果为假，也就是 0，所以表达式 10 > 20 ? 10 : 20 的运算结果为 20。

3.4 运算符的优先级和结合性

运算符的优先级决定了计算机的运算顺序。只有正确掌握优先级和结合性才能准确地编写用于处理数据的程序。运算符优先级汇总如表 3.8 所示。

表 3.8 优先级汇总

优先级	运算符	功能说明	结合性
1	()	改变优先级	从左至右
	::	作用域运算符	
	[]	数组下标	
	.、->	成员选择	
	.*、->*	成员指针选择	
2	++、--	自增自减运算符	从右至左
	&	取地址	
	*	取内容	
	!	逻辑求反	
	~	按位求反	
	+、-	取正数、取负数	
	()	强制类型	
	sizeof	取所占内存字节数	
	new、delete	动态存储分配	
3	*、/、%	乘法、除法、取余	从左至右
4	+、-	加法、减法	从左至右
5	<<、>>	左移位、右移位	从左至右
6	<、<=、>、>=	小于、小于等于、大于、大于等于	从左至右
7	==、!=	相等、不等于	从左至右
8	&	按位与	从左至右
9	^	按位异或	从左至右
10	|	按位或	从左至右
11	&&	逻辑与	从左至右
12	||	逻辑或	从左至右
13	?:	三目运算符	从右至左
14	=	赋值运算	从右至左
	+=	加后赋值	
	-=	减后赋值	
	*=	乘后赋值	
	/=	除后赋值	
	%=	取余后赋值	

续表

优先级	运算符	功能说明	结合性
14	&=	按位与后赋值	从右至左
	^=	按位异或后赋值	
	|=	按位或后赋值	
	<<=	左移后赋值	
	>>=	右移后赋值	
15	,	逗号运算	从左至右

3.5 小　结

通过本章的学习，读者需要了解以下内容。

- 运算符用于执行程序代码运算，会针对一个以上操作数项目来进行运算。
- 表达式是由数值、运算符等按照特定规则排列构成的组合。
- 赋值运算符属于双目运算符，拥有两个操作数，符号为“=”。赋值运算符的操作数位于其左右两侧，其作用是将右侧的值赋值给左侧。
- 数据类型转换在 C++中可以分为两种，第一种是隐式转换，第二种是显式转换。
- 算术运算符包括四则运算加、减、乘、除运算符（+、–、*、/）和求模运算符（%）。
- 自增运算符（++）属于单目运算符，拥有一个操作数，操作数必须是变量，适用于整数和小数类型。
- 自减运算符（--）属于单目运算符，拥有一个操作数，操作数必须是变量，适用于整数和小数类型。
- 在 C++语言中也提供关于二进制数值的运算符，它们统称为位运算符。
- 位的逻辑运算简单来说就是将指定的两个位中的二进制数据进行比较，如果相同，运算结果为 1；如果不同，运算结果就为 0。在二进制数运算中涉及逻辑处理的运算包括按位取反~、按位与&、按位或|、按位异或^四种。
- 移位运算就是将二进制数据向右或向左移动，如果有空位用 0 补齐的运算，这样会让数值产生变化。
- 关系运算符拥有两个操作数，其运算规则是比较两个操作数的关系是否和关系运算符的含义相同，如果相同，运算结果为 1；如果不同，运算结果为 0。
- 在 C++语言中逻辑运算符包括逻辑与、逻辑或和逻辑非三种。逻辑运算符可以对指定的条件进行对错判断然后运算。
- 逗号运算符可以使多个表达式写在一行上，从而大大地简化程序。
- C++中的条件运算符（?:）可以用于实现根据条件选择运算结果的效果。

3.6 习　题

一、填空题

1. 表达式是由_____、运算符等按照特定规则排列构成的组合。

2．运算符用于执行程序代码运算，会针对一个以上_____项目来进行运算。
3．赋值运算符属于_____目运算符，拥有两个操作数，符号为_____。
4．数据类型转换在 C++中可以分为两种，第一种是_____转换，第二种是_____转换。
5．算术运算符包括四则运算_____、减、乘、_____运算符和_____运算符。
6．在 C++语言中关于二进制数值的运算符统称为_____运算符。
7．“++”和“--”属于_____目运算符。
8．二进制数运算中涉及的逻辑处理的运算包括_____、按位与、_____、按位异或四种。
9．逗号运算符可以使_____表达式写在一行上，从而大大地简化程序。
10．使用数值比较运算符构建的表达式称为_____表达式。
11．在位运算符中，除_____是右结合外，其他的都是左结合。

二、选择题

1．下面代码的运行结果是（　　）。

```
#include <iostream>
int main()
{
    int i = 3;
    std::cout << i++ << std::endl;
}
```

A．3　　B．4　　C．5　　D．6

2．下面可以实现强制转换的代码是（　　）。

A．float 3.5　　B．int (8+6.5)　　C．8.6 int　　D．(double)(7)

3．下面代码的运行结果是（　　）。

```
#include <iostream>
int main()
{
    int i = 5;
    std::cout << --i << std::endl;
}
```

A．5　　B．4　　C．3　　D．2

4．表达式 3*5-6%4+5 的值为（　　）。

A．55　　B．11　　C．18　　D．37

5．~00001111 的运算结果为（　　）。

A．11110000　　B．10101010　　C．01010101　　D．00000000

6．10111^10101 的运算结果为（　　）。

A．11110　　B．10100　　C．01010　　D．00010

7．下面代码的运行结果是（　　）。

```
#include <iostream>
int main()
{
    int a = 5, b = -3;
    a = a % b;
    std::cout << a << std::endl;
```

```
}
```

A．2　B．−2　C．1　D．−4

8．10111>>2 的运算结果为（　　）。

A．11110　B．10100　C．00101　D．00010

9．3|2&4<<2 的运算结果为（　　）。

A．0　B．1　C．2　D．3

10．下面代码的运行结果是（　　）。

```
#include <iostream>
int main()
{
    int a;
    a = 8 > 10 && 9 < 10;
    std::cout << a << std::endl;
}
```

A．0　B．1　C．2　D．3

11．下面代码的运行结果是（　　）。

```
#include <iostream>
int main()
{
    int a = 1, b = 3;
    bool c;
    c = (a - 1) && (b--);
    std::cout << b << "," << c << std::endl;
}
```

A．3,0　B．3,1　C．2,0　D．2,1

12．下面（　　）表达式的值为 4。

A．(int)(11.0/3+0.5)　B．11.0/3

C．(float)11/3　D．11/3

13．下面右操作数不可以为 0 的运算符是（　　）。

A．+　B．−　C．*　D．/

14．设整型变量 a=2，则执行下列语句后，浮点型变量 b 的值不为 0.5 的是（　　）。

A．b=1/(float)a　B．b=(float)(1/a)　C．b=1/(a*1.0)　D．b=1.0/a

15．若 int x=3，则执行 y = x++ * 4 后的结果是（　　）。

A．x 为 3，y 为 12　B．x 为 3，y 为 16

C．x 为 4，y 为 12　D．x 为 4，y 为 16

16．下面代码的运行结果是（　　）。

```
#include <iostream>
int main()
{
    int a = 3;
    a += a -= a *= a;
    std::cout << a << std::endl;
}
```

A．0　　B．1　　C．2　　D．3

17．若 int i=6，j=5，下面表达式（　　）的值不是浮点数。

A．i*j/10.0　　B．i*j/10　　C．i*j+10.0　　D．i*j*10.0

18．下面代码的运行结果是（　　）。

```
#include <iostream>
int main()
{
    std::cout << 'B'+13*7/3-6 << std::endl;
}
```

A．90　　B．91　　C．92　　D．93

19．下面代码的运行结果是（　　）。

```
#include <iostream>
int main()
{
    int i, j, k, a, b;
    a = 5;
    b = 7;
    i = (a == b) ? ++a : --b;
    j = a++;
    k = b;
    std::cout << i << j << k << std::endl;
}
```

A．655　　B．656　　C．657　　D．658

20．两个操作数必须是整数的运算符是（　　）。

A．+　　B．−　　C．%　　D．/

21．下面代码的运行结果是（　　）。

```
#include <iostream>
int main()
{
    int n;
    float f = 13.8;
    n = (int)f % 3;
    std::cout << n << std::endl;
}
```

A．1　　B．2　　C．3　　D．4

22．下面代码的运行结果是（　　）。

```
#include <iostream>
int main()
{
    int a = 3, b = 4, c;
    c = a < b ? a : b;
    std::cout << c << std::endl;
}
```

A．0　　B．1　　C．3　　D．4

三、找错题

下面代码有两处错误，请指出。

```
#include <iostream>
int main()
{
    int a = 10, b = 0, c;
    float d = 2.5, e;
    c = a / b;
    e = a % d;
    std::cout << "a / b = " << c << std::endl;
    std::cout << "a % d = " << e << std::endl;
}
```

四、编程题

1．在下面画横线的地方填上适当的代码，使用条件运算符比较字符 B 和 d 哪个较小，并输出较小的字符。

```
#include <iostream>
int main()
{
    char r =____________;
    std::cout << r << "字符比较大" << std::endl;
}
```

2．在下面画横线的地方填上适当的代码，计算 1100 瓶饮料，每 12 瓶为一组进行打包，最终会有几瓶无法打包。

```
#include <iostream>
int main()
{
    int drinks = 1100;
    int group = 12;
    int surplus = 0;
    surplus =____________;
    std::cout << "多出" << surplus << "无法打包" << std::endl;
}
```

第 4 章　程序控制结构

程序控制结构是指在程序控制下按照特定的顺序进行数据处理。通过不同的程序控制结构可以让程序运行更加高效。在现实生活中也会用到程序控制结构。例如，解决交通堵塞的方式包括限号、潮汐车道、错峰出行等。C++语言的程序控制结构包含顺序结构、选择结构、循环结构、转向结构。本章将详细讲解程序控制结构相关的内容。

4.1　语 句 概 述

语句（statement）从字面意思来说就是用语言组成的句子。语句是代码中最基本的构成单位。通过语句程序员可以清楚地向计算机发布命令。本节将讲解语句的形式。

1. 空语句

空语句（null statement）是最简单的语句，它由一个英文分号组成。其语法形式如下。

```
;
```

空语句没有具体含义，其功能是用于占位或者省略代码，其目的是让程序符合语法规定，简单说就是为了让程序不报错。

空语句一般会出现在语法上需要但是逻辑上不需要的地方。这可以用“节假日时期”的高速收费站来说明，高速收费站按规定来说是必须存在的，因为高速公路需要收费；但是从逻辑上来说是没有必要存在的，因为节假日期间高速公路是免费的。

空语句在程序中一般多出现在循环、条件等控制结构语句中。在后面将讲解其具体的使用方式。

2. 表达式语句

表达式语句（expression statement）由表达式和英文分号（;）组成，其语法形式如下。

```
表达式;
```

表达式语句根据表达式中的运算符又可以分为算数表达式语句、赋值表达式语句、位运算表达式语句等。

4.2　语　句　块

语句块（block statement）是指用花括号括起来的语句和声明序列，也可以称为复合语句（compound statement）。语句块就像语文中的段落，语句块以花括号为标志，段落以开头空两格为标志。本节讲解语句块的构成与作用域的相关内容。

4.2.1　语句块的定义

语句块由两条或者两条以上的语句组成，并由一对花括号（{}）包含起来。在语法意义上其相当于一条语句，但是在结尾处不添加分号。其语法形式如下。

```
{
    语句 1;
    语句 2;
    …
    语句 n;
}
```

如果在程序的某些地方需要一条语句，但是在逻辑上又需要多条语句，此时就适合使用语句块，将多条语句合并为一条语句使用。例如，卸载一车货物可以挣到 1000 元，雇用一个人可以卸载完成，但是为了加快速度，此时可以雇用一个小队的成员在半小时内卸载完成。一个人就是一条语句，一个小队就是多条语句。

注意：语句块的花括号中也可以没有任何语句，称为空语句块，其作用与空语句类似。

4.2.2 变量的作用域

变量的作用域是指变量有意义的范围。变量的作用域与语句块的花括号有直接关系。变量的作用域由其声明开始到其所在的语句块结束为止。

变量就像一个人，当在工作单位时就是员工，在学校时就是学生，回到家就是父亲。在不同的位置范围，其代表的含义不同。

【示例 4-1】下面输出相同名字不同作用域变量的值。

```
#include <iostream>
int main()
{
    int a = 10;
    {
        int a = 20;
        std::cout << " a 的值" << a << std::endl;
    }
    std::cout << "a 的值" <<a << std::endl;
    return 0;
}
```

程序运行结果如下。

```
a 的值 20
a 的值 10
```

从运行结果中可以看出，两个 a 虽然名字相同，但是其值却不同，并且它们之间不会相互干扰，只在自己的作用域中有效。两个变量 a 的作用域如图 4.1 所示。

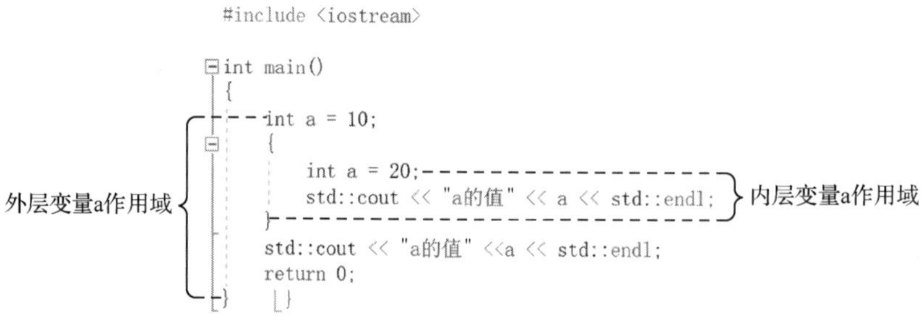

图 4.1　两个变量 a 的作用域

在图中外层花括号变量 a 的作用域不包含内层花括号的范围。同时，变量在同一作用域范围内（一对花括号范围内）是不可以声明两次的。

另外，如果在代码中头文件处添加 using namespace std 命名空间，可以让代码中 std:: cin、std::cout 与 std::endl 写为 cin、cout 与 endl，这样在后续的代码中使用输入/输出时更加简便。简单理解就是将多次使用多次引用，改为引用一次多次使用。在后续讲解的代码中将以这种形式使用输入/输出。代码修改后如下所示。

```
#include <iostream>
using namespace std
int main()
{
    int a = 10;
    {
        int a = 20;
        cout << " a 的值" << a << endl;
    }
    cout << "a 的值" <<a << endl;
    return 0;
}
```

4.3 顺序结构

顺序结构是指程序运行的顺序会依照语句出现的先后顺序执行。就像在队列中报数一样，从队头位置开始依次报数直到队尾。

顺序结构的执行方式是代码的最基本执行方式。在没有特殊结构的干扰下，代码会一直按照顺序结构执行，如图 4.2 所示。

【示例 4-2】下面使用输出流验证顺序执行。

```
#include <iostream>
using namespace std
int main()
{
    cout << "1" << endl;
    cout << "2" << endl;
    cout << "3" << endl;
    cout << "4" <<endl;
    cout << "5" << endl;
    cout << "6" << endl;
    return 0;
}
```

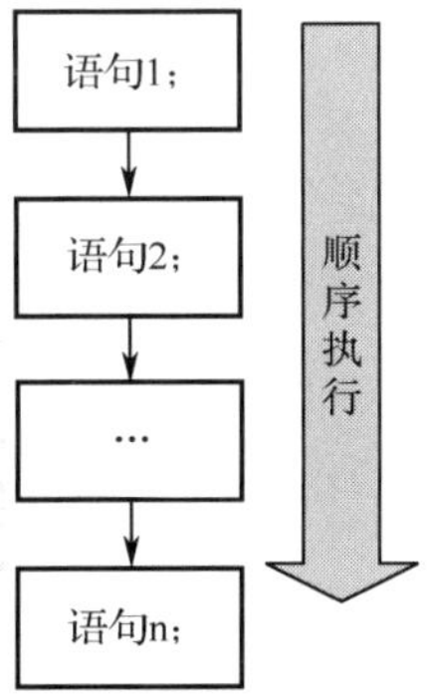

图 4.2　顺序结构

程序运行结果如下。

```
1
2
3
4
5
6
```

从运行结果中可以看出，代码的执行顺序是按照代码出现的顺序进行的。

4.4 选择结构

在银行办理业务时，如果人少，并且没有人排队，就可以直接选择柜台办理业务；如果排队的人很多，我们会选择自助取款机办理。在这里，选择办理业务的方式就是一种选择结构的体现。本节将详细讲解多种选择结构的语句形式。

4.4.1 单分支条件语句

单分支条件语句也称为 if 选择语句，适用于处理简单的选择执行。

if 选择语句简称 if 语句，由一个 if 条件和执行语句块部分组成，只有一个分支。当条件为真时运行执行语句块，条件为假时，不运行执行语句块。其语法如图 4.3 所示。

当执行语句块部分只有一行语句时，花括号可以省略，其语法如图 4.4 所示。

注意：为了程序的可读性，一般不建议省略花括号。

if 语句的执行流程如图 4.5 所示。

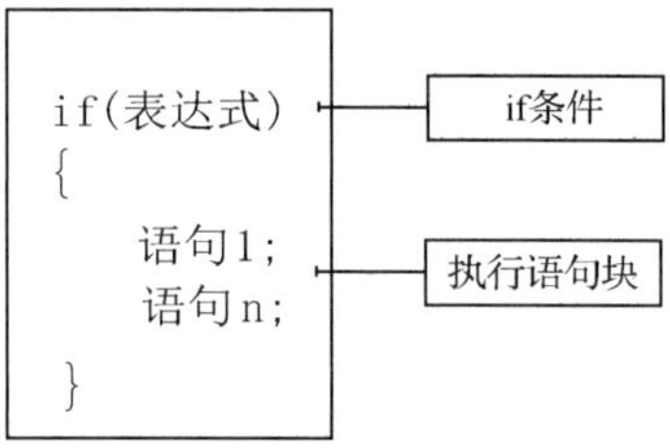

图 4.3 if 语句（1）

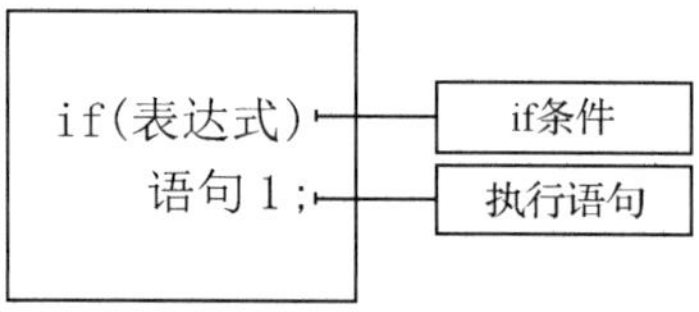

图 4.4 if 语句（2）

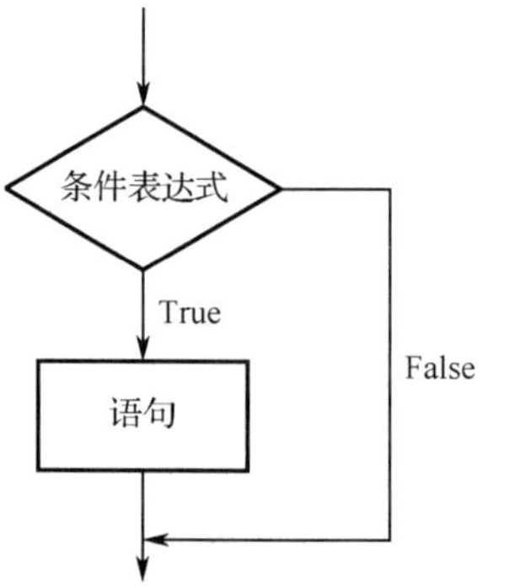

图 4.5 if 语句的执行流程

从图中可以看出，if 语句的运行顺序由条件表达式的值决定。当条件表达式为真时，运行执行语句；当条件表达式为假时，则不运行执行语句。

【示例 4-3】下面使用 if 语句，判断变量的值是否大于 10。

```
#include <iostream>
using namespace std
int main()
{
    int a = 5;
    int b = 20;
    if (a < 10)
    {
        cout << "变量 a 的值小于 10" << endl;
    }
    if (b < 10)
    {
        cout << "变量 b 的值小于 10" << endl;
```

```
    }
    return 0;
}
```

程序运行结果如下。

```
变量 a 的值小于 10
```

从运行结果中可以看出，表达式 a<10 的值为真，所以输出“变量 a 的值小于 10”；表达式 b<10 的值为假，所以不会输出“变量 b 的值小于 10”。

4.4.2　双分支条件语句

双分支条件语句即 if-else 选择语句，该语句拥有一个条件和两个分支语句块，其语法形式如下。

```
if(表达式)
{
    语句块 1;
}
else
{
    语句块 2;
}
```

if-else 语句可以根据条件的值选择执行的分支语句。如果条件的值为真，执行语句块 1；如果条件的值为假，执行语句块 2。两个分支语句一次只能执行其中一个语句块。其执行流程如图 4.6 所示。

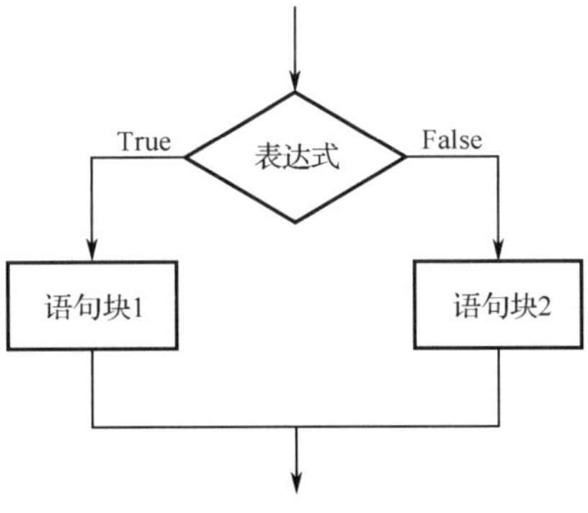

图 4.6　if-else 语句的执行流程

if-else 语句适合处理有两个选项的数据。例如，判断小朋友是否符合上小学的年龄，如果年龄达到，告知家长可以上学；如果年龄过小，告知家长年龄不够。

【示例 4-4】输入孩子年龄判断是否达到入学年龄。

```
#include <iostream>
using namespace std;
int main()
{
    int age = 0;
    cout << "请输入孩子的年龄" << endl;
    cin >> age;
```

```
        if (age >= 6)
        {
            cout << "恭喜您，您的孩子已经达到了入学年龄！" << endl;
        }
        else
        {
            cout << "很抱歉，您的孩子还未达到入学年龄！" << endl;
        }
        return 0;
    }
```

程序运行结果如下。

```
请输入孩子的年龄
8
恭喜您，您的孩子已经达到了入学年龄！
```

从运行结果中可以看出，输入的年龄为 8，表达式 age >= 6 的值为真，所以输出“恭喜您，您的孩子已经达到了入学年龄！”。

再次运行程序，运行结果如下。

```
请输入孩子的年龄
5
很抱歉，您的孩子还未达到入学年龄！
```

从运行结果中可以看出，输入的年龄为 5，表达式 age >= 6 的值为假，所以输出“很抱歉，您的孩子还未达到入学年龄！”。

4.4.3　if-else 语句嵌套使用

if-else 语句嵌套使用可以用于处理需要多重筛选的数据。嵌套时，需要将子级 if-else 语句嵌套至父级 if-else 语句的执行语句块中，并且可以根据需求无限嵌套使用，其语法形式如下。

```
if (表达式 1)
{
    语句 1;
    if(表达式 2)
    {
        语句 2;
        …
        if(表达式 n)
        {
            语句 n;
        }
    }
    else
    {
        语句 3;
        …
        if(表达式 n)
        {
            语句 n;
```

```
            }
        }
    }
    else
    {
        语句 4;
        if(表达式 3)
        {
            语句 5;
            …
            if(表达式 n)
            {
                语句 n;
            }
        }
        else
        {
            语句 6;
            …
            if(表达式 n)
            {
                语句 n;
            }
        }
    }
```

if-else 嵌套使用时，如果表达式 1 的值为真，则执行语句 1 并判断表达式 2 的值；如果表达式 1 的值为假，则执行语句 4 并判断表达式 3 的值。依次类推，层层进行判断选择，直到程序结束。

在录取新生时就需要进行多重条件筛选，简单筛选过程如图 4.7 所示。

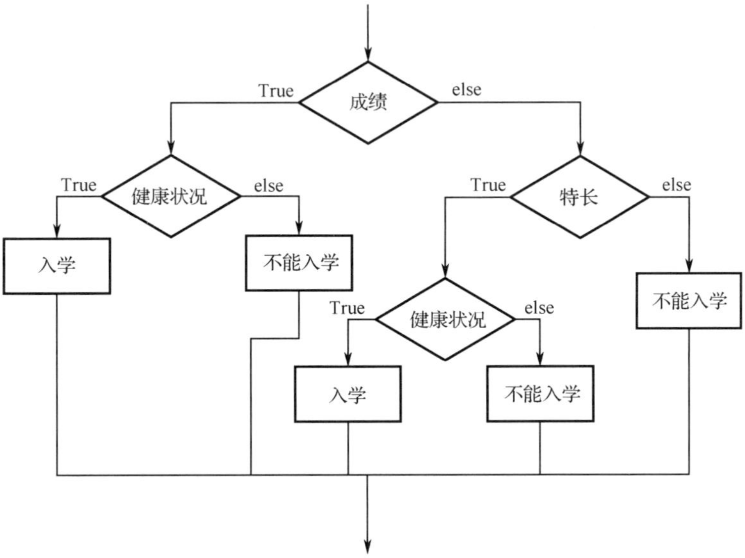

图 4.7　录取新生筛选过程

【示例 4-5】下面实现录取新生筛选的小程序。

```
#include <iostream>
using namespace std;
int main()
{
    float score = 0;
    int   healthy = 0;
    int   specialty = 0;
    cout << "请输入你的分数" << endl;
    cin >> score;
    cout << "请输入你的健康状况，健康输入 1，非健康输入 0" << endl;
    cin >> healthy;
    cout << "请输入你是否有特长，有输入 1，没有输入 0" << endl;
    cin >> specialty;
    if (score >= 510)
    {
        if (healthy == 1)
        {
            cout << "恭喜您，您被录取了" << endl;
        }
        else
        {
            cout << "很抱歉，您达不到录取条件" << endl;
        }
    }
    else
    {
        if (specialty == 1)
        {
            if (healthy == 1)
            {
                cout << "恭喜您，您被录取了" << endl;
            }
            else
            {
                cout << "很抱歉，您达不到录取条件" << endl;
            }
        }
        else
        {
            cout << "很抱歉，您达不到录取条件" << endl;
        }
    }
    return 0;
}
```

程序运行结果如下。

```
请输入你的分数
```

```
480
请输入你的健康状况，健康输入 1，非健康输入 0
1
请输入你是否有特长，有输入 1，没有输入 0
1
恭喜您，您被录取了
```

从运行结果中可以看出，输入者分数不达标，只能判断是否有特长。特长达标，继续判断是否身体健康。身体健康达标，最终输出“恭喜您，您被录取了”的提示。整个过程经过了三层 if-else 语句的筛选。

4.4.4　switch 选择语句

switch 选择语句也称为开关语句，它适合处理有三个及三个以上选项的数据，它的每一个分支都相当于一个开关。例如，根据分数可以划分为 A、B、C、D 四个等级，不同分数对应不同等级。

switch 选择语句可以分为三种形式，分别为基础形式、默认分支形式及跳出语句形式，接下来进行详细讲解。

1. 基础形式

switch 选择语句的基础形式由 switch 条件、case 子句、常量表达式、执行语句组成，其语法形式如下。

```
switch(条件表达式)
{
    case 常量表达式 1:
        执行语句 1;
    case 常量表达式 2:
        执行语句 2;
    case 常量表达式 3:
        执行语句 3;
    …
    case 常量表达式 n:
        执行语句 n;
}
```

switch 语句会使用条件表达式的值，依次与 case 子句的常量表达式的值进行比较。如果相等，则从当前 case 子句的执行语句开始，顺序执行后面所有的 case 子句的执行语句；如果不相等，则与下一个 case 子句进行比较，依次类推进行执行。

switch 语句的执行方式就像一个人有一把钥匙，然后有很多门，门里有任务。他不确定这把钥匙能打开哪一扇门，但是如果能打开一扇门，则后续的所有门都会自动打开。他只需要依次执行打开的门里的任务即可。

【示例 4-6】使用密码尝试打开对应的门。

```
#include <iostream>
using namespace std;
int main()
{
```

```
    int  key = 303;
    switch(key)
    {
        case 301:
            cout << "恭喜你进入了房间 1" << endl;
        case 302:
            cout << "恭喜你进入了房间 2" << endl;
        case 303:
            cout << "恭喜你进入了房间 3" << endl;
        case 304:
            cout << "恭喜你进入了房间 4" << endl;
        case 305:
            cout << "恭喜你进入了房间 5" << endl;
        case 306:
            cout << "恭喜你进入了房间 6" << endl;
        case 307:
            cout << "恭喜你进入了房间 7" << endl;
    }
    return 0;
}
```

程序运行结果如下。

```
恭喜你进入了房间 3
恭喜你进入了房间 4
恭喜你进入了房间 5
恭喜你进入了房间 6
恭喜你进入了房间 7
```

从运行结果中可以看出，key 的值 303 与第 3 个 case 子句的常量 303 相同，所以会从该 case 子句的执行语句开始，依次执行后续所有 case 子句的执行语句，并且不用对后续的 case 子句的常量表达式的值进行比较。

注意：这种运行顺序是 switch 语句最基础的运行顺序，一定不要套用到后续的形式。

2. 默认分支形式

在开门时，有时会遇到一个问题。如果拿着的钥匙打不开所有的门，就不会有内容输出，这样对用户显得不友好。此时就需要向 switch 语句中添加一个默认分支语句 default。增加后的语法形式如下。

```
switch(条件表达式)
{
    case 常量表达式 1:
        语句 1;
    case 常量表达式 2:
        语句 2;
    case 常量表达式 3:
        语句 3;
    ...
    case 常量表达式 n:
        语句 n;
```

```
    default:
        语句 n+1;
}
```

default 分支不受 switch 条件表达式的值影响，默认为执行。default 分支通常放在 switch 语句的最后。增加默认分支 default 的 switch 语句执行流程如图 4.8 所示。

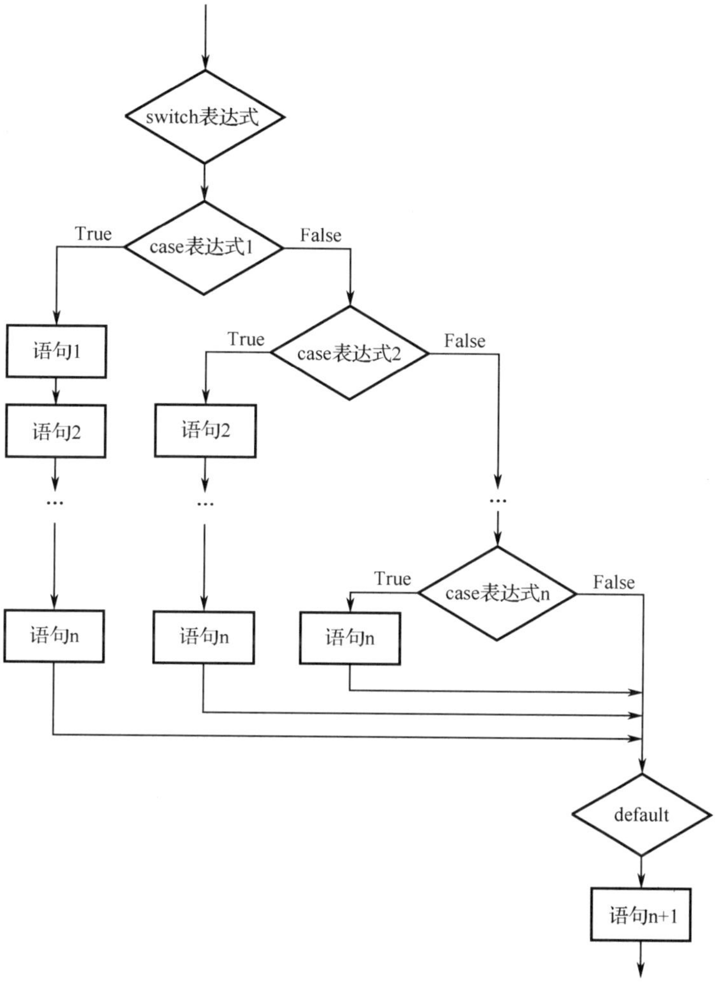

图 4.8　增加默认分支 default 的 switch 语句执行流程

【示例 4-7】下面演示当钥匙无法打开所有门时，输出提示语句。

```
#include <iostream>
using namespace std;
int main()
{
    int  key = 203;
    switch(key)
    {
        case 301:
            cout << "恭喜你进入了房间 1" << endl;
        case 302:
            cout << "恭喜你进入了房间 2" << endl;
```

```
        case 303:
            cout << "恭喜你进入了房间 3" << endl;
        case 304:
            cout << "恭喜你进入了房间 4" << endl;
        case 305:
            cout << "恭喜你进入了房间 5" << endl;
        case 306:
            cout << "恭喜你进入了房间 6" << endl;
        case 307:
            cout << "恭喜你进入了房间 7" << endl;
        default:
            cout <<"已经尝试过所有的房间"<<endl;
    }
    return 0;
}
```

程序运行结果如下。

```
已经尝试过所有的房间
```

从运行结果中可以看出，key 的值 203 不符合所有的 case 子句的常量表达式的值，所以在最后输出了默认分支语句中的“已经尝试过所有的房间”，表示该程序已经运行过，只是没有打开任何房间。

3. 跳出语句形式

如果规定钥匙只能打开一扇门，然后将门里的任务做完就行了，则使用带默认分支的 switch 语句显然是不够的，此时就需要引入跳出语句 break。加入跳出语句 break 的 switch 语法形式如下。

```
switch(条件表达式)
{
    case 常量表达式 1:
            语句 1;
            break;
    case 常量表达式 2:
            语句 2;
            break;
    case 常量表达式 3:
            语句 3;
            break;
    …
    case 常量表达式 n:
            语句 n;
            break;
    default:
            语句 n+1;
            break;
}
```

当运行到 break 语句时，程序就会跳到 switch 语句块之外，不会再执行其他 case 语句和 default 语句。也就是使用钥匙打开一扇门后，会执行门里的任务，执行完该任务后会直接跳出该大楼之外，不会再去尝试开启其他的门。

增加跳出语句 break 的 switch 语句执行流程如图 4.9 所示。

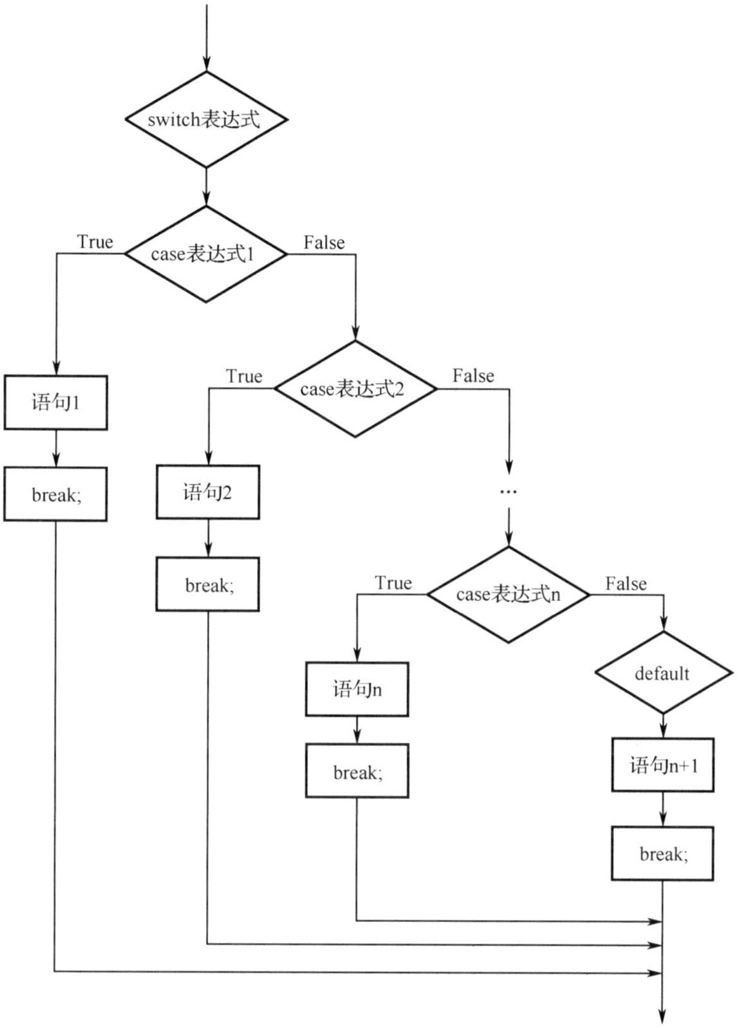

图 4.9　增加跳出语句 break 的 switch 语句执行流程

【示例 4-8】下面演示使用 303 钥匙打开 3 号房间。

```
#include <iostream>
using namespace std;
int main()
{
    int  key = 303;
    switch(key)
    {
        case 301:
            cout << "恭喜你进入了房间 1" << endl;
            break;
        case 302:
            cout << "恭喜你进入了房间 2" << endl;
```

```
            break;
        case 303:
            cout << "恭喜你进入了房间 3" << endl;
            break;
        case 304:
            cout << "恭喜你进入了房间 4" << endl;
            break;
        case 305:
            cout << "恭喜你进入了房间 5" << endl;
            break;
        case 306:
            cout << "恭喜你进入了房间 6" << endl;
            break;
        case 307:
            cout << "恭喜你进入了房间 7" << endl;
            break;
        default:
            cout <<"已经尝试过所有的房间"<<endl;
    }
    cout << "已经跳出 switch 语句范围" << endl;
    return 0;
}
```

程序运行结果如下。

```
恭喜你进入了房间 3
已经跳出 switch 语句范围
```

从运行结果中可以看出，当 key 的值为 303 时进入 case 303 分支语句，输出“恭喜你进入了房间 3”；当执行到 break 之后会跳出 switch 语句的范围之外，输出“已经跳出 switch 语句范围”。

4. switch 语句使用总结

对于 switch 语句一定要注意以下几点。

- switch 语句的条件表达式必须是 int、short、long、char 类型。
- switch 语句后面可以跟多个 case 分支语句，但要合理地组合顺序。
- switch 语句所有分支的执行语句都可以省略，但是最后一个分支的执行语句不可以省略。
- case 子句由 case 关键字、常量表达式与冒号组成，case 关键字与常量表达式之间有一个空格，而且常量表达式中不能有变量存在。
- 不同 case 子句的常量表达式的值不能相同。
- case 语句的执行语句可以包含多条语句，可以不使用大括号分隔。
- 在一个 switch 语句中只可以有一个 default 分支，否则程序就会出错。

4.5 循环结构

循环结构存在于我们生活的每一个角落，小到钟表的走动，大到星辰转换。C++语言为了高效处理代码，也会使用大量的循环结构。C++语言提供的循环结构包括 for 循环语句、while 循环语句及 do-while 循环语句。本节将详细讲解相关内容。

4.5.1　for 循环语句

for 循环语句也称 for 语句。for 语句由初始条件、判断条件、迭代条件及循环体四部分组成，其语法形式如下。

```
for(初始条件;判断条件;迭代条件)
{
    循环体
}
```

- 初始条件：用于确定循环的起始数据的值。例如，从 1 数到 5，起始条件就是值为 1。
- 判断条件：用于确定结束循环的条件。例如，从 1 数到 5，如果已经数到 5，则结束数数字游戏。
- 迭代条件：用于改变循环条件的值，该条件会不断变化，推动循环进行。例如，数了 1 以后加 1，这样就能数 2。迭代条件规定每次数值的增加量。
- 循环体：用于指定具体的循环内容。例如，每天去上课学习是一个循环结构，学习的具体内容就是循环体。

for 循环语句中的三个条件都可以由一个或多个表达式组成。如果使用多个表达式，则需要使用逗号运算符进行分隔，形式如下。

```
for(表达式 1,表达式 2,…;表达式 1,表达式 2,…;表达式 1,表达式 2, …)
{
    循环体
}
```

for 循环语句从初始条件开始，根据判断条件的值进行选择。如果判断条件的值为真，进入循环体，执行循环体中的语句，然后进入迭代条件进行迭代，此时循环完成 1 次。紧接着进入第 2 次循环，重复第一次循环的逻辑顺序。如果判断条件的值为假，则停止循环，直接跳出整个 for 语句范围。for 语句流程图如图 4.10 所示。

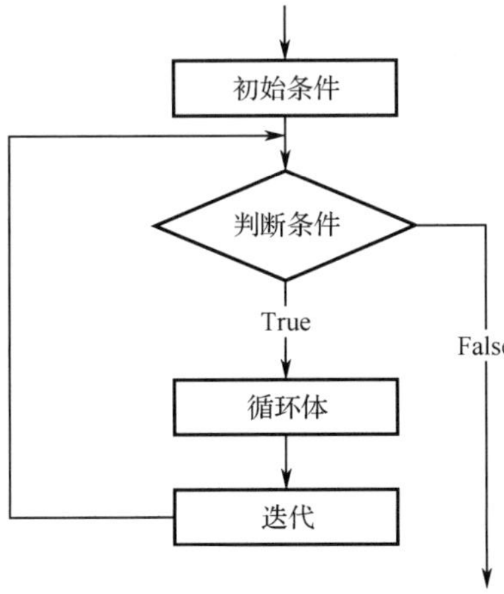

图 4.10　for 语句流程图

【示例 4-9】下面使用 for 语句输出 4 行星号。

```
#include <iostream>
using namespace std;
int main()
{
    for (int a = 1; a < 5; a++)
    {
        cout << "*" << endl;
        cout << "第" <<a << "次循环" << endl;
    }
    return 0;
}
```

程序运行结果如下。

```
*
第 1 次循环
*
第 2 次循环
*
第 3 次循环
*
第 4 次循环
```

从运行结果中可以看出，循环体被重复执行了 4 次。

for 循环语句中的初始条件与迭代条件可以省略，使用空语句替代，只保留判断条件，其语法形式如下。

```
for(;判断条件;)
{
    循环体
}
```

这里的省略并不是真正的省略，而是将这两个条件放在其他地方进行编写。

【示例 4-10】在 for 语句中省略初始条件与迭代条件。

```
#include <iostream>
using namespace std;
int main()
{
    int a = 1;          //初始条件移到 for 语句前
    for (; a < 5; )
    {
        cout << "*" << endl;
        cout << "第" << a << "次循环" << endl;
        a++;            //迭代条件移到循环体中
    }
    return 0;
}
```

程序运行结果如下。

```
*
第 1 次循环
```

```
*
第 2 次循环
*
第 3 次循环
*
第 4 次循环
```

从运行结果中可以看出，当初始条件与迭代条件放在其他位置时并不会影响运行结果。

4.5.2　while 循环语句

while 循环语句是指当条件成立时，执行指定语句，简单理解为先判断后执行。其语法形式如下。

```
while(判断条件)
{
    循环体
}
```

while 循环语句的判断条件可以为关系表达式或逻辑表达式，其作用是控制循环的次数。

注意：while 循环语句和 for 循环语句的简化写法十分类似。

while 循环语句在每一次循环时都需要做一次判断，如果结果为假，则跳出循环；如果结果为真，则进入循环，流程图如图 4.11 所示。

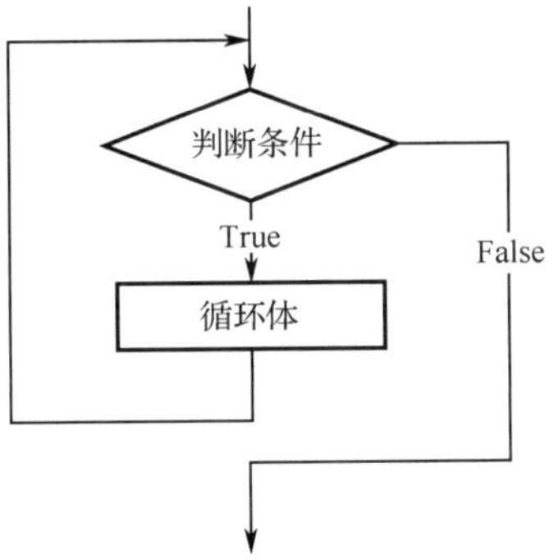

图 4.11　while 循环语句流程图

【示例 4-11】下面计算 10 以内所有数的和。

```
#include <iostream>
using namespace std;
int main()
{
    int i = 0;
    int sum = 0;
    while (i <= 10)
    {
        sum =sum + i;
        i++;
        cout << "当前的和为"<<sum << endl;
    }
    return 0;
}
```

程序运行结果如下。

```
当前的和为 0
当前的和为 1
当前的和为 3
当前的和为 6
当前的和为 10
当前的和为 15
当前的和为 21
当前的和为 28
当前的和为 36
当前的和为 45
当前的和为 55
```

从运行结果中可以看出，表达式 i<=10 用于控制循环次数。i 的值在每次循环后都会加 1，当大于 10 之后跳出循环。

4.5.3 do-while 循环语句

do-while 循环语句是指先执行后判断，只要条件为真就一直重复执行循环体，直到条件为假。do-while 循环语句是 while 循环语句的一种变化形式，其语法形式如下。

```
do
{
    循环体
}while(判断条件);
```

判断条件可以是关系表达式（隐式关系表达式）或逻辑表达式，判断条件不可以省略。一定要注意 while 判断条件后的分号，这个分号代表 do-while 循环语句的结束。do-while 循环语句流程图如图 4.12 所示。

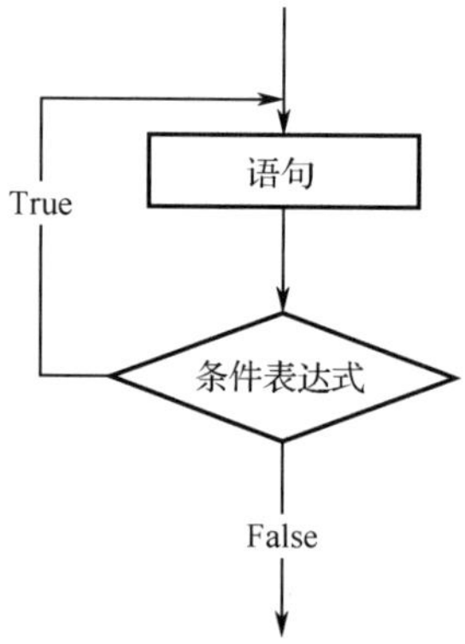

图 4.12　do-while 循环语句流程图

注意：do-while 循环语句与 while 循环语句的主要区别是，do-while 循环语句的循环体至少被执行一次，而 while 循环语句先判断条件，有可能一次也不执行。

【示例 4-12】下面使用 do-while 循环语句输出 10 以内的数字。

```
#include <iostream>
using namespace std;
int main()
```

```
{
    int i = 0;
    do
    {
        i++;
        cout <<  i << endl;
    } while (i < 10);
    return 0;
}
```

程序运行结果如下。

```
1
2
3
4
5
6
7
8
9
10
```

代码 while (i < 10);中，i 是小于 10 而不是小于等于 10。这是因为如果是小于等于 10，则会循环 11 次而不是 10 次。

4.5.4 多重循环嵌套使用

多重循环嵌套使用是指将多种循环结构嵌套使用，最常见的就是九九乘法表的输出。

【示例 4-13】输出九九乘法表。

```
#include <iostream>
using namespace std;
int main()
{
        int i, j;
        for (i = 1; i <= 9; i++)
        {
            for (j = 1; j <= i; j++)
            {
                cout << j << '*' << i << '=' << j * i << ' ';
            }
            cout << endl;
        }
    return 0;
}
```

程序运行结果如下。

```
1*1=1
1*2=2 2*2=4
1*3=3 2*3=6 3*3=9
```

```
1*4=4 2*4=8 3*4=12 4*4=16
1*5=5 2*5=10 3*5=15 4*5=20 5*5=25
1*6=6 2*6=12 3*6=18 4*6=24 5*6=30 6*6=36
1*7=7 2*7=14 3*7=21 4*7=28 5*7=35 6*7=42 7*7=49
1*8=8 2*8=16 3*8=24 4*8=32 5*8=40 6*8=48 7*8=56 8*8=64
1*9=9 2*9=18 3*9=27 4*9=36 5*9=45 6*9=54 7*9=63 8*9=72 9*9=81
```

在代码中内层的 for 循环用于输出每行的内容，外层 for 循环用于控制换行和每行输出几个等式。通过内、外层的 for 循环搭配，实现了九九乘法表的输出。

4.6 转向结构

转向结构的语句是指在执行过程中通过指定语法形式跳转到指定位置的一种结构。该结构的语句多用于一些特殊地方。在 C++语言中转向结构语句包括 goto 转向语句、break 跳出语句及 continue 继续语句。本节将详细讲解这三种语句。

4.6.1 goto 转向语句

goto 转向语句用于跳转到指定位置，其语法形式如下。

```
goto   自定义表达式;

自定义表达式:
```

goto 转向语句由两部分组成。第一部分由 goto 和自定义表达式组成语句，表示跳转的开始位置；第二部分由自定义表达式与冒号组成，表示跳转的目标位置。

当代码运行到 goto 与表达式组成语句时，代码会直接跳转到自定义表达式的位置继续执行代码。goto 转向语句流程图如图 4.13 所示。

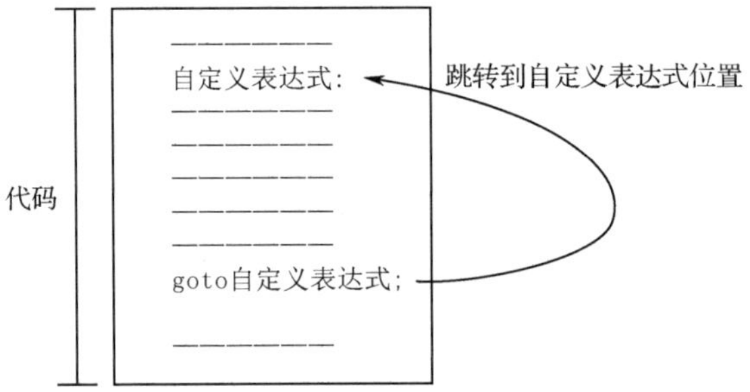

图 4.13　goto 转向语句流程图

【示例 4-14】下面实现在输出 5 个数后跳出循环输出游戏开始。

```
#include <iostream>
using namespace std;
int main()
{
        for (int a = 1; a <= 100; a++)
        {
                if (a == 6)
                {
```

```
            goto start;
        }
        cout << a << endl;
    }
    start:
    cout << "开始游戏" << endl;
    return 0;
}
```

程序运行结果如下。

```
1
2
3
4
5
开始游戏
```

从运行结果中可以看出，当数字数到 5 以后程序直接跳出了 for 循环，跳转到“start:”目标位置，执行输出了“开始游戏”语句。

4.6.2　break 跳出语句

break 跳出语句可以实现跳出循环的功能。跳出循环是指跳出当前的循环语句范围，不再进行循环。break 跳出语句流程图如图 4.14 所示。

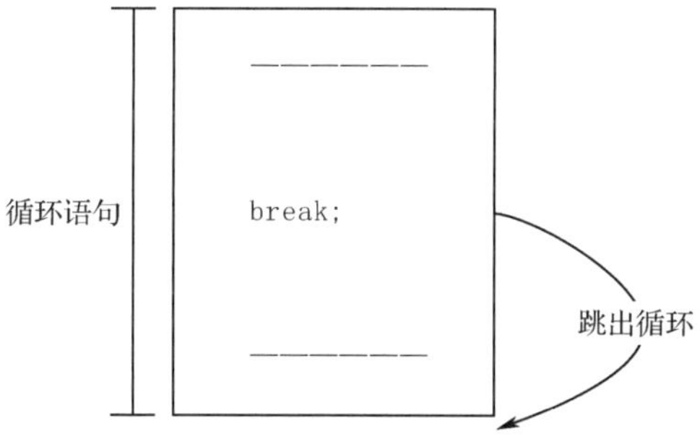

图 4.14　break 跳出语句流程图

【示例 4-15】下面输出最小能被 11 整除的数。

```
#include <iostream>
using namespace std;
int main()
{
    int a = 0;
    for ( a = 1; a <= 100; a++)
    {
        if (a%11 == 0)
        {
            break;
        }
    }
```

```
        cout << "能被 11 整除的最小数是" << a << endl;
        return 0;
}
```

程序运行结果如下。

```
能被 11 整除的最小数是 11
```

从运行结果中可以看出，在 for 循环运行过程中，当满足 if 的条件 a%11 == 0 后，会执行 break;语句，此时程序跳出 for 循环，输出“能被 11 整除的最小数是 11”语句。

4.6.3 continue 继续语句

continue 继续语句用于跳出当前循环。跳出当前循环是指跳出本次循环并尝试执行下一次循环。continue 继续语句流程图如图 4.15 所示。

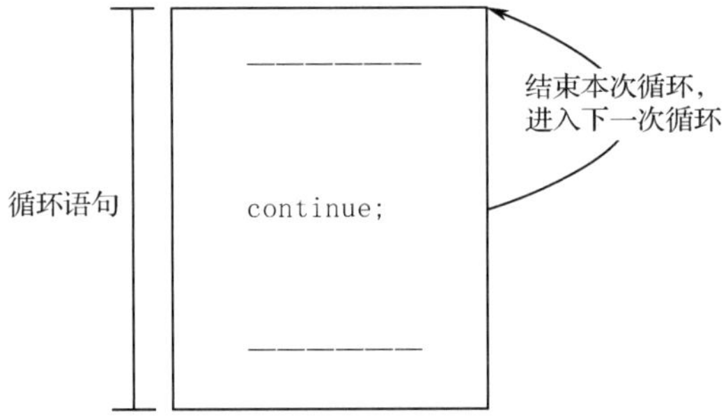

图 4.15　continue 继续语句流程图

【示例 4-16】下面使用 continue 继续语句输出 1～10 的所有偶数。

```
#include <iostream>
using namespace std;
int main()
{
        int a = 0;
        for ( a = 1; a <= 10; a++)
        {
                if (a%2 != 0)
                {
                        continue;
                }
                cout <<   a << endl;
        }

        return 0;
}
```

程序运行结果如下。

```
2
4
6
8
10
```

从运行结果中可以看出，当 a 的值为奇数时，进入 if 语句执行 continue 语句，结束当前循环进入下一次循环，这样就不会执行输出语句“cout <<　a << endl;”；当 a 的值为偶数时，不会进入 if 语句，这样就会执行输出语句“cout <<　a << endl;”，输出偶数值。

4.7 小　　结

通过本章的学习，读者需要了解以下内容。

- 语句是代码中最基本的构成单位，通过语句程序员可以清楚地向计算机发布命令。
- 空语句是最简单的语句，它由一个英文分号组成。
- 表达式语句由表达式和英文分号组成。
- 语句块是指用花括号括起来的语句和声明序列，也可以称为复合语句。
- 变量的作用域是指变量有意义的范围。变量的作用域与语句块的花括号有直接关系。变量的作用域由其声明开始到其所在的语句块结束为止。
- 顺序结构是指程序运行的顺序会依照语句出现的先后顺序执行。
- 选择结构包含四种语句，分别为 if 选择语句、if-else 选择语句、if-else 语句嵌套及 switch 选择语句。
- C++语言提供的循环结构包括 for 循环语句、while 循环语句及 do-while 循环语句。
- 转向结构的语句是指在执行过程中通过指定语法形式跳转到指定位置的一种结构。在 C++语言中转向结构语句包括 goto 转向语句、break 跳出语句及 continue 继续语句。

4.8 习　　题

一、填空题

1．代码中最基本的构成单位是_____。
2．空语句由一个_____组成。
3．表达式语句由_____和英文分号组成。
4．顺序结构是指程序运行的顺序会依照语句出现的_____顺序执行。
5．C++语言提供的循环结构包括_____循环语句、while 循环语句及_____循环语句。
6．语句的结束符号是_____。
7．语句块由_____条或_____条语句与_____组成。
8．if 语句由一个_____和_____语句部分组成，只有一个分支。
9．if-else 选择语句是两个_____语句连续使用的组合写法，该语句拥有_____个分支。
10．switch 选择语句也可以称为开关语句，它适合处理有_____个以上选项的数据。
11．switch 选择语句的基础形式由_____条件、_____子句、常量表达式、执行语句组成。
12．for 循环语句由_____、判断条件、_____及循环体四部分组成。
13．在 C++语句中跳出循环使用_____语句。
14．在 C++语句中跳出当前循环使用_____语句。
15．while 循环语句是_____后执行。

16．do-while 循环语句是指_____后判断。

二、选择题

1．下面代码的功能是（　　）。

```
#include <iostream>
using namespace std;
int main()
{
	int a = 3, b = 4, t;
	t = a;
	a = b;
	b = t;
	cout << "a = " << a << endl;
	cout << "b = " << b << endl;
}
```

A．交换 a 和 b 的值，并输出这两个值　　B．输出 a 和 b 的值
C．交换 a 和 b 的值　　D．其他

2．下面代码的运行结果是（　　）。

```
#include <iostream>
using namespace std;
int main()
{
	int x = 013;
	cout << x << endl;
}
```

A．10　　B．11　　C．12　　D．13

3．下面代码的运行结果是（　　）。

```
#include <iostream>
using namespace std;
int main()
{
	char x = 'c';
	x--;
	cou << x << endl;
}
```

A．c　　B．b　　C．a　　D．语法错误

4．下面代码的运行结果是（　　）。

```
#include <iostream>
using namespace std;
int main()
{
	int a = 30;
	{
		int a = 20;
		cout << a << endl;
	}
```

```
}
```

A．20　　B．30　　C．2030　　D．语法错误

5．下面对流程图的描述错误的是（　　）。

A．流程图可以用于展示程序的运行顺序

B．通过绘制流程图可以帮助程序员梳理书写程序的思路

C．在绘制流程图过程中需要使用特定的图形与文字对流程进行说明

D．流程图对程序员毫无帮助

6．下面代码的运行结果是（　　）。

```
#include <iostream>
using namespace std;
int main()
{

    int x, y, z;
    x = 0;
    y = 0;
    z = 0;
    z = (x -= x - 5), (x = y, y + 3);
    cout << z << endl;
}
```

A．4　　B．5　　C．6　　D．语法错误

7．下面运算符中优先级最高的是（　　）。

A．!　　B．%　　C．-=　　D．&&

8．下面运算符中优先级最低的是（　　）。

A．||　　B．!=　　C．<=　　D．+

9．下面代码的运行结果是（　　）。

```
#include <iostream>
using namespace std;
int main()
{
    int a, b;
    a = 5;
    b = 7;
    if (a > b)
        cout << "a 大于 b" << endl;
    if (a < b)
        cout << "b 大于 a" << endl;
}
```

A．a 大于 b　　B．b 大于 a　　C．无输出　　D．编译错误

10．x≥y≥z 在 C++语言中应该使用的表达式是（　　）。

A．(x>=y)&&(y>=z)　　B．(x>=y)AND(y>=x)

C．(x>=y>=z)　　D．(x>=y)&(y>=x)

11．下面代码的运行结果是（　　）。

```
#include <iostream>
```

```
using namespace std;
int main()
{
    int a, b, c;
    a = 2;
    b = -1;
    c = 2;
    if (a > b)
    {
        if (b < 0)
            c = 0;
    }
    else
    {
        c++;
    }
    cout << c << endl;
}
```

A．0　　B．1　　C．2　　D．3

12．下面的代码使用（　　）能正确表示数学函数关系。

```
#include <iostream>
using namespace std;
int main()
{
    int x, y;
    y = -1;
    cin >> x;
    if (x != 0) {
        if (x > 0)
            y = 1;
    }
    else
    {
        y = 0;
    }
}
```

A．$y=\begin{cases}-1 & (x<0)\\ 0 & (x=0)\\ 1 & (x>0)\end{cases}$　　B．$y=\begin{cases}1 & (x<0)\\ -0 & (x=0)\\ 0 & (x>0)\end{cases}$

C．$y=\begin{cases}0 & (x<0)\\ -1 & (x=0)\\ 1 & (x>0)\end{cases}$　　D．$y=\begin{cases}-1 & (x<0)\\ 1 & (x=0)\\ 0 & (x>0)\end{cases}$

13．下面代码的运行结果是（　　）。

```
#include <iostream>
using namespace std;
int main()
```

```
{
    int x = 10, a = 2, z = 1;
    switch (a)
    {
        case 0:
            z++;
            break;
        case 1:
            z--;
            break;
        case 2:
            z = x;
            break;
        default:
            z = 0;
    }
    cout << z << endl;
}
```

A．0　　B．1　　C．10　　D．2

14．如果 a、b、c 都是整型变量，且 a=3，b=4，c=5，则值为 0 的表达式是（　　）。

A．a&&b　　B．a<=b　　C．a||b+c&&b−c　　D．!((a<b)&&!c||1)

15．下面代码的功能是（　　）。

```
#include <iostream>
using namespace std;
int main()
{
    int sum = 0;
    int a = 1;
    for (int i = 1;i <= 10;i++) {
        for (int y = 1;y <= i;y++) {
            a = a * y;
        }
        sum = sum + a;
    }
    cout << sum << endl;
}
```

A．求 1!+2!+3!+…+10!　　B．求 1+2+3+…+10

C．求 1*2*3*…*10　　D．求 1!+2!+3!+4!

16．下面代码的运行结果是（　　）。

```
#include <iostream>
using namespace std;
int main()
{
    int sum = 0;
    for (int i = 0;i <= 100;i += 2) {
        if (i % 2 == 0) {
```

```
            sum += i;
        }
    }
    cout << sum << endl;
}
```

A．2550 B．2660 C．2000 D．500000

17．跳出当前循环，需要使用（ ）语句。

A．for B．continue C．break D．while

18．下面代码的功能是（ ）。

```
#include <iostream>
using namespace std;
int main()
{
    int a, b, c, i;
    for (i = 0;i <= 999;i++)
    {
        a = i / 100;
        b = i % 100 / 10;
        c = i % 10;
        if (a * 100 + b * 10 + c == a * a * a + b * b * b + c * c * c)
            cout << i << endl;
    }
}
```

A．输出 0～1000 的数 B．输出 0～999 的数

C．输出 0～1000 的水仙花数 D．输出 0～1000 的立方和

19．下面代码的运行结果是（ ）。

```
#include <iostream>
using namespace std;
int main()
{
    int i;
    for (i = 1;i <= 3;i++)
    {
        if (i % 2)
            cout << "+" ;
        else
            cout << "-";
    }
}
```

A．+++ B．--- C．+-+ D．-+-

20．下面对 for 语句描述错误的是（ ）。

A．for 语句也可以称为 for 循环语句

B．for 语句由初始条件、判断条件、迭代条件及循环体四部分组成

C．for 语句只做一次判断，结果为假跳出循环，结果为真则进入循环

D．for 语句中的初始条件、判断条件与迭代条件都可以由多个表达式组成，每个表达

式之间要用逗号隔开

21．下面代码中 while 循环执行的次数为（　　）。

```
#include <iostream>
using namespace std;
int main()
{
    int i = 0;
    while (i == 0)
    {
        cout << "i" <<endl;
    }
}
```

A．一次　　B．两次　　C．无数次　　D．一次都不执行

22．下面代码运行后，b 的值为（　　）。

```
#include <iostream>
using namespace std;
int main()
{
    int a = 2, b = 4;
    do
    {
        b = b - a;
        ++a;
        ++b;
    } while (b < 0);
}
```

A．2　　B．3　　C．4　　D．5

23．在 C++语言中，下面描述正确的是（　　）。

A．不能使用 do-while 语句构成的循环

B．do-while 语句构成的循环必须用 break 语句才能退出

C．do-while 语句构成的循环，当 while 语句中的表达式值为非零时结束循环

D．do-while 语句构成的循环，当 while 语句中的表达式值为零时结束循环

24．下面代码的等价代码是（　　）。

```
while (a)
{
    if (b) continue;
    c;
}
```

A．
```
while (a)
{
    if (!b) c;
}
```

B．
```
while(a)
{
    if(!b) break; c;
}
```

C．
```
while(c)
{
    if(b) c;
}
```

D．
```
while(a)
{
    if(b) break;c;
}
```

25．C++语言中 while 和 do-while 循环的主要区别是（　　）。

A．do-while 的循环体至少无条件执行一次

B．while 的循环控制条件比 do-while 的循环控制条件严格

C．do-while 允许从外部转到循环内部

D．do-while 的循环体不能是复合语句

26．下面代码中 for 循环执行的次数为（　　）。

```
#include <iostream>
using namespace std;
int main()
{
	int i, j;
	for (i = 1, j = 3;(j < 6) || (i > 3);i++)
	{
		cout << "*" << endl;
	}
}
```

A．一次　　B．六次　　C．无数次　　D．一次都不执行

三、编程题

1．在下面画横线的地方填上适当的代码，实现输入两个整数，求两数的平方和并输出。

```
#include <iostream>
using namespace std;
int main()
{
	int a, b, c;
	____________;
	cin >> b;
	c = ____________;
	cout << c << endl;
}
```

2．在下面画横线的地方填上适当的代码，实现输入三个整数，求最大值并输出。

```
#include <iostream>
using namespace std;
int main()
{
	int a, b, c, d;
	cin >> a >> b >> c;
	d = a;
	if (____________)
	{
		d = b;
	}
	if (c > d)
	{
		____________;
	}
	cout << d << endl;
}
```

3．在下面画横线的地方填上适当的代码，使用复杂嵌套输出如图 4.16 所示的乘法表。

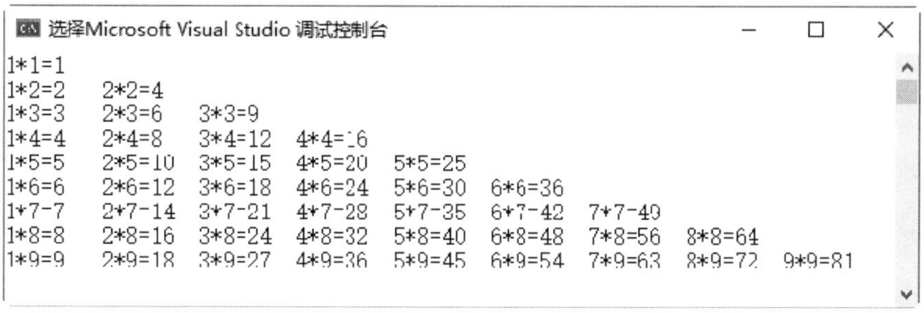

图 4.16　乘法表

```
#include <iostream>
using namespace std;
int main()
{
    int i, j;
    int r = 0;
    for (____________;____________;i++)
    {
        for (j = 1; ____________;j++)
        {
            r = i * j;
            ____________;
        }
        cout << "" << endl;
    }
}
```

4．在下面画横线的地方填上适当的代码，输入一个 5 位数，判断它是不是回文数。12321 是回文数，个位与万位相同，十位与千位相同。

```
#include <iostream>
using namespace std;
int main()
{
    int ge, shi, qian, wan, x;
    cin >> x;
    wan = ____________;
    qian = ____________;
    shi = ____________;
    ge = ____________;
    if (____________&&____________) {
        printf("这是回文数\n");
    }
    else {
        printf("这不是回文数\n");
    }
}
```

第 5 章　函　　数

函数（function）就是一段拥有名字的代码块。程序员可以通过名字直接使用对应的代码块。本章将讲解函数的定义、函数的参数传递、函数调用等函数的相关内容。

5.1　函 数 概 述

人们会将经常使用的工具批量购买后放入自己的仓库中，当需要使用某个工具时，直接拿过来使用即可。在 C++语言中将多种功能的代码集合进行存放，并为其命名。C++语言会将很多常用的函数存放到库中，当编程人员想要实现某个功能时，只需导入对应的库，然后直接使用对应的函数即可。

根据是否带有参数，函数可以分为有参函数与无参函数。所谓的参数就是数据传递的介质。

例如，将计算机看作一个函数 computer( )，它没有连接网络时，只能使用本身硬盘中的所有数据，所以，此时就是无参函数 computer( )；如果连接到网络，则计算机可以通过网络与其他计算机进行数据交换，此时网络数据就是参数，计算机就是有参函数。

5.2　无 参 函 数

无参函数就是不用传递参数的函数，这种函数一般只能实现固定的数据处理功能。本节将详细讲解无参函数的定义、调用等相关内容。

5.2.1　无参函数的定义

定义函数就是制作工具。函数由返回类型（return type）、函数名、函数体组成，其语法形式如下。

```
返回类型 函数名()
{
    函数体
}
```

在定义函数时要注意以下几点。

- 函数名属于标识符，所以必须符合标识符的命名规则。在命名函数时，还需要保持较好的可读性。例如，对于函数 subtraction ( )，从函数名可以知道该函数与减法运算相关。
- 函函数的定义语句需要写在 main( )函数之外。

【示例 5-1】下面定义一个无参函数 subtraction( )。

```
#include <iostream>
using namespace std;
```

```
void subtraction()
{
    int a = 10;
    int b = 20;
    cout << a - b << endl;
}
int main()
{
    return 0;
}
```

从函数的定义语句中可以看出，函数 subtraction()无返回类型、无参数，并且其定义位置位于 main( )函数之外。

5.2.2　无参函数的调用

无参函数的调用语句由函数名、小括号及分号组成，其语法形式如下。

```
函数名();
```

注意： 函数名对大小写敏感，所以调用的函数名必须与定义的函数名完全保持一致。

【示例 5-2】 下面调用无参函数 subtraction()。

```
#include <iostream>
using namespace std;
void subtraction()
{
    int a = 10;
    int b = 20;
    cout << a - b << endl;
}
int main()
{
    subtraction();
    return 0;
}
```

程序运行结果如下。

```
-10
```

从运行结果中可以看出，求差函数 subtraction()被成功调用，输出了 a-b 的值-10。程序运行过程如图 5.1 所示。

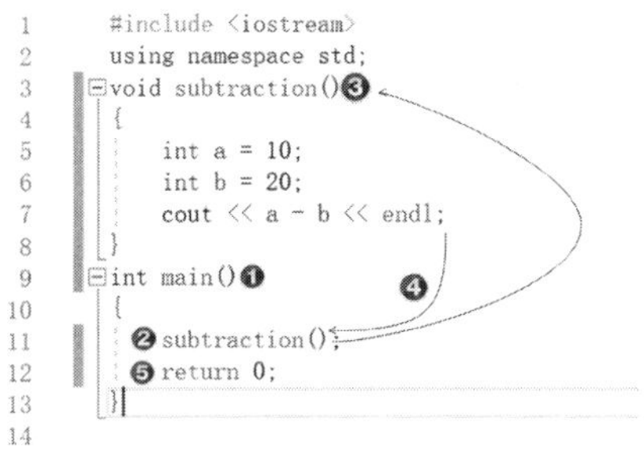

图 5.1　程序运行过程

5.2.3 函数定义的位置与声明

函数定义的位置有两种，一种位于函数 main( )之前，也就是先定义后调用，其语法形式如图 5.2 所示。

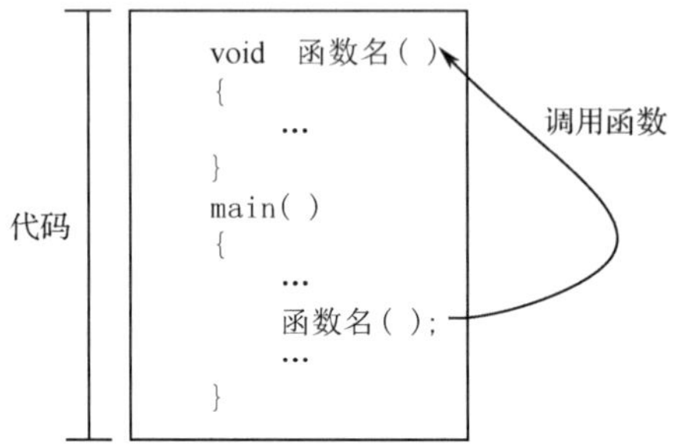

图 5.2 先定义后调用

另一种位于函数 main( )之后，也就是先调用后定义，此时需要在调用函数之前做一个声明，声明语法如下。

```
返回类型  函数名();
```

先声明后调用的语法形式如图 5.3 所示。

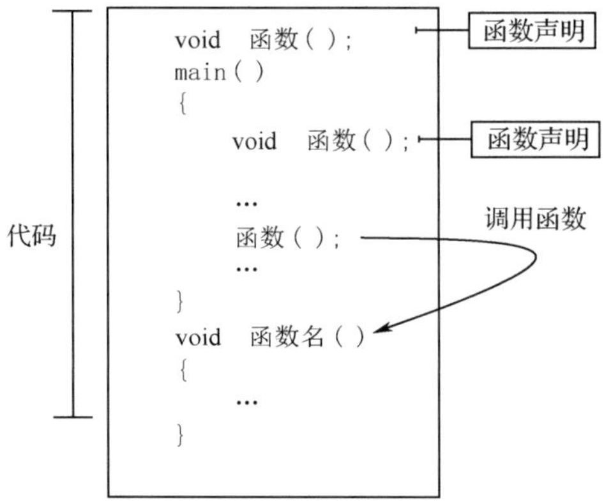

图 5.3 先声明后调用

注意：函数只需声明一次即可，图中展示的两个位置都是可以用于声明函数的位置，全部都在调用函数语句之前。

【示例 5-3】下面演示先调用后定义函数，如果没有声明函数语句会导致错误。

```
#include <iostream>
using namespace std;

int main()
{
    subtraction();
    return 0;
}
void subtraction()
{
```

```
    int a = 10;
    int b = 20;
    cout << a - b << endl;
}
```

代码中函数 subtraction()的定义语句位于 main()函数下方，并且没有声明函数的语句。此时，运行程序出现错误“‘subtraction’：找不到标识符”，也就是编译器无法识别 subtraction，如图 5.4 所示。

图 5.4　找不到标识符

此时只需在调用函数之前对函数进行声明即可，代码如下。

```
#include <iostream>
using namespace std;
//void subtraction();// 声明函数位置 1
int main()
{
    void subtraction(); // 声明函数位置 2
    subtraction();
    return 0;
}
void subtraction()
{
    int a = 10;
    int b = 20;
    cout << a - b << endl;
}
```

代码中有两个声明位置都可以声明函数，选择其中一个即可。此时运行程序，结果如下。

```
-10
```

5.3　有 参 函 数

有参函数就是传递参数的函数，这种函数可以实现变量数据的处理。本节将详细讲解有参函数的定义、调用等相关内容。

5.3.1　有参函数的定义

有参函数由返回类型（return type）、函数名、0 或多个形参、函数体组成，其语法形式如下。

```
返回类型 函数名（类型 形参 1, 类型 形参 2, …, 类型 形参 n ）
{
    函数体
}
```

形参即形式参数，其本质为一个变量。声明形参后等于为函数声明了变量，可以在函数体内进行使用。形参可以根据需求确定是否定义。参数的个数可以为 0 个，也可以为多个。如果有多个参数，每个参数之间要使用逗号进行分隔。

形参的作用是用于数据的交互，相当于一个接口，声明形参的语法就是规定接口的数据类型。在函数外可以通过形参将符合接口规格的数据传递到有参函数中，然后等待运算结果即可。

例如，想要使用函数计算两个任意整数的和，就需要定义一个可以实现加法运算并且有两个整型形参的有参函数，这样才能将两个整数传递到函数中进行运算。

【示例 5-4】下面定义一个带参的求和函数 sum()。

```
void sum(int a,int b)
{
        a = a + b;
        cout << "和为" << a << ;
}
```

从代码中可以看出，函数 sum( )拥有两个 int 型的参数 a 和 b。它们可以直接在 sum()函数中使用，不用再次声明。该函数由于有两个整型形参，所以可以实现对任意两个整数的求和运算。

5.3.2 有参函数的调用

有参函数的调用包括函数名、小括号、实参，其语法形式如下。

```
函数名(实参 1,实参 2, 实参 3, …, 实参 n);
```

其中，实参的个数、出现的顺序及类型要与有参函数定义时的形参的个数、定义的顺序及类型完全一致。另外，实参可以为常数，也可以为同类型的变量。

在调用函数时，通过实参可以将指定的数据传递到指定的函数中，使用同一函数处理不同的数据。这样相当于共享单车一样，只需要刷一下身份数据，不同的人都能享受骑车的权利。

注意：通常，实参的类型需要与形参类型一致。如果类型不同，实参需要符合自动转换的规则，也就是传递的数据要支持 C++语言的隐式转换规则。例如，实参 a 为 float 类型，对应的形参 b 为 double 类型，此时参数传递进行自动转换，将 float 类型转换为 double 类型。

【示例 5-5】下面调用带参求和函数 sum()。

```
#include <iostream>
using namespace std;
void sum(int a,int b)
{
        a = a + b;
        cout << "和为" << a << endl;
}
int main()
{
        int a = 0;
        int b = 0;
        cout << "请输入要计算和的两个值，用空格或回车进行两个数字的分隔" << endl;
        cin >> a >> b;
```

```
    sum(1,2);         //传递的实参为两个常量
    sum(a,b);         //传递的实参为两个变量
    return 0;
}
```

程序运行结果如下。

```
请输入要计算和的两个值，用空格或回车进行两个数字的分隔
8 20
和为 3
和为 28
```

从运行结果中可以看出，无论传递的实参是常数还是变量都能正常调用求和函数 sum( )，并输出对应数字计算的和。语句 sum(1,2);的传递过程如图 5.5 所示。

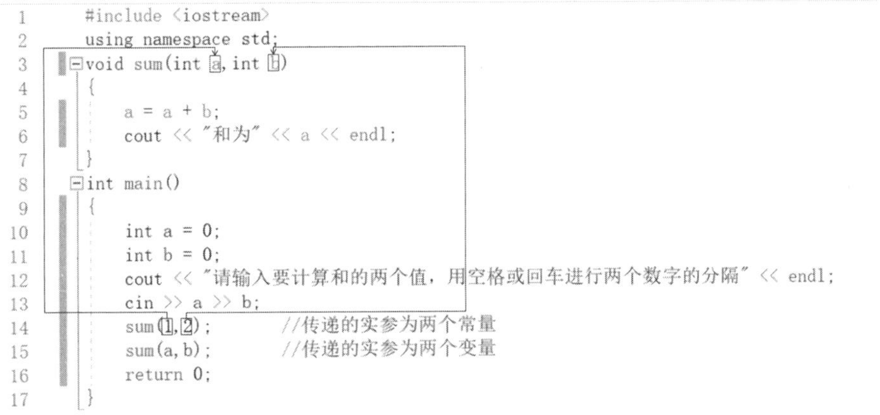

```
#include <iostream>
using namespace std;
void sum(int a, int b)
{
    a = a + b;
    cout << "和为" << a << endl;
}
int main()
{
    int a = 0;
    int b = 0;
    cout << "请输入要计算和的两个值，用空格或回车进行两个数字的分隔" << endl;
    cin >> a >> b;
    sum(1,2);         //传递的实参为两个常量
    sum(a,b);         //传递的实参为两个变量
    return 0;
}
```

图 5.5　语句 sum(1,2);的传递过程

从图中可以看到，实参 1 会传递到形参 a，实参 2 会传递到形参 b。在函数 sum( )中计算出和，然后输出运算结果。

5.3.3　返回值

在声明函数时，会规定函数的返回类型。在前文中使用的是 void 返回类型，即无返回值类型。这种类型的函数没有返回值。在调用无返回值的函数时，只能执行或获得运算通知，无法获取运算的结果。

调用无返回值函数就像发快递，把货物（数据）交给快递公司（函数），你手里就空空如也了，无法获得打包发送后的货物（运算后的数据），如图 5.6 所示。

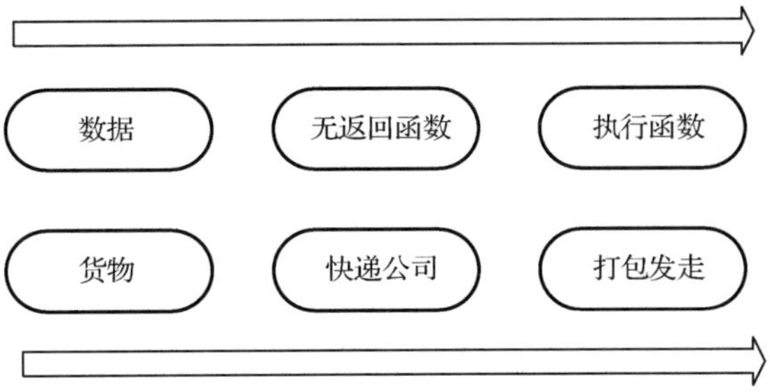

图 5.6　无返回值函数

如果使用有返回值函数，需要在声明时将 void 替换为返回数据的类型，还需要使用 return 语句说明返回的值。有参有返回值函数的语法形式如下。

```
返回类型　函数名( 类型 形参 1,类型 形参 2, … ,类型 形参 n)
{
    函数体;
    return 返回值;
}
```

无参有返回值函数的语法形式如下。

```
返回类型　函数名( )
{
    函数体;
    return 返回值;
}
```

其中，返回类型就是数据类型，如 int、float 等。返回值的类型需要与函数定义时的返回类型一致或可自动转换。例如，声明的为 double 类型，返回的为 float 类型。

在一个函数中可以有多个 return 返回语句。每个返回语句中，返回值都是表达式。

【示例 5-6】下面使用函数返回计算结果，并进行输出。

```
#include <iostream>
using namespace std;
int sum(int a,int b)
{
    a = a + b;
    return a;
}
int main()
{
    int a = 0;
    int b = 0;
    int c = 0;
    cout << "请输入要计算和的两个值，用空格或回车进行两个数字的分隔" << endl;
    cin >> a >> b;
    c = sum(a, b);
    cout << "你输入的两个值的和为" << c << endl;
    cout << "请再输入一个值与前两个值的和进行相乘运算" << endl;
    cin >> a;
    c = c * a;
    cout << "你输入的两个值的和与第三个数的乘积为" << c << endl;
    return 0;
}
```

程序运行结果如下。

```
请输入要计算和的两个值，用空格或回车进行两个数字的分隔
10 20
你输入的两个值的和为 30
请再输入一个值与前两个值的和进行相乘运算
5
你输入的两个值的和与第三个数的乘积为 150
```

从运行结果中可以看出，输入值的计算结果都会被返回，然后在 main()函数中参与乘法运算。函数调用与返回值运行过程如图 5.7 所示。

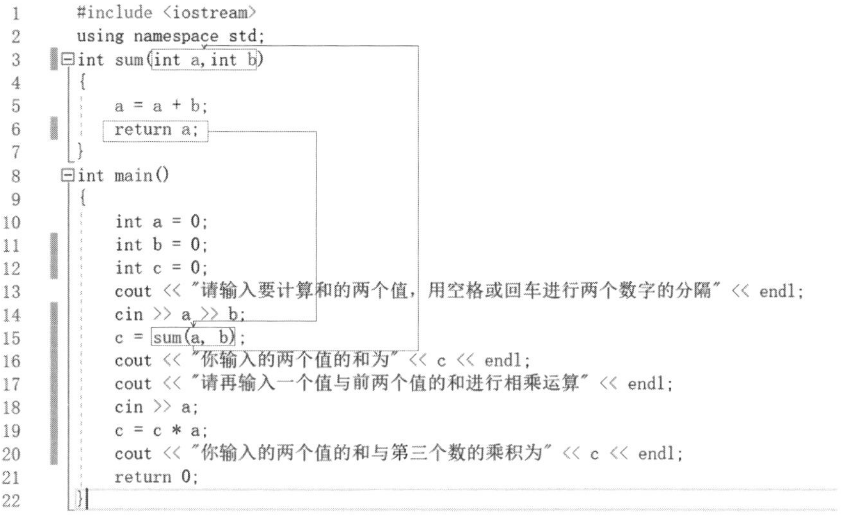

图 5.7　函数调用与返回值运行过程

5.4 内联函数

内联函数就是将函数内嵌到主函数中，这样会加快函数的运行速度，从而提高代码运行效率。内联函数也属于一种函数，只是其在内存中的处理机制不同。普通函数属于外部调用，而内联函数会将函数的代码内联到主函数中进行执行。C++语言使用内联函数替代 C 语言中的宏定义。

5.4.1 内联函数的定义

定义内联函数的语法与定义普通函数的语法类似，只是在定义函数前增加关键字 inline，其语法形式如下。

```
inline 返回类型 函数名（类型 形参 1, 类型 形参 2, …, 类型 形参 n ）
{
    函数体
}
```

注意：如果定义时指定有返回类型也需要加 return 语句。

inline 是 C++关键字，在函数声明或定义中函数返回类型前加上关键字 inline，即可把函数指定为内联函数。

内联函数的执行原理与普通函数不同。内联函数可以解决频繁调用的函数大量消耗栈空间（栈内存）的问题。

内联函数在调用时，会在内存中将函数中所有的代码复制到主函数中，然后主函数依次按照顺序执行即可。而普通函数在调用时，首先需要地址跳转，然后复制数据，再执行数据，执行完后再次地址跳转到主函数。如果频繁调用函数，这种地址跳转会造成大量的运算负担。

简单来讲，普通函数的调用就像使用外接 U 盘传输数据，每次调用时都需要插上 U 盘，复制数据，不用时，再拔掉 U 盘。而内联函数的调用就像使用硬盘传输数据，想用时就直接复制数据，不需要频繁地插拔。

5.4.2 内联函数的使用

关键字 inline 必须与函数定义放在一起才能使函数成为内联函数，仅仅将 inline 放在函数声明前面是不起任何作用的。

【示例 5-7】下面定义并使用内联函数。

```
#include <iostream>
using namespace std;
inline int sum(int a, int b)
{
	return a + b;
}
int main()
{
	int a = 0;
	int b = 0;
	for (int i = 0; i < 5; i++)
	{
		cout << "请输入两个数，用空格分隔" << endl;
		cin >> a >> b;
		cout <<a <<"+"<<b<<"的和为" << sum(a, b)<< endl;
	}
	return 0;
}
```

程序运行结果如下。

```
请输入两个数，用空格分隔
5 6
5+6 的和为 11
请输入两个数，用空格分隔
5 66
5+66 的和为 71
请输入两个数，用空格分隔
5 8
5+8 的和为 13
请输入两个数，用空格分隔
1 3
1+3 的和为 4
请输入两个数，用空格分隔
4 8
4+8 的和为 12
```

注意：在处理的数据规模较小，并且硬件资源足够的情况下，我们很难发现内联函数的运算优势。

5.5 递 归

递归就是在程序开发过程中，函数调用自己的一种编程思路。使用递归编写代码可以大量减少程序的代码量，但是会提高系统资源的占用率。C++语言也支持递归。本节将详细讲解递归的相关内容。

5.5.1 什么是递归

递归来源于英文 recursion，可以翻译为递推、递归。递归就是将复杂的问题，按照特定规律，逐步简化的一个过程。递归由递推、终止条件、回溯及递归方式四部分组成。

- 递推：将复杂数据进行简化的过程。
- 终止条件：递推过程的终止界限。
- 回溯：将简化的所有数据进行回推的过程。
- 递归方式：递推与回溯过程中都需要遵循的简化数据和回推数据的规律。

下面以计算 4！（4 的阶乘）的值为例进一步讲解递归的思路。按照数学的解题思路，我们会将 4！转换为一个等式，然后计算 4！的值，如下所示。

```
4!=4*3*2*1
```

从数学解题思路中可以发现如下规律。

```
4！=4*3！
3！=3*2！
2！=2*1！
1！=1
```

如果使用变量 n 来代替数字，则可以转换为：

```
n=4    n！=n*(n-1)!
n=3    n！=n*(n-1)!
n=2    n！=n*(n-1)!
n=1    1！=1
```

所以，递归方式应该为 n！=n*(n−1)!。而数据递归的终止条件是 n=1。找到了递归方式与终止条件，下面对 4！进行递归处理。

首先，对数据进行递推简化处理。

- 第 1 次递推，将 4！拆分为 4*3！。此时 4 为最简单数据，3！为复杂数据。
- 第 2 次递推，将 3！拆分为 3*2！，此时 3 为简单数据，2！为复杂数据。
- 第 3 次递推，将 2！拆分为 2*1！，此时 2 为简单数据，1！为复杂数据。
- 第 4 次递推，将 1！拆分为 1*1，1 为最简单数据，符合终止递推过程的条件。

然后，开始回溯处理。

- 运算结果为 1*1=1，将 1 向上第 1 次回溯。
- 替换后为 2*1=2，将 2 向上第 2 次回溯。
- 替换后为 3*2=6，将 6 向上第 3 次回溯。
- 替换后为 4*6=24，此时，递归完成，计算出 4！的值为 24。

整个过程就是递归。为了更好地理解，我们用图 5.8 展示递归的过程。

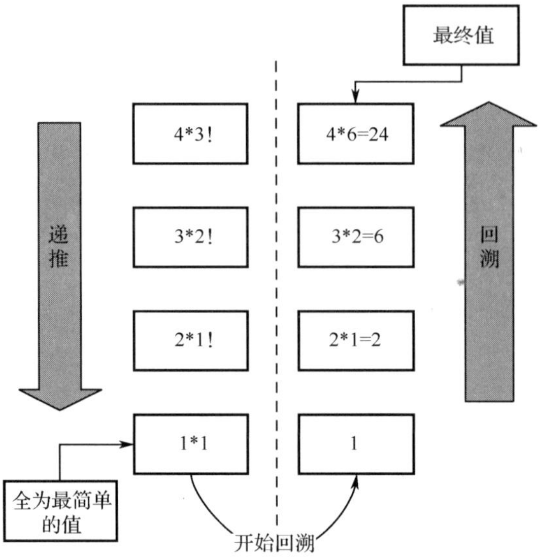

图 5.8　递归过程

5.5.2　递归的实现

C++语言使用递归是通过函数反复调用自身来实现的，这样做会大量节省代码，但是会增加运算量。其语法形式如下。

```
类型 函数名(类型 变量)
{
    if (终止条件)
    {
        return 终止条件的值;
    }
    else
    {
        return 递归方式函数( );
    }
}
```

其中，递归方式由调用自身的函数为基础组成，递推从调用自身的函数开始，回溯从终止条件的return 语句开始。

【示例 5-8】下面演示计算 10 的阶乘的值。

```
#include <iostream>
using namespace std;
int fact(int n)
{
    if (n == 1)
    {
        return 1;       //开始回溯
    }
    else
    {
```

```
        return n * fact(n - 1);        //开始递推
    }

}
int main()
{
    int a = 0;
    a = fact(10);
    cout << "10 的阶乘为" << a << endl;
    return 0;
}
```

程序运行结果如下。

```
10 的阶乘为 3628800
```

计算 10 的阶乘的递归过程如图 5.9 所示。

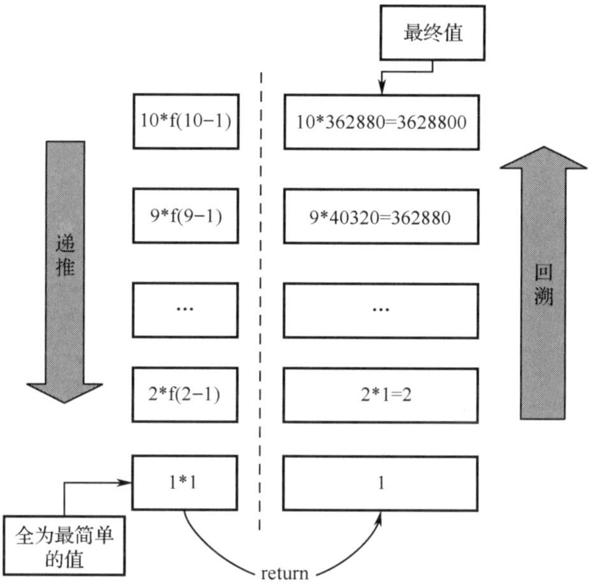

图 5.9 计算 10 的阶乘的递归过程

递归过程简单说就是一种化繁为简的过程，在编程语言中十分常见。一般而言，递归函数过程对于计算阶乘、级数、指数运算有特殊效果。

5.6 库 函 数

库函数是指 C++语言系统库中存放的系统函数。为了方便程序员提高效率，C++语言将很多常用的函数存放到各种系统库中，每种系统库中会存放不同种类的系统函数。如果有需求，程序员只需引入指定的系统库，然后直接使用对应函数即可。

C++系统将所有提供的系统函数的声明分类放在不同的文件（又称头文件）中。如果要使用对应库中的函数，首先要将对应的库引入，引入语法如下。

```
#include <文件名>
```

“#”在最前面，然后是 include，最后是一组尖括号（<>），尖括号中填写头文件的名字。

在引入头文件时，切记在结尾处不要加分号，因为引入库函数不是一个语句。

C++语言中提供了很多系统库，不同的编译器支持的系统库不同，常见系统库如表 5.1 所示。

表 5.1 常见系统库

系统库文件名	库函数功能
math.h	数学库函数
string	字符函数与字符串函数
iostream	输入/输出函数
graph	图形处理函数

在使用系统函数时，要确定函数所属的头文件，并且在调用函数时明确函数在定义时的参数类型与个数。在 MSDN 中对每个系统函数都提供了详细说明，如果用户对某个系统函数不了解，则可以翻阅 MSDN 帮助文档。

【示例 5-9】下面演示使用数学库函数中的求绝对值函数。

```
#include <iostream>
#include <math.h>        //引入系统库
using namespace std;

int main()
{
    int a = 0;
    int b = 0;
    cout << "请输入一个数，在屏幕上将输出它的绝对值" <<   endl;
    cin >> a;
    b = abs(a);     //求绝对值函数 abs()
    cout << a<<"的绝对值为" << b << endl;
    return 0;
}
```

程序运行结果如下。

```
请输入一个数，在屏幕上将输出它的绝对值
-100
-100 的绝对值为 100
```

5.7 小　　结

通过本章的学习，读者需要了解以下内容。

- 函数就是一段拥有名字的代码块，程序员可以通过这个名字调用对应的代码块。
- 无参函数就是不用传递参数的函数，这种函数一般只能实现固定的数据处理功能。
- 有参函数就是传递参数的函数，这种函数一般用于实现变量数据的处理。
- 内联函数就是将函数内嵌到主函数中，这样会加快函数的运行速度，从而提高代码运行效率。
- 递归就是在程序开发过程中，函数调用自己的一种编程思路。使用递归编写代码可以大量减少程序的代码量，但是会提高硬件的负担。

5.8 习 题

一、填空题

1．函数就是一段拥有命名的_____，程序员可以通过调用使用对应的函数。
2．函数根据是否带有参数可以分为_____函数与无参函数。
3．无参函数由_____、函数名、_____组成。
4．无参函数的调用语句由_____、小括号及分号组成。
5．有参函数由返回类型、函数名、0或多个_____、函数体组成。
6．有参函数的调用包括函数名、小括号和_____。
7．无返回值类型使用_____表示。
8．内联函数就是将函数_____到主函数中。
9．定义内联函数就是在定义函数前增加关键字_____。
10．库函数是指C++语言系统库中存放的_____函数。

二、选择题

1．下面代码的运行结果是（　　）。

```
#include <iostream>
using namespace std;
int m(int x, int y)
{
    static int c = 0;
    int d = 0;
    c = c + x + y;
    return c;
}
int main()
{
    int a = 1, b = 1, c = 0;
    c = m(a, b);
    cout << c << endl;
    c = m(a, b);
    cout << c << endl;
}
```

A．2 4	B．2 2	C．4 4	D．2 0

2．下面代码的运行结果是（　　）。

```
#include <iostream>
using namespace std;
void fun(int x, int y)
{
    x = y;
    y = x;
```

```
}
int main()
{
    int x = 5, y = 7;
    fun(x, y);
    cout << x << "," << y << endl;
}
```

A．5,7　　B．7,5　　C　7,7　　D．5,5

3．下面描述不正确的是（　　）。

A．调用函数时，实参可以是表达式

B．调用函数时，实参和形参可以共用内存单元

C．调用函数时，为形参分配内存单元

D．调用函数时，实参与形参的类型必须一致

4．下面代码的功能是（　　）。

```
int myabs(int a)
{
    if (a < 0)
    {
        return a = -(a);
    }
    else
    {
        return a = a;
    }
}
```

A．求绝对值　　B．求负数　　C．无法确定　　D．输出 a

5．关于 C++语言中的 return 语句正确的说法是（　　）。

A．只能在主函数中出现　　B．在每个函数中都必须出现

C．可以在一个函数中出现多次　　D．只能在除主函数之外的函数中出现

6．下面代码中 x 的值是（　　）。

```
#include <iostream>
using namespace std;
int main()
{
    int a = 1, b = 3, c = 5, d = 4, x;
    if (a < b)
        if (c < d)
            x = 1;
        else
            if (a < c)
                if (b < d)
                    x = 2;
                else
                    x = 3;
            else x = 6;
```

```
    else x = 7;
}
```

A．2　　B．3　　C．6　　D．7

7．下面的函数调用语句中含有（　　）个实参。

```
inta,b, c;
intsum(intx1, intx2) ;
…
total=sum(a, b),c);
```

A．2　　B．3　　C．4　　D．5

8．下面代码的运行结果是（　　）。

```
#include <iostream>
using namespace std;
void f(int* a, int* b)
{
    int t;
    t = *a;
    *a = *b;
    *b = t;
}
int main()
{
    int x = 3, y = 4;
    f(&x, &y);
    cout << x << "," << y << endl;
}
```

A．3,4　　B．4,3　　C．3,3　　D．4,4

三、编程题

在下面画横线的地方填上适当的代码，实现利用递归方法求 5!。

```
#include <iostream>
using namespace std;
int fact(int j)
{
    int sum;
    if (____________) {
        ____________;
    }
    else {
        sum =____________;
    }
    return sum;
}
int main()
{
    int i;
    for (i = 0; ____________;i++) {
        cout << i << "!" << "=" <<  ____________ << endl;
    }
}
```

第6章　数组与字符串

变量和常量都可以用于处理单一并独立存在的数据。这种数据之间的关系是松散的，如一个整数、一个字母等。实际应用中还有一种数据是以集合的形式存在的，如一个人的电话号码、列车的座位号码。这些数据都是以集合的形式存在的。C++语言为了处理这种集合数据，提供了数组与字符串。本章将详细讲解如何使用数组与字符串。

6.1　数组概述

在处理大量数据时，如果有一群数据，它们的数据类型相同、功能近似，则一个一个去指代和处理就会造成效率低下。这时，可以将这些同类型的数据放在一个集合中，然后给每个数据指定一个编号，再按照编号依次处理。

例如，读取一个班级的学生信息，可以按照学生的学号依次将学生信息放入集合中，这样在读取学生信息时，只需按照学生编号依次读取即可。

数组就是这种集合。数组将相同类型、关联的数据统一存储，并使用一个变量名指代这个存储空间。数组中的数据称为数组的元素。一个数组中的元素可以为一个也可以为多个。例如，将字符1、2、3、4、5存放在一个数组中，如图6.1所示。

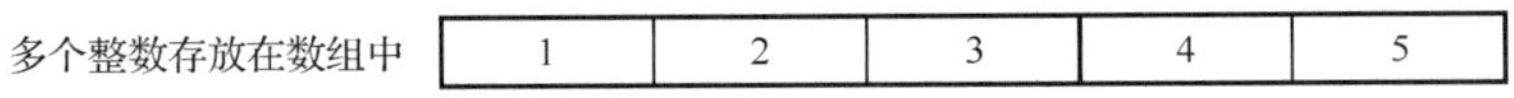

图6.1　存放多个字符的数组

数组在内存中是一个连续存储的空间。数组名用于保存数组这段连续存储空间的首地址。例如，假设存放整数的数组名为Number，其在内存中的存储方式如图6.2所示。

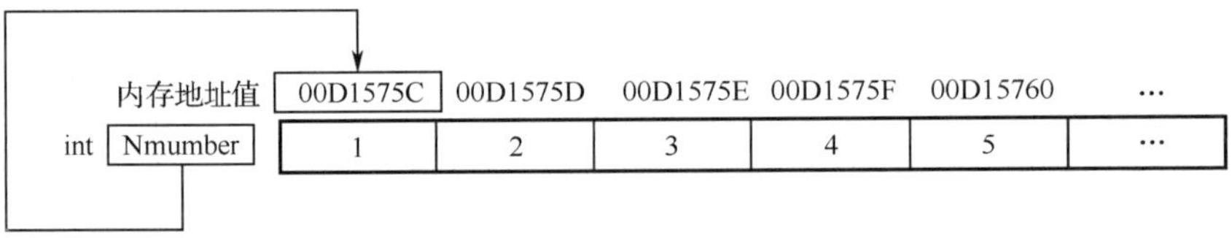

图6.2　数组Number的存储方式

其中，数组名变量Number指向的是数字1的地址，也就是整个数组存储空间的首地址。int标识存储在数组中的元素的类型。

在数组中，每个元素都会依次对应一个下标。如果想要访问数组中的某个元素，只需通过“数组名[下标]”的方式进行访问即可。

注意：数组的元素下标是从0开始而不是从1开始的。

6.2　一维数组

一维数组是最基础的数组形式。这就像一条锁链，每节锁链就是一个数组元素。本节将详细讲解如何使用一维数组。

6.2.1　一维数组的声明

一维数组的声明包含数据类型、数组名、中括号（[ ]）及常量表达式四部分，其语法形式如下。

```
数据类型 数组名[常量表达式]
```

其中，数据类型用于规定数组元素的类型；数组名需要符合标识符的命名规则；常量表达式规定数组的元素个数，也就是数组的长度，它只能是常量，不能使用变量，但是可以省略；中括号不能省略。

【示例 6-1】下面声明一个元素为整型、长度为 10 的数组 array。

```
int array[10];
```

6.2.2　一维数组的初始化

数组的初始化是指在声明数组时，对数组的元素进行赋值，其语法形式如下。

```
数据类型 数组名[常量表达式]={元素 1,元素 2, … ,元素 n}
```

【示例 6-2】下面声明并初始化一个元素为整型、长度为 10 的数组 array。

```
int array[10]={1,2,3,4,5,6,7,8,9,10};
```

如果初始化数组时，可用的数值的个数不够，可以使用 0 来替代，代码如下。

```
int array[10]={1,2,3,4,5,0,0,0,0,0};
int array2[5]={0,0,0,0,0,};
```

其中，用于替代的 0 也可以省略不写，代码如下。

```
int array[10]={1,2,3,4,5};
int array2[5]={ };
```

初始化数组的另外一种语法形式是省略常量表达式，不省略中括号。其语法形式如下。

```
数据类型 数组名[ ]={元素 1,元素 2, … ,元素 n}
```

【示例 6-3】下面声明并初始化一个元素为整型、长度由初始化的值决定的数组 array。

```
int array[ ]={1,2,3,4,5};
```

代码表示数组 array 的长度为 5，元素是 1、2、3、4、5。

在初始化数组元素时要注意，如果指定了数组的长度，则初始化时元素的个数不能超过数组的长度。

【示例 6-4】以下代码就是错误的初始化形式。

```
int array[3]={1,2,3,4,5};
```

代码中元素的个数超过了数组的长度，这样会造成溢出错误，提示“初始值设定项太多”。这种情况就像你的书包只能装 10 本书，但是你硬装了 20 本，此时你的书包要么被撑坏，要么书包无法闭合造成多余的书溢出。

6.2.3　访问一维数组元素

数组的每个元素都有一个编号，默认从 0 开始。访问数组中的元素就是通过元素的编号实现的。访问数组元素的语法由数组名、中括号及元素序列号组成，其语法形式如下。

```
数组名[元素序列号]
```

其中，元素序列号就是元素的编号，又称数组下标。每个元素对应一个下标。

【示例 6-5】下面实现访问数组 a 的第 3 个元素。

```
int a[]={1,2,3,4,5,6};
a[2];
```

数组 a 的下标值从 0 开始，所以数组的第 3 个元素的下标为 2，即数字 3。数组 a 的元素与下标如图 6.3 所示。

int a[ ]	1	2	3	4	5	6
访问元素	a[0]=1	a[1]=2	a[2]=3	a[3]=4	a[4]=5	a[5]=6

图 6.3　数组 a 的元素与下标

【示例 6-6】下面声明一个数组，并输出数组中的元素。

```
#include <iostream>
using namespace std;
int main()
{
    int array[] = { 1,2,3,4,5 };
    for (int i = 0; i < 5; i++)
    {
        cout << "数组的第"<<i+1<<"个元素的值为:"<<array[i] << endl;
    }
    return 0;
}
```

程序运行结果如下。

```
数组的第 1 个元素的值为:1
数组的第 2 个元素的值为:2
数组的第 3 个元素的值为:3
数组的第 4 个元素的值为:4
数组的第 5 个元素的值为:5
```

从运行结果中可以看出，使用数组名和下标的组合就可以访问数组中的元素值，并且数组的下标是从 0 开始的。

注意：*在使用 for 循环等语句读取数组元素时一定要注意下标的起始值及循环的次数问题。*

6.3 二维数组

二维数组比一维数组多一个维度。本质上，二维数组就是由多个一维数组组成的。这时，访问二维数组中的每个元素都需要两个下标。本节将详细讲解二维数组的声明、初始化与访问元素的相关内容。

6.3.1 二维数组的声明

二维数组的声明包含数据类型、数组名、常量表达式 1 及常量表达式 2 四部分，其语法形式如下。

```
数据类型 数组名[常量表达式 1][常量表达式 2]
```

其中，数据类型用于定义数组的每个最小元素的类型；数组名是指二维数组的名称，需要符合标识符的命名规则，数组名指代二维数组的首地址；常量表达式 1 用于定义二维数组的元素个数，在二维数组中的每个元素都等同于一个单独的一维数组，一个一维数组就是一个元素；常量表达式 2 用于定义元素的逻辑结构，也就是规定每个元素（一维数组）中包含几个子元素。

简单理解就是，常量表达式 1 可以规定有几排房子（几个一维数组），常量表达式 2 可以规定每排房子中有几户（每个一维数组中有几个元素）。

常量表达式 1 与常量表达式 2 的乘积就是二维数组的长度。

【示例 6-7】下面定义一个二维数组 a。

```
int a[2][3];
```

二维数组 a 的结构示意图如图 6.4 所示。

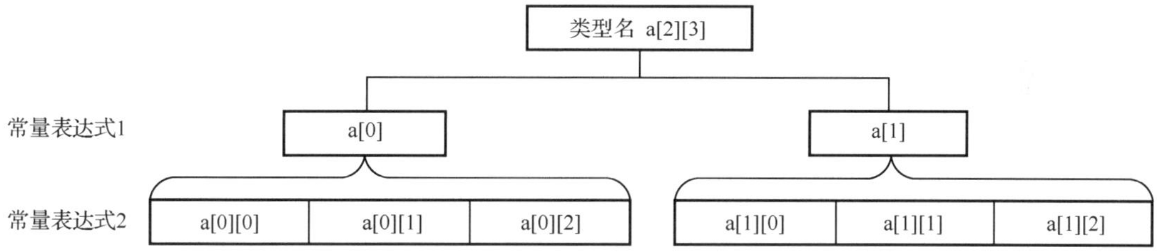

图 6.4 二维数组 a 的结构示意图

二维数组 a[2][3]表示二维数组变量 a 有两个一维数组元素，并且每一维数组元素中有 3 个子元素，数组长度为[2]*[3]等于 6。

6.3.2 二维数组的初始化

初始化二维数组的语法形式如下。

```
类型名 数组名[常量表达式 1][常量表达式 2]={元素 1,元素 2, … ,元素 n}
```

其中，初始化部分与一维数组相同，如果数值的个数不够，自动用 0 进行赋值。如果数组的类型为字符类型，就用'\0'进行填充。

例如，定义一个数组 a，该数组有两个元素，每个元素中有 4 个基类型元素。用数字 0～5 对数组 a 进行初始化，如果数值不够赋值直接用 0 补全，代码如下。

```
int a[2][4]={0,1,2,3,4,5,0,0};
```

其中，用 0 补全的元素可以省略不写，但是，数组的长度仍然为 8，代码如下。

```
int a[2][4]={0,1,2,3,4,5};
```

初始化数组的另外一种语法形式会用到大括号，将两个元素进行分割赋值，其语法形式如下。

```
数据类型 数组名[常量表达式 1][常量表达式 2]={值 1,…,值 n},{值 1,…,值 n},…,{值 1,…,值 n}
```

这种初始化语法中使用了大括号（{}），这样每个元素都用一个大括号进行分割，大括号中是子元素，大括号之间用逗号连接。这样能清楚地看出二维数组元素的个数及子元素。

例如，定义一个二维数组 b，用数字 1～8 对数组 b 进行初始化，代码如下。

```
int b[2][4]={{1,2,3,4},{5,6,7,8}};
```

通过大括号分割，可以直观地看出数组 b 有两个元素，每个元素中有 4 个子元素。数组的长度为 8。

基于使用大括号为二维数组赋值的基础，还可以通过直接初始化来决定数组的维度大小。

例如，定义一个二维数组 b，用数字 1～8 对数组 b 进行初始化，但是省略常量表达式，代码如下。

```
int b[ ][ ]={{1,2,3,4},{5,6,7,8}};
```

数组 b 的长度为 8。这种初始化语法中省略了两个常量表达式，然后根据初始化的元素个数与子元素的个数来直接确定二维数组的维度大小。

6.3.3 访问二维数组元素

二维数组中的每个最小元素都有两个下标值，就如同楼号和单元号的关系一样，比如通过两个值 5 号楼、2 单元就能确定小 A 所住的楼号和单元号。

访问二维数组是指访问数组中的所有子元素。访问二维数组的方式为数组名+两个下标。二维数组中每个子元素都会对应两个下标。例如，二维数组 a[2][3]的子元素如图 6.5 所示。

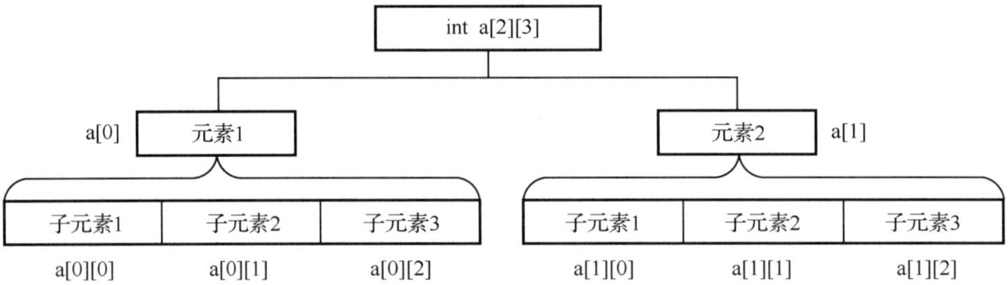

图 6.5　二维数组 a[2][3]的子元素

从图中可以看到，我们可以通过改变下标，轻松地访问二维数组中所有的元素及子元素。

例如，使用数组名+两个下标输出数组 a 的所有子元素，数组初始化代码如下。

```
int a[3][4]={{1,2,3,4},{5,6,7,8},{9,10,11,12}};
```

二维数组 a[3][4]的结构示意图如图 6.6 所示。

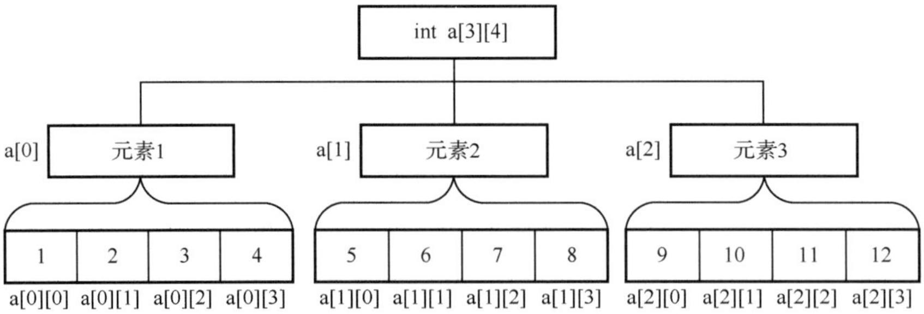

图 6.6　二维数组 a[3][4]的结构示意图

从图中可以看出，二维数组可以分为两层，第 1 层是元素层（几栋楼），包含 3 个元素（3 栋楼）；第 2 层是子元素层（几个单元），每个元素包含 4 个子元素（4 个单元）。

所以，想要遍历所有的子元素，需要使用两层 for 循环，第 1 层 for 循环进入元素层，第 2 层 for 循环进入子元素层；并使用变量 i 表示数组的第 1 个下标的值，使用变量 j 表示数组的第 2 个下标的值。

【示例 6-8】下面使用双层 for 循环读取二维数组的所有子元素。

```
#include <iostream>
using namespace std;

int main()
{
    int a[3][4] = { {1,2,3,4},{5,6,7,8},{9,10,11,12} };//3 栋楼，每栋楼 4 个单元
    cout<<"数组的所有子元素为："<<endl;
    for (int i = 0; i < 3; i++)
    {
        for (int j = 0; j < 4; j++)
        {
            cout<< a[i][j] << " " ;
        }
        cout << endl;//每读取完一组子元素，输出一次换行
    }
    return 0;
}
```

程序运行结果如下。

```
数组的所有子元素为：
1 2 3 4
5 6 7 8
9 10 11 12
```

代码中通过外层 for 循环的第 1 次循环进入第 1 个元素（第 1 栋楼）；然后通过内层 for 循环依次读取子元素并进行输出（读取每个单元）；最后，返回外层 for 循环，开始第 2 次外层循环，进入第 2 个元素（第 2 栋楼）。依次类推，遍历整个二维数组，代码运行过程如图 6.7 所示。

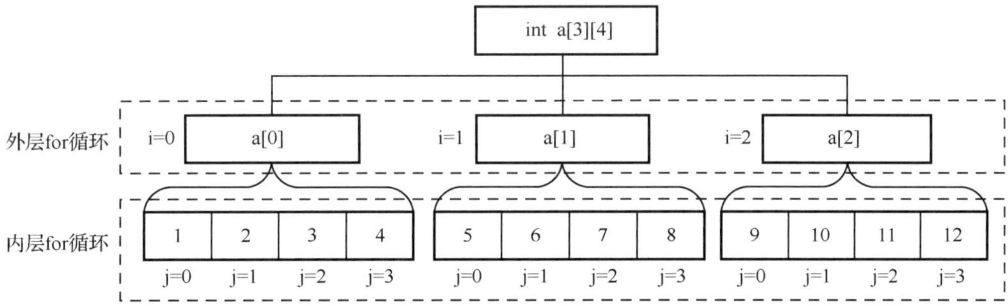

图 6.7　代码运行过程

注意：使用数组名+两个下标的形式也可以对二维数组的元素进行初始化。

【示例 6-9】下面使用数组名+两个下标的形式初始化数组的元素。

```
#include <iostream>
using namespace std;
int main()
{
    int a[3][4] = { };
```

```
    cout<<"为数组的所有子元素赋值"<<endl;

    for (int i = 0; i < 3; i++)
    {
        for (int j = 0; j < 4; j++)
        {
            a[i][j] =i;
        }
    }
    cout << "数组的所有子元素为: "
    for (int i = 0; i < 3; i++)
    {
        for (int j = 0; j < 4; j++)
        {
            cout << a[i][j] << " ";
        }
    }
    return 0;
}
```

程序运行结果如下。

```
为数组的所有子元素赋值
数组的所有子元素为：0 0 0 0 1 1 1 1 2 2 2 2
```

6.4 多维数组

多维数组是指维度超过二维的数组，即多维数组的元素是由多个数组组成的。简单理解多维数组，就是每多一个维度，就增加一层数据。

以楼房为例进行说明，三维数组是指一栋楼或多栋楼，每栋楼有一个或多个单元，每个单元中有一户或多户。一共三个层次，也就是三个维度。

四维数组是指再增加一个维度，即每户房间中又分为几个家庭。五维数组是指再增加一个维度，即每个家庭又分为几个人，依次类推。

多维数组的声明语法如下。

```
数据类型 数组名[常量表达式 1][常量表达式 2]… [常量表达式 n]
```

其中，数据类型是指定最小元素的数据类型；数组名是指多维数组的名称；常量表达式用于指定所在维度的元素个数。

常量表达式 n 中 n 的值决定了数组的维度，如果 n 为 3，则该数组为三维数组；如果 n 为 4，则该数组为四维数组，依次类推。

多维数组的长度为所有下标常量表达式的乘积。例如，定义一个多维数组 a，代码如下。

```
int a[2][2][2];
```

多维数组 a 的结构示意图如图 6.8 所示。

图中多维数组有三个常量表达式，所以为三维数组。常量表达式 1 的值为 2，所以数组 a 有两个元素。数组长度为[常量表示 1]*[常量表示 2]*[常量表示 3]，即 2*2*2 等于 8。

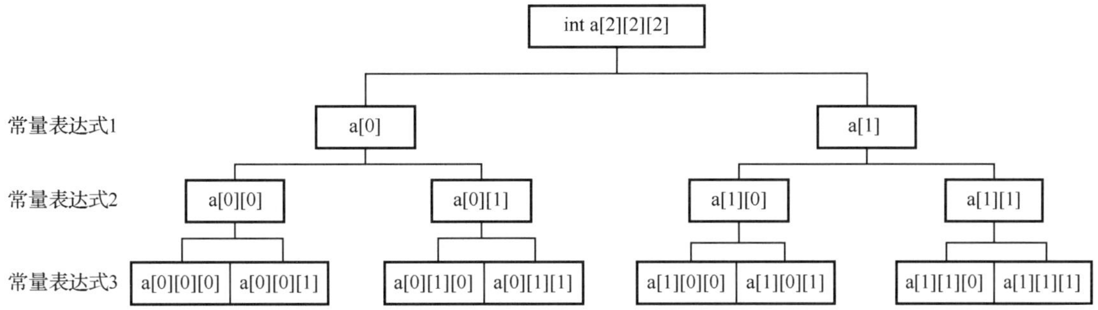

图 6.8　多维数组 a 的结构示意图

多维数组的初始化方式与二维数组一致，只是在初始化时根据维度，多套用几层大括号即可。例如，声明一个四维数组，代码如下。

```
int b[3][2][3][3];
```

初始化多维数组 b 的代码如下。

```
int
b[3][2][3][3]={{{{1,2,3},{1,2,3},{1,2,3}},{{1,2,3},{1,2,3},{1,2,3}}},{{{1,2,3},{1,2,3},{1,2,3}},{{1,2,3},{1,2,3},{
1,2,3}}},{{{1,2,3},{1,2,3},{1,2,3}},{{1,2,3},{1,2,3},{1,2,3}}}};
```

多维数组的使用方式与二维数组一致，都是使用数组中的最小元素。

【示例 6-10】使用数组名+n 个下标的方式访问数组的最小元素。其中，n 的数量由数组的维度决定。

```
#include <iostream>
using namespace std;
int main()
{
    int a[3][4][2] = { {{1,2},{3,4},{5,6},{7,8}},{{9,1},{2,3},{4,5},{6,7}},{{8,9},{1,2},{3,4},{5,6}} };
    cout<<"数组的所有孙元素为："<<endl;
    for (int i = 0; i < 3; i++)
    {
        for (int j = 0; j < 4; j++)
        {
            for (int k = 0; k < 2; k++)
            {
                cout<< a[i][j][k]<<" ";
            }
            cout << endl;
        }
        cout << endl;
    }
    return 0;
}
```

程序运行结果如下。

```
数组的所有孙元素为：
1 2
3 4
5 6
7 8
```

```
91
23
45
67

89
12
34
56
```

注意：代码输出的“孙元素”，即子元素的子元素，为三维数组的最小元素。如果是四维数组，则最小元素可以称为“重孙元素”，取名字是为了更好地理解和表达。

6.5 C 风格字符串

在处理单个字符时，可以使用 char 字符类型；当处理一串字符时，就需要使用字符串。本节将讲解如何使用字符串。

6.5.1 字符数组

字符数组是指数组中的每一个元素都只存放一个 char 类型数据。声明一个字符数组与声明整型数组一样，代码如下。

```
char str[5];
```

上面定义了一个字符数组 str，其有 5 个元素。对其进行初始化就是将字符依次添加到数组中，代码如下。

```
char str[5]={'a','b','c','d','e' };
```

如果字符数组的初始值个数小于字符数组长度，其余的元素自动定为空，即‘\0’。字符数组和其他数组一样，直接赋初始值，可以根据初始值个数确定数组长度，代码如下。

```
char str[ ]={'a','b','c','d','e' };
```

表示字符数组 str 的长度为 5。

6.5.2 字符串

字符串是特殊的字符数组。与普通字符数组不同的是，字符串在结尾处有一个字符\0，表示字符串的结束。字符串用双引号进行标记，例如，字符串“abcd”表示一个字符串，其存储形式如图 6.9 所示。

a	b	c	d	\0

图 6.9 字符串存储形式

说明：字符串的结束标志不需要专门写入，编译器会自动在后面追加。

字符数组可以直接使用一个字符串对其进行初始化。例如，用一个由 3 个字符组成的字符串初始化一个字符数组。

```
char str[] = "abc"
```

这样，系统自动把字符数组长度定为4，因为字符串在系统中会自动添加一个\0的字符。

注意：字符串只能在初始化时给字符数组赋值，其他地方，只能对字符数组的元素单独进行赋值。

字符串相对于字符的优势主要体现在其输入/输出和数组的初始化上。字符串可以直接为数组初始化，并且可以直接进行输入和输出，不需要借助for语句循环输出。

【示例6-11】下面声明一个字符串数组，并输入/输出字符串。

```
#include <iostream>
using namespace std;
int main()
{
    char a[10] = {};
    char b[ ] = "abcd";
    cout<<"数组b的所有元素为："<<b<<endl;
    cout << "数组b的长度为：" << sizeof(b) << endl;//获取数组的长度
    cout << "请输入一串字符" <<endl ;
    cin >> a;
    cout << "数组a的所有元素为：" << a << endl;
    return 0;
}
```

程序运行结果如下。

```
数组b的所有元素为：abcd
数组b的长度为：5
请输入一串字符
132abc123
数组a的所有元素为：132abc123
```

从运行结果中可以看出，字符串数组的长度会比可见的字符长度多1。另外，在初始化、输入与输出的方式上，字符串要比字符数组更加便捷和高效。

6.5.3 特殊的字符串结束符

在C++中，系统会在字符串结尾添加一个结束符\0，而字符数组如果初始化后有空余空间，其后系统也自动添加\0。

\0在ASCII码表中代表的是0的字符，0字符是一个不可显示的字符，是一个空操作符，只起到供判别结尾的作用。

只有添加了结束符标志\0，系统才能知道字符串的结束位置。在输出字符串时，系统每输出一个字符就检查下一个字符是否是\0，如果遇到\0就停止输出。

注意：\0不是空格，空格在ASCII码中值为32。

6.5.4 字符串处理函数

字符串的赋值、比较和连接等都需要使用系统提供的库函数来完成。标准头文件cstring提供了很多相关函数的声明，常用的字符串处理函数如表6-1所示。

表 6-1　常用的字符串处理函数

操　作	函 数 原 型	备　注
取得字符串的长度	size_t strlen(数组名)	不包括空字符
复制字符串	char* strcpy(目标数组名,源数组名)	目标数组元素个数应不小于源数组中的元素个数
字符串相等比较	int strcmp(数组名 1,数组名 2)	数组 1 和数组 2 相等则返回 0；如果数组 1 小于数组 2，返回一个负数；否则，返回一个正数
将小写字母都转换为大写字母	char* strupr(数组名)	
连接两个字符串	char* strcat (数组名 1,数组名 2)	在字符数组 1 后接上字符数组 2

字符串比较大小，实际就是比较字符串的 ASCII 码，将两个字符串中的字符从左到右依次比较，根据当前字符特性将字符按照字典顺序逐一进行比较。排序靠前的字符小，遇到不相等的字符就按这个位置上的两个字符的比较结果确定两个字符串的大小。

注意：在新标准中 strcat()函数需要写成 strcat_s( )，strupr()函数需要写成_strupr_s()，这样会让函数更加安全。

【示例 6-12】比较两个输入的字符串，如果相等就连接在一起转换为大写并输出。

```
#include <iostream>
using namespace std;
int main()
{
        char a[22] ;
        char b[12] ;
        do
        {
                cout << "请输入一串字符，最多 11 个字符" << endl;
                cin >> a;
                cout << "请重复输入刚才的字符串" << endl;
                cin >> b;
                if (strcmp(a, b) != 0)
                {
                        cout << "两次输入的字符串不相同，请重新输入" << endl;
                }
        } while (strcmp(a, b) != 0);
        cout << "两次输入的字符串相同" << endl;
        strcat_s(a, b); //连接字符串
        cout << "连接后的字符串为：" << a << endl;
        _strupr_s(a);//将字符串转换为大写字母
        cout << "最终字符串为："<< a << endl;
        return 0;
}
```

程序运行结果如下。

```
请输入一串字符，最多 11 个字符
abcdef
请重复输入刚才的字符串
abcdef
```

```
两次输入的字符串相同
连接后的字符串为：abcdefabcdef
最终字符串为：ABCDEFABCDEF
```

从运行结果中可以看出，通过函数可以实现很多字符串的常用操作。

6.6　字符串类

为了更好地处理字符串数据，C++语言引入了 string 类，也就是字符串内置类。在头文件中添加该类后，可以让字符串以一种数据类型进行处理。string 类处理起字符串来会方便很多，完全可以代替 C 语言中的字符数组或字符串指针。

6.6.1　字符串的声明和初始化

使用 string 类需要包含头文件<string>，字符串类型的声明方式与普通变量的声明方式相同，其语法形式如下。

```
string 变量名
```

例如，声明一个字符串 s 的代码如下。

```
string s;
```

声明变量后需要对变量进行初始化，初始化的方式共有四种。

（1）声明时系统为变量赋默认值，语法如下。

```
string 字符串名;
```

（2）声明时为变量赋值，语法如下。

```
string 字符串名="字符串";
```

（3）使用字符串变量为字符串变量赋值，语法如下。

```
string 字符串名 1=字符串名 2;
```

（4）使用参数设置初始值，语法如下。

```
string s(长度,初始值);
```

【示例 6-13】下面使用这四种方式，依次声明字符串变量，并输出它们的值。

```
#include <iostream>
#include <string>
using namespace std;
int main()
{
    string s1;
    string s2 = "abcdef";
    string s3 = s2;
    string s4(5,'a');
    cout << "s1 的值为：" << s1 << endl;
    cout << "s2 的值为：" << s2 << endl;
    cout << "s3 的值为：" << s3 << endl;
    cout << "s4 的值为：" << s4 << endl;
    return 0;
}
```

程序运行结果如下。

```
s1 的值为：
s2 的值为：abcdef
s3 的值为：abcdef
s4 的值为：aaaaa
```

6.6.2 字符串的键盘输入和输出

string 类重载了输入/输出运算符，可以像对待普通变量那样对待 string 变量，也就是用输入运算符“>>”进行输入，用输出运算符“<<”进行输出。

```
#include <iostream>
#include <string>
using namespace std;
int main()
{
    string s;
    cout << "请输入你的名字" << endl;
    cin >> s;
    cout << "你的名字为：" << s << endl;
    return 0;
}
```

程序运行结果如下。

```
请输入你的名字
小明
你的名字为：小明
```

注意：关于运算符重载的知识可以在后面的章节中学习，这里知道输入/输出运算符可以直接输入/输出字符串类生成的变量即可。

6.6.3 获取字符串长度

获取字符串长度需要使用 string 类提供的 length()函数。通过对字符串长度的获取可以限制或提示用户字符串长度是否超过标准。例如，在填写密码时会要求字符串最少 6 位，最多 20 位。调用 length()函数的语法形式如下。

```
字符串变量名.length();
```

【示例 6-14】通过对字符串长度的判断帮助用户设置登录密码。

```
#include <iostream>
#include <string>
using namespace std;
int main()
{
    string s;
    char r;
    do
    {
        D:
        cout << "请输入你的密码，最少 6 位，最多 20 位" << endl;
```

```
        cin >> s;
        if (s.length() < 6 || s.length() > 20)
        {
            cout << "你输入的密码与要求不符请重新输入"<< endl;
        }

    } while (s.length() < 6 || s.length() > 20);

    cout << "你输入的密码为：" << s <<endl;
    cout << "请确认是否正确，正确输入 Y，错误输入 N" <<    endl;
    cin >> r;
    if (r=='y'||r=='Y')
    {
        cout << "恭喜你密码设置完成" << endl;
    }
    else
    {
        cout << "密码设置错误请重新输入" << endl;
        goto D;
    }
    return 0;
}
```

程序运行结果如下。

```
请输入你的密码，最少 6 位，最多 20 位
12345
你输入的密码与要求不符请重新输入
请输入你的密码，最少 6 位，最多 20 位
12345678901234567890123
你输入的密码与要求不符请重新输入
请输入你的密码，最少 6 位，最多 20 位
123456789
你输入的密码为：123456789
请确认是否正确，正确输入 Y，错误输入 N
n
密码设置错误请重新输入
请输入你的密码，最少 6 位，最多 20 位
1234567890
你输入的密码为：1234567890
请确认是否正确，正确输入 Y，错误输入 N
y
恭喜你密码设置完成
```

6.6.4　获取字符串中的字符

字符串也可以像字符数组变量一样，使用下标读取字符串中的每一个字符。下标的起始值也是从 0 开始的。

【示例 6-15】读取字符串中的字符并输出。

```
#include <iostream>
#include <string>
using namespace std;
int main()
{
    string s="abcdefg";
    for (int i = 0; i < s.length(); i++)
    {
        cout << s[i] << endl;
    }
    return 0;
}
```

程序运行结果如下。

```
a
b
c
d
e
f
g
```

6.6.5 字符串拼接

字符串拼接就是将一个字符串连接到另外一个字符串后面，组成一个新的字符串。在 C 语言风格的字符串处理中需要用到函数，在 C++语言中可以直接使用运算符“+”和“+=”拼接字符串。

运算符“+”和“+=”的两边可以为字符串，或者一边为字符串，另外一边为字符数组或字符。

【示例 6-16】拼接两个字符串或字符串数组。

```
#include <iostream>
#include <string>
using namespace std;
int main()
{
    char i = 'a';
    char j[] = "bcd";
    const char* k = "efg";
    string l = "hijk";
    cout << l + i<< endl;
    cout << l + j << endl;
    cout << l + k << endl;
    l += i;
    cout << l<< endl;
    l += j;
```

```
    cout << l << endl;
    l += k;
    cout << l << endl;
    return 0;
}
```

程序运行结果如下。

```
hijka
hijkbcd
hijkefg
hijka
hijkabcd
hijkabcdefg
```

6.6.6　字符串插入函数 insert()

insert()函数可以在 string 字符串中指定的位置插入另一个字符串，其语法形式如下。

```
字符串名. insert(参数 1,参数 2);
```

【示例 6-17】使用 insert()函数将其他字符串插入到字符串 S 的指定位置。

```
#include <iostream>
#include <string>
using namespace std;
int main()
{
    char j[] = "bcd";
    const char* k = "efg";
    string s = "hijk";
    s.insert(2, j);
    cout << s << endl;
    s.insert(1, k);
    cout << s << endl;
    return 0;
}
```

程序运行结果如下。

```
hibcdjk
hefgibcdjk
```

6.6.7　字符串删除函数 erase()

erase()函数可以删除 string 中的一个子字符串。子字符串是指字符串中的一部分。其语法形式如下。

```
字符串名.erase(参数 1,参数 2);
```

【示例 6-18】使用 erase()函数删除指定的字符串。

```
#include <iostream>
#include <string>
using namespace std;
```

```
int main()
{
    string s = "12345678";
    string s2 = s;
    string s3 = s;
    s.erase(); //不指定参数全部删除
    cout << "不指定参数全部删除后 s 的值为："<< s << endl;
    s2.erase(2, 3);//从下标为 2 的地方开始向后删除 3 个字符
    cout << "从下标为 2 的地方开始向后删除 3 个字符后 s 的值为：" << s2 << endl;
    s3.erase(2);//从下标为 2 的地方开始向后删除全部字符
    cout << "不指定参数 2，从下标为 2 的地方开始向后删除全部字符后 s 的值为：" << s3 << endl;
    return 0;
}
```

程序运行结果如下。

```
不指定参数全部删除后 s 的值为：
从下标为 2 的地方开始向后删除 3 个字符后 s 的值为：12678
不指定参数 2，从下标为 2 的地方开始向后删除全部字符后 s 的值为：12
```

6.6.8　提取字符串函数 substr()

字符串提取是指从一长串字符中提取指定的一段字符。例如，从个人信息中提取电话号码。substr()函数用于从 string 字符串中提取子字符串，其语法形式如下。

```
字符串名.substr(参数 1, 参数 2);
```

【示例 6-19】从个人信息中提取电话号码并输出。

```
#include <iostream>
#include <string>
using namespace std;
int main()
{
    string s = "王五,汉族,12345678901";
    string phone;
    phone = s.substr(10, 11);
    cout << "字符串 S 的长度为：" << s.length() << endl;
    cout << "电话为：" << phone << endl;
    return 0;
}
```

程序运行结果如下。

```
字符串 S 的长度为：21
电话为：12345678901
```

注意：因为汉字会占两个字符，所以在指定起始位置时要小心。

6.6.9　字符串查找

字符串查找主要用于查找字符串中指定字符的位置。字符串查找一共有三个函数，接下来进行详细讲解。

1. find()函数

find()函数用于查找子字符串在指定字符串中出现的位置，其语法形式如下。

```
字符串名.find(参数 1,参数 2);
```

【示例 6-20】在字符串 s 中查找字符串 s2 和 s3 的下标位置。

```
#include <iostream>
#include <string>
using namespace std;
int main()
{
    string s = "one tow three";
    string s2="tow";
    string s3 = "four";
    int w = 0;
    w = s.find(s2, 1);
    cout << "字符串 s2 在字符串 s 中的下标位置为：" <<w << endl;
    w = s.find(s3, 1);
    cout << "字符串 s3 在字符串 s 中的下标位置为：" << w << endl;
    return 0;
}
```

程序运行结果如下。

```
字符串 s2 在字符串 s 中的下标位置为：4
字符串 s3 在字符串 s 中的下标位置为：-1
```

从运行结果中可以看出，当没有查找到指定字符串时，返回的值为-1。

2. rfind()函数

rfind()函数的作用也是在字符串中查找子字符串，其语法形式如下。

```
字符串名.rfind(参数 1,参数 2);
```

【示例 6-21】使用 rfind()函数查找指定字符串 s2 的位置。

```
#include <iostream>
#include <string>
using namespace std;
int main()
{
    string s = "one tow three tow";
    string s2="tow";

    int w = 0;
    w = s.rfind(s2, s.length());
    cout << "出现两次字符串会返回最后一次的字符串位置为：" <<w << endl;
    w = s.rfind(s2, 1);
    cout << "查询位置截至 s 字符串下标为 1 的地方，查询结果为：" << w << endl;
    w = s.rfind(s2, 10);
    cout << "查询位置截至 s 字符串下标为 10 的地方，查询结果为：" << w << endl;
    return 0;
}
```

程序运行结果如下。

```
出现两次字符串会返回最后一次的字符串位置为：14
查询位置截至 s 字符串下标为 1 的地方，查询结果为：-1
查询位置截至 s 字符串下标为 10 的地方，查询结果为：4
```

从运行结果中可以看出，参数 2 指定的是查找的截止位置下标值。并且如果在字符串中多次出现指定字符串，则只显示最后一次出现该字符串的位置。

3. find_first_of()函数

find_first_of()函数在字符串 1 中查找与字符串 2 中任意元素相匹配的第一个元素的位置，其语法形式如下。

```
字符串名. find_first_of (要查找的字符串名);
```

【示例 6-22】查找两个字符串首次出现相同字符的下标位置。

```
#include <iostream>
#include <string>
using namespace std;
int main()
{
    string s   = "one tow three tow";
    string s2 = "tow";
    int w = s.find_first_of(s2);
    cout << "两个字符串首次出现相同字符在字符串 s 中的下标位置为：" << w << endl;
    return 0;
}
```

程序运行结果如下。

```
两个字符串首次出现相同字符在字符串 s 中的下标位置为：0
```

从运行结果中可以看出，字符串 s 与字符串 s2 首次相同的字符为“o”。字符“o”在字符串 s 中首次出现的位置的下标为 0。

6.7 小　结

通过本章的学习，读者需要了解以下内容。

- 数组是指将相同类型、关联的数据统一存储，并使用一个变量名指代这个存储空间。数组中的数据称为数组的元素。一个数组中的元素可以为一个也可以为多个。
- 一维数组的声明包含数据类型、数组名、中括号及常量表达式四部分。
- 二维数组比一维数组多一个维度，本质上二维数组就是由多个一维数组组成，在二维数组中访问每个最小元素都需要两个下标才能完成。
- 多维数组是指维度超过二维的数组，即多维数组的元素是由多个数组组成的。简单理解多维数组，就是每多一个维度，就增加一层数据。
- 字符数组是指数组中的每一个元素都只存放一个 char 类型数据。
- 字符串是特殊的字符数组。与普通字符数组不同的是，字符串在结尾处有一个字符\0，表示字符串的结束。字符串用双引号进行标记。
- C++语言引入了 string 类，也就是字符串内置类，用来对字符串进行处理。

6.8 习　　题

一、填空题

1．数组将_____类型、关联的数据统一存储，并使用一个_____名指代这个存储空间。
2．数组名用于保存数组这段连续存储空间的_____。
3．一维数组的声明包含_____、数组名、中括号以及_____四部分。
4．二维数组中访问每个最小元素需要使用_____个下标才能完成。
5．字符数组是指数组中的每一个元素都只存放一个_____类型数据。
6．C++语言中字符串内置类是_____。

二、选择题

1．下面代码的运行结果是（　　）。

```
#include <iostream>
using namespace std;
int main()
{
	char s[20] = "everyday", i;
	for (i = 0;i < 5;i++)
	{
		cout << s[i];
	}
	return 0;
}
```

A．every　　B．ever　　C．everyday　　D．程序有误

2．下列语句不正确的是（　　）。

A．int a[]={1,2,3};　　B．int a[5]={1,2,3};
C．int a[];　　D．int a[5];

3．下面能对一维数组 a 进行初始化的语句是（　　）。

A．int a[5]=(0,1,2,3,4,)　　B．int a(5)={}
C．int a[3]={0,1,2}　　D．int a{5}={10*1}

4．下面代码的运行结果是（　　）。

```
#include <iostream>
using namespace std;
int main()
{
	int x[5], i;
	for (i = 0;i < 5;i++) {
		x[i] = 2 * i + 1;
	}
	for (i = 0;i < 5;i++)
	{
		cout << x[i];
```

```
    }
    return 0;
}
```

A．13579　　B．02468　　C．0246　　D．程序有误

5．C 语言中，数组名代表（　　）。

A．数组全部元素的值　　B．数组首地址

C．数组第一个元素的值　　D．数组元素的个数

6．对以下说明语句的正确理解是（　　）。

```
int a[10]={6,7,8,9,10};
```

A．将 5 个初值依次赋给 a[1]～a[5]

B．将 5 个初值依次赋给 a[0]～a[4]

C．将 5 个初值依次赋给 a[6]～a[10]

D．因为数组长度与初值的个数不相同，所以此语句不正确

三、编程题

1．在下面画横线的地方填上适当的代码，对数组中的元素从小到大进行排序。

```
#include <iostream>
using namespace std;
int main()
{
    int x[10] = { 7,0,8,1,2,4,3,6,5,9 };
    int i, j, k;
    for (i = 0;i < 9;i++)
    {
        for (j = 9;j > i;j--)
            if (____________)
            {
                ____________;
                x[i] = x[j];
                ____________;
            }
    }
    for (i = 0;i < 10;i++)
        cout << x[i]<< endl;
    return 0;
}
```

2．在下面画横线的地方填上适当的代码，实现如图 6.10 所示的斐波那契数列。

1	1	2	3	5
8	13	21	34	55
89	144	233	377	610
987	1597	2584	4181	6765

图 6.10　斐波那契数列

```
#include <iostream>
#include <iomanip>
```

```
using namespace std;
int main()
{
    int fab[20] = { 1,1 };
    for (int i = 2; i < 20; i++)
    {
        fab[i] = ____________;
    }
    for (int j = 0; j < 20; j++)
    {
        if (____________ == 0)
        {
            cout << endl;
        }
        cout << setw(10) << ____________;
    }
    return 0;
}
```

第 7 章　指针与引用

指针是一种特殊的变量。特殊之处在于，它指代一个地址，该地址标识内存的一个存储单元。而引用跟原来的变量实质上是同一个东西，只不过是原变量的一个别名而已。本章将讲解指针与引用的相关内容。

7.1　指 针 概 述

计算机在处理数据时，内存会以一个个字节的单位读取数据到内存中。每个字节都可以抽象理解为一个小方格。这样内存就会有很多小方格，每个方格中存放不同的数据。不同的数据会占用不同大小的内存空间。为了直接操作这些内存空间，C++提供了指针。本节将讲解地址、指针的数据类型、指针的定义及初始化等内容。

7.1.1　什么是地址

计算机的内存会以字节为单位划分多个存储空间，每个存储空间都默认设置一个位置编号。这个位置编号就是地址，编号的具体值就是地址值。

注意：地址值并不是实际存在的，所以它不会占用内存空间。地址值的长度会根据系统及编译器的位数确定。在 64 位编译器中，地址值是 16 位的十六进制数，而 32 位编译器的地址值是 8 位十六进制数。Visual Studio 2010 学习版默认为 32 位编译器，所以显示的地址值为 8 位十六进制数。Visual Studio 最新版默认为 64 位编译器，显示的地址值为 16 位十六进制数。为了方便绘图，默认在绘图时使用 8 位代表一个地址值。

默认情况下，1 字节对应一个存储空间。例如，字符 b 占用 1 字节的空间。假设其地址为 20000000，在内存中的位置信息如图 7.1 所示。其中，20000000 就是数据字符 b 的地址。

地址值	20000000	20000001	20000002	20000003	…
数据	‘b’				

图 7.1　字符 b 在内存中

如果存放的数据占用多个字节，那么该数据的地址值就是这个数据所占的第一个字节的地址，也就是首地址。例如，将字符串 bcd 存放到内存中，假设所占用的字节的地址值是从 20000000 到 20000002，那么数据 bcd 的地址值就为 20000000，如图 7.2 所示。

地址值	1999999	20000000	20000001	20000002	20000003	…
数据	…	‘b’	‘c’	‘d’	…	…

图 7.2　字符串在内存中

简单来说，如果数据占用 1 字节的空间，那么该字节所在的地址就是该数据的地址值；如果数据占用了一串多个字节的空间，那么这串空间的首个字节的地址就是该数据的地址值。

7.1.2 什么是指针

指针也可以称为指针变量，它用来指代一个特定类型数据的地址。通过指针指代的地址，我们可以直接访问对应的数据。

在仓库存放货物时，都会为每个货物进行编号。编号中会体现货物的存放地址信息。如果要寻找某个货物，只需在数据库中查看货物的编号即可。这里的货物就是数据，编号就是地址值，指针变量会指向编号也就是指向地址值。

7.1.3 声明指针变量

指针变量用于指代存放数据的地址值，也就是数据的起始位置。声明指针变量包括数据类型、*、变量名三部分，其语法形式如下。

```
数据类型 *变量名;
```

- 数据类型要与指代地址存放数据的数据类型相同，这是指针移动的基础。
- *为值引用运算符，为单目运算符，用于返回其操作数所指向对象的值。
- 变量名即指针变量的名称。指针变量名需要符合标识符的命名规则。

注意：在声明指针的语法中，“*”默认靠近变量名，这样可读性较高。但是如下代码的书写方式都是正确的。

```
int* p;
int *q;
int * q;
```

7.1.4 初始化指针变量

初始化指针变量是让指针指代具体某个数据的地址值，其语法形式如下。

```
指针变量名 =&数据变量名
```

其中，&运算符为取地址运算符，为单目运算符，其作用是返回指定数据的地址值。

注意：指针变量的数据类型要与所指向数据的类型相同。

将声明指针变量与初始化指针变量操作分开进行，代码如下。

```
int a = 10;
int *p;
p = &a;
```

代码中先定义数据类型变量 a，然后声明指针变量 p，最后将 a 的地址值赋值给指针变量 p，实现对指针变量 p 的初始化。

初始化指针变量还可以在声明指针变量时实现，代码如下。

```
int b = 100;
int* q = &b;
```

代码中先定义数据类型变量 b，然后在声明指针变量 q 的同时，将 b 的地址值赋值给指针变量 q，实现对指针变量 q 的初始化。

7.1.5 特殊的值 NULL

在 C++语言中，变量只声明但是没有初始化时是无法使用的。在声明指针变量后，也需要对指针变量进行初始化。如果暂时没有初始值，需要将指针变量赋值为 NULL，这种指针称为空指针。其初始化语法形式如下。

```
int * p = NULL;
```

在 C++中，NULL 表示的意思是“空或者什么都没有”，即指针没有指向任何地址，默认地址值为 0000000000000000。

注意： C++是大小写敏感的，所以使用时必须是大写的 NULL。

【示例 7-1】下面输出指针 p 的地址值。

```
#include <iostream>
using namespace std;
int main()
{
        int* p = NULL;
        cout << "p 的地址值为" << p << endl;
       return 0;
}
```

程序运行结果如下。

```
p 的地址值为 0000000000000000
```

从运行结果中可以看出，当指针 p 赋值为 NULL 之后，它指向的地址值为 0000000000000000。

7.2 指针的运算

指针变量指代的是存放数据的地址值。使用指针变量可以实现对内存中的地址值的运算，并通过指针变量间接操作该地址存储的数据。本节将详细讲解这些内容。

7.2.1 访问指针数据

访问指针数据主要是访问指针指向的地址值，以及该地址内存空间存储的数据。访问指针指代的地址，直接输出指针变量即可。访问指针指代地址存储的数据需要使用值引用运算符*，其语法形式如下。

```
*指针变量
```

【示例 7-2】下面输出指针变量 p 指向的地址值，以及该地址存放的数据。

```
#include <iostream>
using namespace std;
int main()
{
        int a = 2;
        int *p=&a;
        cout << "输出指针变量 p 指向的值" << *p << endl;
```

```
    cout << "输出指针变量 p 指代的地址值" << p << endl;
    cout << "输出数据变量 a 的地址值为：" << &a << endl;
    return 0;
}
```

程序运行结果如下。

```
输出指针变量 p 指向的值 2
输出指针变量 p 指代的地址值 000000A760F2F9C4
输出数据变量 a 的地址值为： 000000A760F2F9C4
```

- *p 会返回 p 中指代的地址值所对应的数据，所以第一行输出数据 2。
- P 中指代的是 2 的地址值，所以第二行输出的是数据 2 的地址值，为 16 位的十六进制数 000000A760F2F9C4。
- &a 会获取变量 a 指代的数据的地址值，所以第三行输出的也是数据 2 的地址值，即 16 位的十六进制数 000000A760F2F9C4。

从运行结果中可以发现，指针变量指代的是地址值，使用取地址运算符&可以获取数据的地址值，使用值引用运算符*可以获取地址值指向的具体数据，程序运行过程如图 7.3 所示。

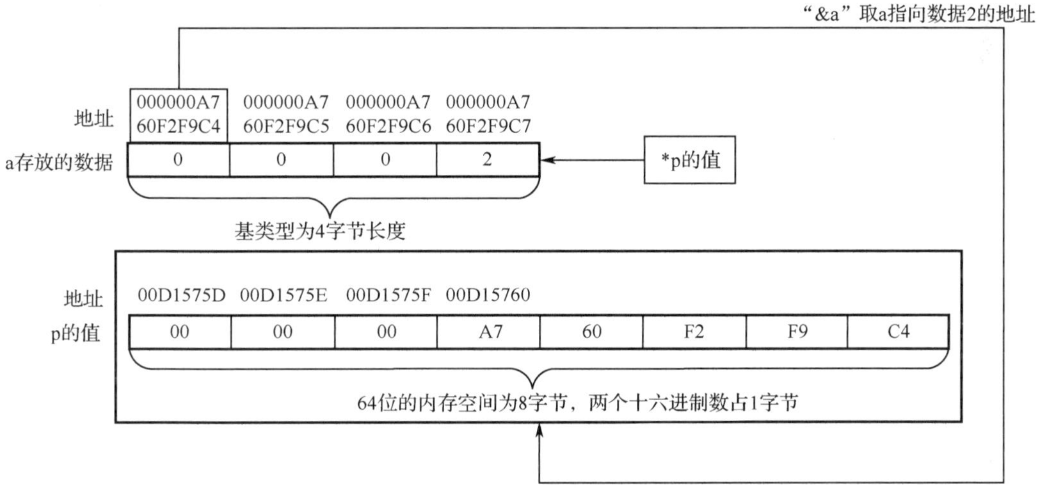

图 7.3 程序运行过程

7.2.2 指针地址值加法与减法运算

指针变量指代的是地址值，对其地址值进行运算也就是让指针在内存中移动。移动指针就是对指针进行加法与减法运算，当指针加 1 时，代表指针向右（地址较大方向）移动了一个单元的数据类型长度，该数据类型在声明指针变量时确定；当指针减 1 时，代表指针向左（地址较小方向）移动了一个单元的数据类型长度。

【示例 7-3】下面让指针变量进行加 1 运算。

```
#include <iostream>
using namespace std;
int main()
{
    int a = 2;
    int *p=&a;
```

```
        cout << "输出指针变量 p   的值" << p << endl;
        p = p + 1;
        cout << "输出指针变量 p+1 的值" << p << endl;
        short b = 1;
        short *q = &b;
        cout << "输出指针变量 q   的值" << q << endl;
        q = q + 1;
        cout << "输出指针变量 q+1 的值" <<q<< endl;
        return 0;
    }
```

程序运行结果如下。

```
输出指针变量 p   的值 000000C6FEEFF614
输出指针变量 p+1 的值 000000C6FEEFF618
输出指针变量 q   的值 000000C6FEEFF654
输出指针变量 q+1 的值 000000C6FEEFF656
```

从运行结果中可以看出，p 在加 1 运算前的地址值为 000000C6FEEFF614，由于 p 的数据类型为 int，所以加 1 运算向地址值较大方向移动 1 个单元类型的长度，也就是 4 字节，所以指针变量 p+1 的地址值为 000000C6FEEFF618，增加了 4 个地址值也即 4 字节，其运算过程如图 7.4 所示。

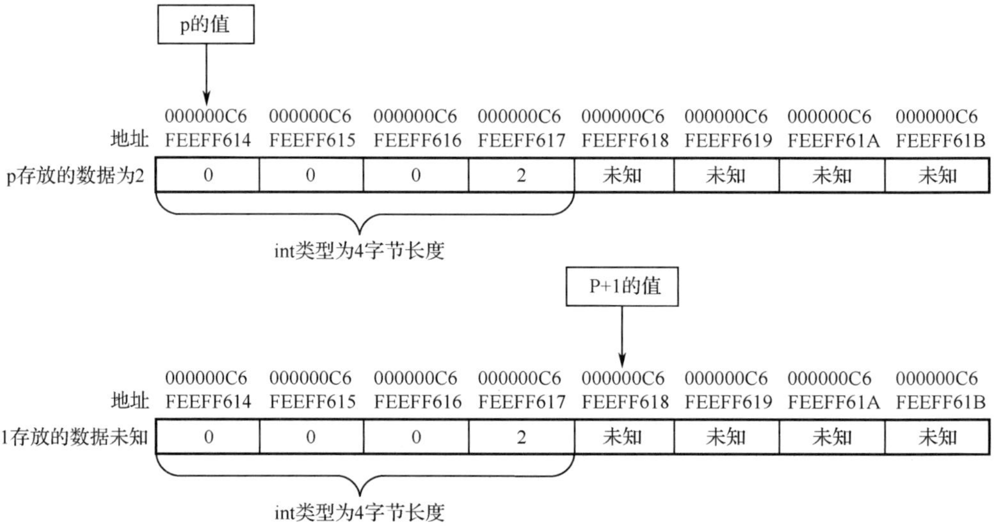

图 7.4 p+1 运算过程

同理，q 在加 1 运算前的地址值为 000000C6FEEFF654，由于 q 的数据类型为 short，所以加 1 运算向地址值较大方向移动 1 个单元类型的长度，也就是 2 字节，所以指针变量 q+1 的地址值为 000000C6FEEFF656，增加了 2 个地址值也即 2 字节，其运算过程如图 7.5 所示。

在 C++语言中，只有当指针指向的数据是连续存储的数据单元时，移动指针才有意义。所以，一般指针多用于字符串的处理。如果不是连续的存储数据单元，当指针移动后，无法知道指针指向的数据含义，所以也就没有意义。

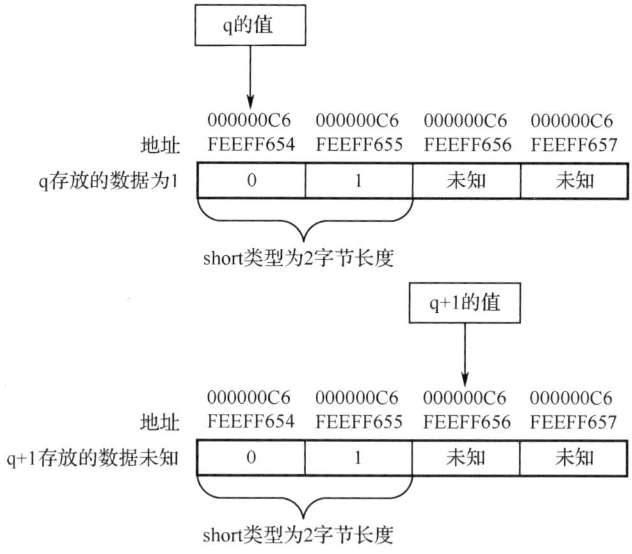

图 7.5　q+1 的运算过程

【示例 7-4】对不是连续存储的数据进行加 1 运算。

```
#include <iostream>
using namespace std;
int main()
{
    int a = 2;
    int *p=&a;
    cout << "输出指针变量 p 的值" << p << endl;
    cout << "输出指针变量 p 指向的值" << *p << endl;
    p = p + 1;
    cout << "输出指针变量 p+1 的值" << p << endl;
    cout << "输出指针变量 p+1 指向的值" << *p << endl;
    return 0;
}
```

程序运行结果如下。

```
输出指针变量 p 的值 00000062ABD1F554
输出指针变量 p 指向的值 2
输出指针变量 p+1 的值 00000062ABD1F558
输出指针变量 p+1 指向的值-858993460
```

从运行结果中可以看出，当指针变量 p 加 1 后，它的地址值会增加 4 字节，而指向的数据是一个随机值。程序运行过程如图 7.6 所示。

图 7.6　程序运行过程

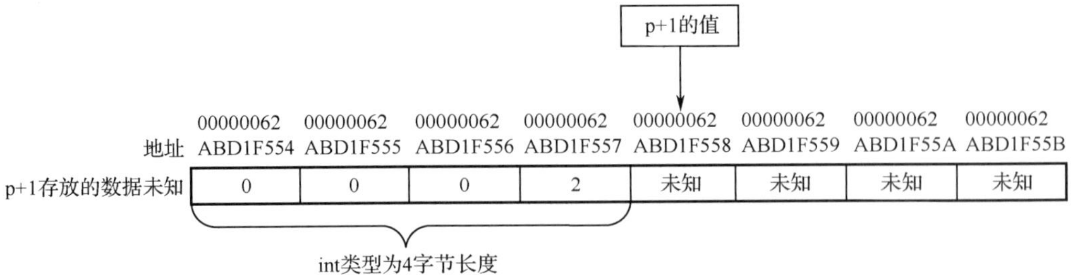

图 7.6 程序运行过程（续）

【示例 7-5】下面使用指针地址值运算实现读取字符串中的字符。

```
#include <iostream>
using namespace std;
int main()
{
    const char * a = "abc";
    for (int i = 1; i <= 3; i++)
    {
        cout << *a << endl;
        a=a+1;
    }
    return 0;
}
```

程序运行结果如下。

```
a
b
c
```

从运行结果中可以看出，随着 a=a+1; 每次运行，a 中指代的地址值不断以 1 字节为单位进行增加，最终依次输出了字符串中的每个字符，其实现过程如图 7.7 所示。

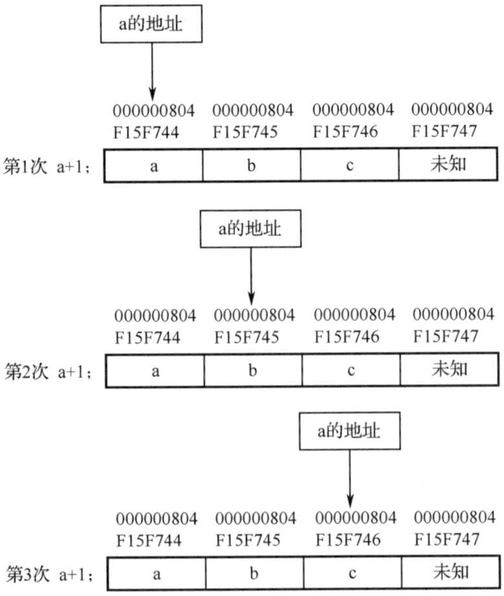

图 7.7 依次读取字符串中的字符

所以，当指针指向的数据是连续存储的数据单元时，可以通过指针的移动读取对应的数据。

7.2.3　指针地址值自增自减运算

指针地址值自增自减运算与常规数据的自增自减运算法则相同，都为单目右结合运算。唯一的区别是运算对象由普通数据变为内存的地址值。

【示例 7-6】下面实现对指针地址值的自增运算。

```
#include <iostream>
using namespace std;
int main()
{
    int a = 2;
    int *p=&a;
    cout << "输出指针变量 p 的值" << p << endl;
    cout << "输出指针变量 p++的值" << p++ << endl;
    cout << "输出指针变量 p++后的值" << p << endl;
    cout << "输出指针变量++p 的值" << ++p << endl;
    cout << "输出指针变量++p 后的值" << p << endl;
    return 0;
}
```

程序运行结果如下。

```
输出指针变量 p 的值 000000804F15F744
输出指针变量 p++的值 000000804F15F744
输出指针变量 p++后的值 000000804F15F746
输出指针变量++p 的值 000000804F15F748
输出指针变量++p 后的值 000000804F15F748
```

从运行结果中可以看出，p++会先输出后移动指针，而++p 会先移动指针然后才进行输出。自增运算过程如图 7.8 所示。

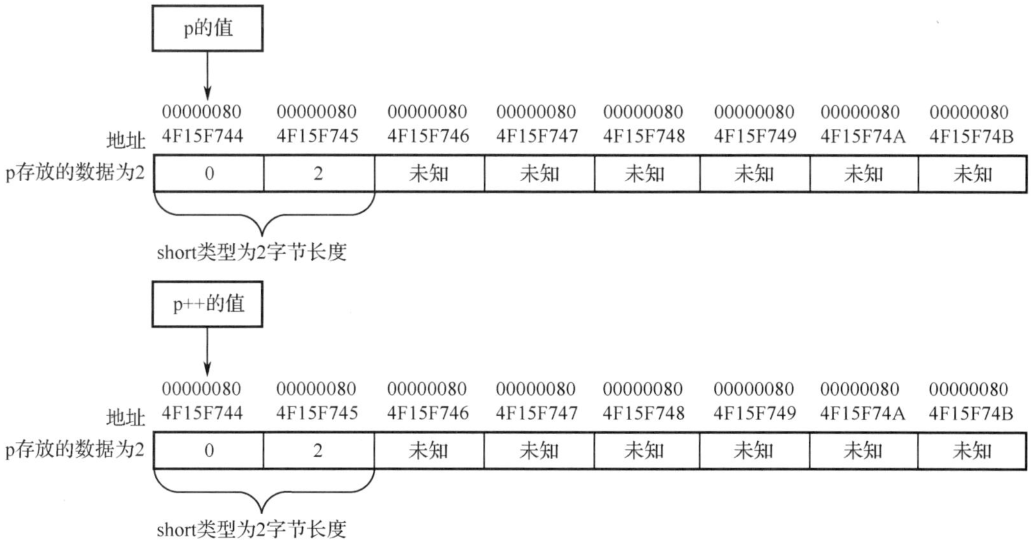

图 7.8　自增运算过程

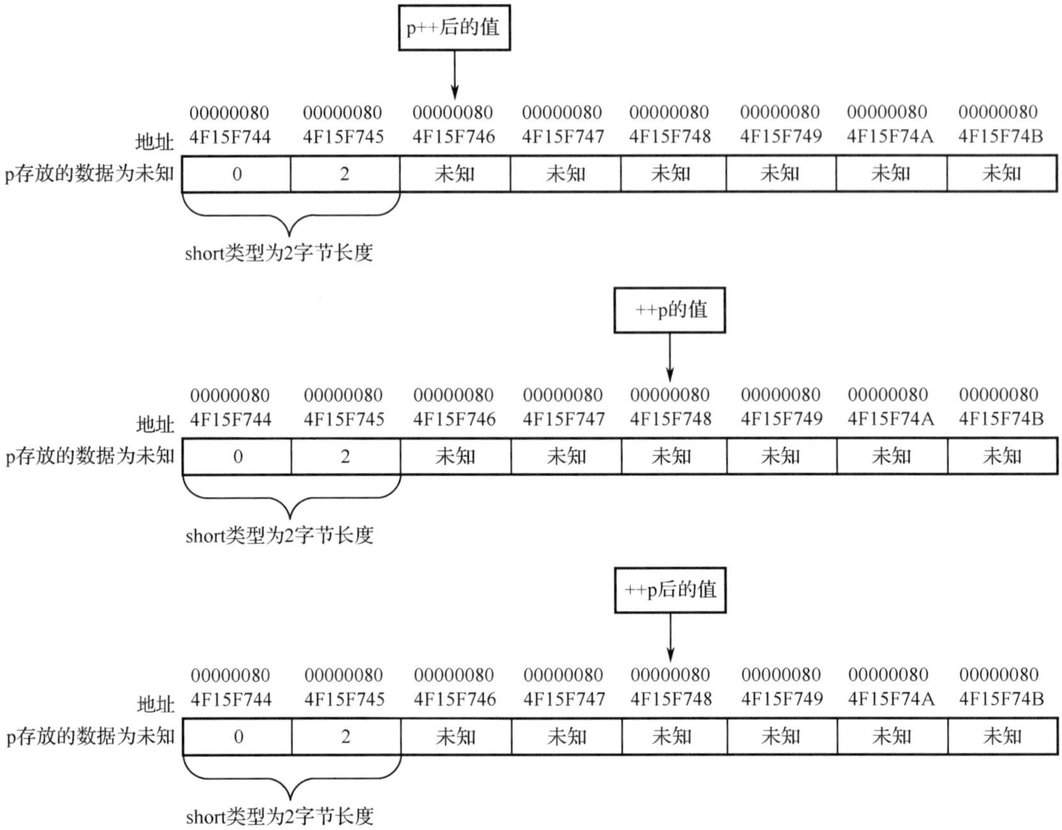

图 7.8　自增运算过程（续）

【示例 7-7】下面实现对指针地址值的自减运算。

```
#include <iostream>
using namespace std;
int main()
{
    short a = 2;
    short *p=&a;
    cout << "输出指针变量 p 的值" << p << endl;
    cout << "输出指针变量 p--的值" << p-- << endl;
    cout << "输出指针变量 p--后的值" << p << endl;
    cout << "输出指针变量--p 的值" << --p << endl;
    cout << "输出指针变量--p 后的值" << p << endl;
    return 0;
}
```

程序运行结果如下。

```
输出指针变量 p 的值 0000006F8C8FF5B4
输出指针变量 p--的值 0000006F8C8FF5B4
输出指针变量 p--后的值 0000006F8C8FF5B2
输出指针变量--p 的值 0000006F8C8FF5B0
输出指针变量--p 后的值 0000006F8C8FF5B0
```

从运行结果中可以看到，p--会先输出后移动指针，而--p 会先移动指针然后才进行输出。

7.2.4　指针的数据运算

指针变量指代的是地址值，地址值会指向具体的数据。使用值引用运算符*将指针变量转换为具体的值，此时就能作为普通数据进行各种运算。

值引用运算符*为右结合，使用时位于赋值运算符右侧，与指针变量结合，即可返回指针变量指代的具体值，其语法形式如下。

```
*指针变量名
```

【示例 7-8】使用指针变量指代的值进行运算。

```
#include <iostream>
using namespace std;
int main()
{
    int a = 10;
    int *p = &a;
    a = 10 * *p;
    cout << a << endl;
    a = 10 + *p;
    cout << a << endl;
    a = 10 - *p;
    cout << a << endl;
    a = *p/10;
    cout << a << endl;
    return 0;
}
```

程序运行结果如下。

```
100
110
-100
-10
```

从运行结果中可以看出，使用值引用运算符*与指针变量结合，可以当作普通的数据进行运算。

7.3　二级指针与多级指针

除一级指针外，还有二级指针及多级指针。本节将详细讲解二级指针与多级指针的相关内容。

7.3.1　二级指针

指针变量作为一个变量，在声明时就会在内存中申请一块空间，这块空间也是有地址值的。如果要指代指针变量所在空间的地址值，就需要使用二级指针。

二级指针是指向指针的指针，它可以用来指代指针的地址值。指针变量指代的是数据的地址值，而二级指针指代的是指针变量的地址值。

简单理解，有一个宝藏，有一张藏宝图。宝藏就是数据，藏宝图就是一级指针（绘制着宝藏的位置）。然后，使用一张纸将藏宝图的地址记录下来，此时这张纸就是二级指针（绘制着藏宝图的位置）。

二级指针变量的声明语法如下。

```
数据类型 **指针变量名;
```

- 数据类型是指二级指针指向的数据的数据类型。
- **” 是一个说明作用，用于告诉计算机，该变量是一个二级指针变量。
- 指针变量名就是二级指针变量的名称，命名时需要符合标识符的命名规则。

注意： 为二级指针赋值与为一级指针赋值的方式是一样的，这里不做过多讲解。

【示例 7-9】下面输出二级指针变量的值。

```
#include <iostream>
using namespace std;
int main()
{
        int a = 2;
        int * p = &a;
        int** q = &p;
        cout <<"一级指针 p 指代的地址值为" << p << endl;
        cout << "一级指针 p 指向的数据值为" << *p << endl;
        cout << "指针变量 p 的地址为          " << &p << endl;
        cout << "二级指针 p 指代的地址值为" << q << endl;
        cout << "二级指针 p 指向的数据值为" << **q << endl;
        return 0;
}
```

程序运行结果如下。

```
一级指针 p 指代的地址值为 0000004BCBCFF844
一级指针 p 指向的数据值为 2
指针变量 p 的地址为          0000004BCBCFF868
二级指针 p 指代的地址值为 0000004BCBCFF868
二级指针 p 指向的数据值为 2
```

从运行结果中可以看出，二级指针存储的数值为一级指针变量 p 的地址值，并且指向的数据为 2。

7.3.2 多级指针

多级指针是指指代二级以上指针变量的地址值。其声明语法如下。

```
数据类型 ***指针变量名;
```

其中，“***”是一个说明作用，用于告诉计算机，该变量是一个三级指针变量，用于指代二级指针变量的地址值。

简单理解，就是藏宝图（一级指针），绘制着藏宝图所在位置的线索 1（二级指针），绘制者线索 1 的线索 2（三级指针），绘制着线索 2 的线索 3（四级指针），依次类推。高级指针指代低级指针的地址值，并且全部都指向宝藏（数据）。

【示例 7-10】输出多级指针的地址值与指向的数据。

```
#include <iostream>
using namespace std;
int main()
{
    int a = 2;
    int * p = &a;
    int** q = &p;
    int*** r = &q;
    int**** s = &r;
    cout << "二级指针 q 的地址值为        " << &q << endl;
    cout << "三级指针 r 指代的地址值为" << r << endl;
    cout << "三级指针 r 指向的数据值为" << ***r << endl;
    cout << "三级指针 r 的地址值为        " << &r << endl;
    cout << "四级指针 s 指代的地址值为" << s << endl;
    cout << "四级指针 s 指向的数据值为" << ****s << endl;
    return 0;
}
```

程序运行结果如下。

```
二级指针 q 的地址值为        0000007EA80FF9D8
三级指针 r 指代的地址值为 0000007EA80FF9D8
三级指针 r 指向的数据值为 2
三级指针 r 的地址值为        0000007EA80FF9F8
四级指针 s 指代的地址值为 0000007EA80FF9F8
四级指针 s 指向的数据值为 2
```

从运行结果中可以看出，高一级的指针变量会指代低一级指针变量的地址值，并且全部都指向了数据 2。

7.4　指针与数组

由于指针在内存中操作的便捷性，使用指针处理数组这种连续存储空间的数据会十分方便。本节将讲解指针和数组的相关内容。

7.4.1　数组指针

数组指针是指向数组的指针变量。通过这类指针的运算，可以实现数组元素的访问。因为数组的首地址就是整个数组的地址值，所以将指针变量指向数组时，指针变量指代的就是数组的首地址值，然后通过地址的加法运算，即可读取数组中的数据。

【示例 7-11】下面使用指针访问数组中的数据。

```
#include <iostream>
using namespace std;
int main()
{
    int array[] = {1,2,3};
```

```
    int *p= array;
    cout << "指针输出数组中的值" << endl;
    for (int i = 1; i <= 3; i++)
    {
        cout << *p << endl;
        p++;
    }
    cout << "数组下标输出数组中的值" << endl;
    for (int i = 0; i < 3; i++)
    {
        cout << array[i] << endl;
    }
    return 0;

}
```

程序运行结果如下。

```
指针输出数组中的值
1
2
3
数组下标输出数组中的值
1
2
3
```

从运行结果中可以看出，指针变量指向数组的首地址后，通过对指针进行加法运算，可以依次读取数组中的元素。

【示例 7-12】下面通过指针变量修改数组中的数据。

```
#include <iostream>
using namespace std;
int main()
{
    int array[] = {1,2,3};
    int *p= array;
    for (int i = 1; i <= 3; i++)
    {
        *p=i*2;
        p++;
    }
    cout << "数组下标输出数组中的值" << endl;
    for (int i = 0; i < 3; i++)
    {
        cout << array[i] << endl;
    }
    return 0;
}
```

程序运行结果如下。

```
数组下标输出数组中的值
```

```
2
4
6
```

从运行结果中可以看出，指针变量通过自增运算，依次为数组中对应的元素进行了重新赋值。

7.4.2 指针数组

指针数组是指元素为指针变量的数组，即一个数组中的所有元素都为指针变量。声明指针数组的语法形式如下。

```
数据类型 *指针数组名[常量表达式];
```

由于指针数组中的元素都为指针或指针变量，所以其元素可以为数组名或变量的地址。

【示例 7-13】下面声明一个指针变量，并输出数组中的元素。

```
#include <iostream>
using namespace std;
int main()
{
    int array[] = {1,2,3};
    int a = 8;
    int *p[] = { array,&a};     //数组 array 的首地址值、变量 a 的地址值都为元素
    for (int i = 0; i <=1; i++)
    {
        cout << "指针数组中指代的元素为："<<p[i] << endl;
        cout << "元素对应的值为"<<*p[i] << endl;
    }
    return 0;
}
```

程序运行结果如下。

```
指针数组中指代的元素为：0000003C75F2F4B8
元素对应的值为 1
指针数组中指代的元素为：0000003C75F2F4E4
元素对应的值为 8
```

从运行结果中可以看出，指针数组 p 中指代的元素都为地址值，通过这些地址值可以访问对应的数据。

7.4.3 访问二维数组子元素

数组名[一个下标]+偏移量是将二维数组看作几个一维数组的集合，然后利用每个一维数组的首地址值进行指针偏移运算，从而遍历每一个一维数组（元素）中的元素（子元素）。下面进行详细讲解。

使用数组名[一个下标]+偏移量的方式访问二维数组的子元素。数组初始化代码如下。

```
int a[3][4]={{1,2,3,4},{5,6,7,8},{9,10,11,12}};
```

二维数组 a 元素偏移量示意图如图 7.9 所示。

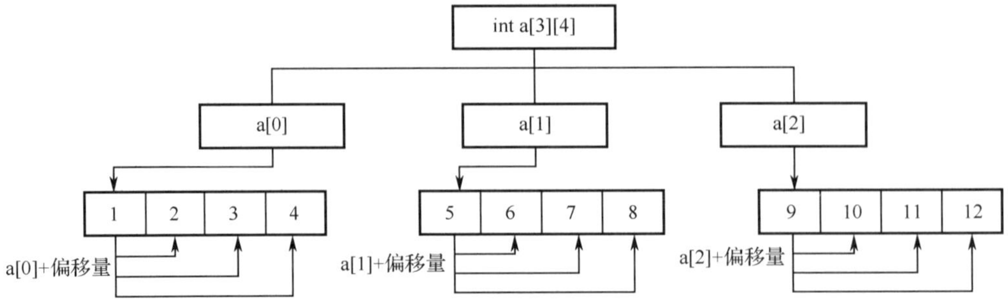

图 7.9　二维数组 a 元素偏移量示意图

可以将二维数组的三个元素看成三个一维数组，a[ ]就是这三个一维数组的数组名，也就是首地址。然后使用数组名+偏移量的方式通过地址移动实现对二维数组子元素的访问。

【示例 7-14】下面使用数组名+偏移量的方式访问二维数组的子元素。

```
#include <iostream>
using namespace std;
int main()
{
    int a[3][4] = { {1,2,3,4},{5,6,7,8},{9,10,11,12} };
    cout<<"数组的所有子元素为："<<endl;
    for (int i = 0; i < 3; i++)
    {
        for (int j = 0; j < 4; j++)
        {
            cout<< *(a[i] + j)<<" ";
        }
        cout << endl;
    }
    return 0;
}
```

程序运行结果如下。

```
数组的所有子元素为：
1 2 3 4
5 6 7 8
9 10 11 12
```

这段代码也是用到了两层 for 循环，外层 for 循环用于切换数组的不同元素，内层 for 循环用于依次根据偏移量的改变读取子元素的数据，如图 7.10 所示。

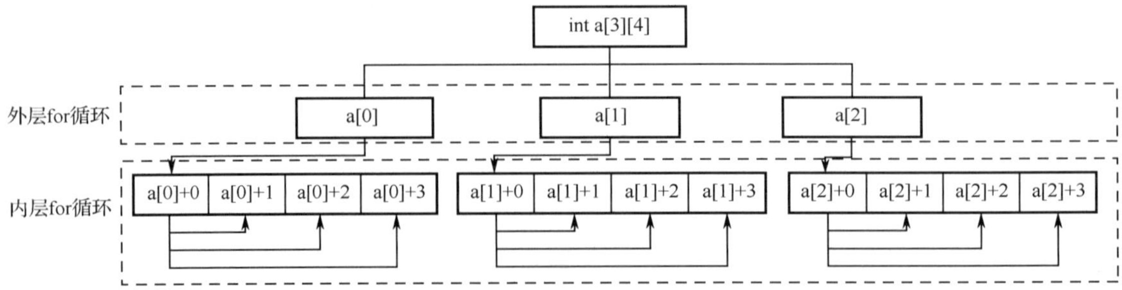

图 7.10　代码运行过程示意图

7.5　指针与函数

指针变量也可以与函数一起使用。指针变量可以作为函数的参数或返回值，并且还可以指向函数用以指代函数的地址值。本节将详细讲解相关内容。

7.5.1　指针作为函数的参数

指针作为函数的参数是指在声明函数时，参数的数据类型为指针变量，这样指针变量就成了函数的参数。在调用函数时，实参的数据类型必须为地址值，通过传递地址值可以实现数据的运算。

使用指针变量作为形参，形参的值的改变不受花括号的影响。当在函数内修改了指针变量形参的值时，同时会修改函数外实参变量的值，这样就可以不使用 return 语句改变函数外的值。

简单理解，当你有一份网络作业（具体数据）不会做（调用函数）时，可以将账号密码（指针形参）给你的朋友。你的朋友通过你的账号密码登录网络作业（传递指针实参），为你完成作业（不需要返回值，直接改变了具体数据）。

【示例 7-15】通过改变函数的形参来改变主函数中实参的值。

```
#include <iostream>
using namespace std;
void sum(int* c, int d)
{
	*c = *c+ 2;
	d = d + 2;
	cout << "函数内*c 的值" <<*c<< endl;
	cout << "函数内 d 的值" << d<< endl;
}
int main()
{
		int a=10, b=20;
		int * p;
		p = &a;
		sum(p, b);
		cout << "函数外 a 的值" << a << endl;
		cout << "函数外 b 的值" << b << endl;
		return 0;
}
```

程序运行结果如下。

```
函数内*c 的值 12
函数内 d 的值 22
函数外 a 的值 12
函数外 b 的值 20
```

从运行结果中可以看出，当函数内的形参*c 的值发生改变后，函数外的实参变量 p 指向的整型变量 a 的值也发生了改变，而整型实参 b 的值不会受到整型形参 d 的影响。这样就实现了不需要返回语句，调用函数实现指定值的运算。

7.5.2 指针作为函数的返回值

指针作为函数的返回值是指返回值为指针变量，也就是指针函数。这种函数在定义时，需要定义返回类型为指针变量。其定义语法如下。

```
数据类型 *函数名(参数 1,参数 2,…,参数 n)
{
    函数体;
    return 数据类型
}
```

其中，数据类型不能为 vido。

【示例 7-16】使用指针函数输出数组中最小的值。

```
#include <iostream>
using namespace std;
int *min(int* array, int len)
{
    int *m = array;
    for (int i = 1; i < len; i++)                //依次将两个元素比较大小
    {
        if (*m > *(array+i))                     //如果数组中第 1 个元素大于第 2 个元素
        {
            m = array + 1;                       //指针移到第 2 个元素，指代地址值
        }
    }
    return m;                                    //返回指针指代的地址值
}
int main()
{
    int array[] = {11,2,3,4,6};
    int* p = NULL;
    p = array;
    p = min(p,5);                                //将返回的最小值的地址值赋值给 p
    cout << "数组中最小的值为" << *p << endl;     //读取 p 指向的具体数据
    return 0;
}
```

程序运行结果如下。

```
数组中最小的值为 2
```

从运行结果中可以看出，返回的值为一个地址值，然后使用值引用运算符*返回对应的数据 2。

7.5.3 函数指针变量

函数指针是一种特殊的指针，用来指代函数的地址。通过函数指针变量，也可以直接调

用函数。函数指针变量的声明语法如下。

```
数据类型 (*函数名) (数据类型 形参列表)
```

其中，小括号不可以省略；如果原函数没有形参，这里的形参数据类型与形参列表可以省略。函数指针变量赋值方法与指针赋值方式一样，其语法形式如下。

```
函数指针变量名=&函数名
```

其中，取地址符（&）可以省略不写，即可以改写为函数指针变量名=函数名。

为函数指针变量赋值后，就可以通过调用函数指针变量实现对函数的调用。调用函数指针的两种语法形式如下。

```
(*函数指针变量名)(实参列表)
```

或

```
函数指针变量名(实参列表)
```

其中，实参列表如果没有可以不写；如果有实参，则实参的类型需要与函数定义时的类型保持一致。

【示例 7-17】下面通过函数指针变量调用函数。

```
#include <iostream>
using namespace std;
int sum(int a, int b)
{
    a = a + b;
    return a;
}
int main()
{
    int (*f)(int x, int y);   //声明函数指针变量
    f = sum;
    cout << "1 和 2 的和为"<< f(1,2)<< endl;
   return 0;
}
```

程序运行结果如下。

```
1 和 2 的和为 3
```

在声明函数指针变量时，一定要与函数的数据类型及参数数据类型、参数个数完全相符，否则无法进行赋值。

由于函数指针变量指代的是函数的地址值，所以函数指针变量的值是可以改变的。例如，函数指针变量指向函数 A，然后让函数指针变量指向函数 B。此时使用该变量调用函数，调用的是函数 A 而不是 B。

【示例 7-18】下面用一个函数指针变量指向不同的函数，实现函数调用。

```
#include <iostream>
using namespace std;
void f1()
{
    cout << "这是函数 f1" << endl;
}
void f2()
{
```

```
        cout << "这是函数 f2" << endl;
    }
    void f3()
    {
        cout << "这是函数 f3" << endl;
    }
    int main()
    {
        void (*p)();  //声明函数指针变量
        p = f1;
        p();
        p = f2;
        p();
        p = f3;
        p();
        return 0;
    }
```

程序运行结果如下。

```
这是函数 f1
这是函数 f2
这是函数 f3
```

从运行结果中可以看出，当函数指针变量指代的函数地址值发生改变后，调用函数指针的运行结果也会发生相应的改变。

7.6 动态分配内存

动态分配内存是指使用代码主动申请内存空间。动态分配内存可以提高系统资源使用效率。尤其是系统资源较少时，动态申请可以更加精准控制内存空间的使用，避免资源浪费。

例如，订餐时可以根据公司人数选择吃饭的套餐，这样既不浪费粮食也不浪费金钱。C++语言允许根据需求申请指定大小的内存空间来使用，这种空间就是动态内存空间。

7.6.1 动态申请内存空间

C++使用专有操作符 new 来动态地申请一段堆内存空间。其语法形式如下。

```
指针 =new 类型(初始值)
```

其中，new 是关键字，表明这是一个申请动态内存的操作；类型是指要分配的变量类型；初始值是指分配的变量的初始值；如果要设置初始值，小括号不可以省略。例如，语句

```
int *p=new int(666)
```

表示申请了一个 int 类型大小的动态空间，该空间指代的数据为 666，该空间的地址值指向指针变量 p。

使用 new 关键字还可以动态申请数组内存空间，其语法形式如下。

```
指针 =new 类型[元素个数]
```

其中，类型是指数组元素的数据类型；元素个数是一个表达式，可以为常量也可以为变

量，这样能动态地为数组分配空间。例如，语句

```
int *p=new int[10];
```

或

```
int *p=new int[n];
```

都是正确的写法，均表示动态申请了一个数组的内存空间，具体的元素个数可以直接使用常量指定，也可以使用变量指定。

在使用操作符 new 后，会得到一个对应数据类型的指针，该指针指向申请的动态空间的首地址。有时，系统能提供的堆内存空间不够分配，这时系统会返回一个空指针值 NULL。利用这个规则可以判断是否成功申请了动态内存，代码如下。

```
int* p = new int;
if (p == NULL)
{
    cout << "动态申请空间失败" << endl;
    exit(1);
}
```

【示例 7-19】下面实现动态生成并初始化内存空间，然后输出内存空间中的值。

```
#include <iostream>
using namespace std;
int main()
{
    int n = 0;
    cout << "请输入需要动态申请几个 int 类型的数据" << endl;
    cin >> n;
    int* p = new int[n]; //动态申请内存空间
    if (p == NULL)
    {
        cout << "动态申请空间失败" << endl;
        exit(1);
    }
    for (int i = 0; i < n; i++)
    {
        *(p + i) = i+3;
    }
    cout << "动态内存中的数据为：" << endl;
    for (int j = 0; j < n; j++)
    {
        cout<< *(p + j)<<endl;
    }
    return 0;
}
```

程序运行结果如下。

```
请输入需要动态申请几个 int 类型的数据
5
动态内存中的数据为：
3
4
```

```
5
6
7
```

在代码中，通过输入数字 5，动态申请了 5 个 int 类型长度的内存空间。然后使用指针为该空间进行初始化，最后通过指针输出内存空间中的值。

7.6.2 如何释放内存空间

由于内存空间是有限的，当空间不在使用时，需要将这部分空间释放出来，这样系统就可以把这部分空间分配给其他应用使用。

在 C++语言中，当一个程序运行完毕后，系统会自动回收普通声明的变量所占用的空间。但是对于动态申请的内存空间，需要使用 delete 操作符来释放不再使用的动态空间。其语法形式如下。

```
delete [ ]指针;
```

- delete 是关键字，表明释放动态内存的操作。
- 方括号表示释放的是指代着数组元素的连续内存空间。如果内存空间中指代的是单个变量，方括号可以省略。
- 指针是通过 new 获得的那个指针。

【示例 7-20】下面动态申请空间并释放对应空间。

```
#include <iostream>
using namespace std;
int main()
{
    int *p = new int; //动态申请内存空间
    if (p == NULL)
    {
        cout << "动态申请空间失败" << endl;
        exit(1);
    }
    cout << "p 的地址值为" <<p<< endl;
    delete p;
    int* q = new int; //动态申请内存空间
    if (q == NULL)
    {
        cout << "动态申请空间失败" << endl;
        exit(1);
    }
    cout << "q 的地址值为" << q << endl;
    delete q;
    return 0;
}
```

程序运行结果如下。

```
p 的地址值为 000001DEA67CA770
q 的地址值为 000001DEA67CA770
```

从运行结果中可以看出，动态申请的指向 p 的空间地址值为 000001DEA67CA770。使用 delete p;释放了这段空间，然后系统会将这段空间进行回收。

再次申请一段空间指向 q，此时 q 的地址值也为 000001DEA67CA770，这说明 p 指向的空间被系统回收后分配给了 q，充分说明 new 与 delete 的有效性，通过这两个关键字可以动态申请和释放内存空间。

7.7　引　　用

指针的优点是灵活方便，但是其可读性较差。为了弥补这一缺陷，C++语言引入了引用的概念。它可以像指针一样工作，但其使用方式却与普通变量相同。本节将详细讲解引用的相关内容。

7.7.1　引用的定义

引用（reference）属于一种数据类型。它不能独立存在，只能依附于一个变量。引用本质上就是为指定变量取了一个别名，别名与变量紧紧绑定在一起。例如，小明及其英文名 Michael 都能指代小明这个人，小明就是变量名，引用就是英文名。

定义一个引用，需要包括目标变量的数据类型、引用修饰符“&”、引用名和目标变量名。其语法形式如下。

```
类型 &引用名 = 目标变量名;
```

注意：此处的“&”不是取地址运算符，而是一个引用修饰符。

引用定义后会与其绑定的目标变量始终捆绑，而不能再定义为其他变量的引用。假设，r 是变量 a 的引用，那么 r 始终都是变量 a 的引用，而不能再改变为其他变量的引用。

此外，在程序运行中，对引用的所有操作都会施加于其绑定的变量上。如果目标变量的值发生了改变，引用的值也会发生同样的改变。同时，为引用进行赋值等运算后，目标变量的值也会发生相应的改变。

引用由于和变量绑定在一起，所以在内存中是不会向引用分配空间的，它与目标变量共用一块内存空间。

【示例 7-21】下面声明一个引用，并使用引用改变目标变量的值。

```
#include <iostream>
using namespace std;
int main()
{
    int a = 10;
    int& r = a;
    cout << "a 的值为" << a << endl;
    cout << "r 的值为" << r << endl;
    r = 100;
    cout << "a 的值为" << a << endl;
    cout << "r 的值为" << r << endl;
    return 0;
}
```

程序运行结果如下。

```
a 的值为 10
r 的值为 10
a 的值为 100
r 的值为 100
```

从运行结果中可以看出，当使用引用赋值运算后，引用绑定的变量 a 的值也会发生改变。

7.7.2 引用作为函数的参数

由于引用和其目标变量使用同一块空间，所以引用可以节省大量的内存空间。C++规定允许函数通过引用实现参数传递。也就是说，函数在定义时可以定义形参为引用，通过函数调用的方式为引用绑定目标变量。

在定义函数时，不会再为形参分配内存空间，在调用函数时，将形参引用绑定到实参，在函数中对形参进行的数据处理，等同于对实参进行的数据处理。

【示例 7-22】下面定义一个形参为引用的函数，并调用该函数实现对实参值的改变。

```
#include <iostream>
using namespace std;
void f(int& x, int& y)
{
    x = x + 10;
    y = y + 20;
    cout << "x 的地址值为" << &x << endl;
    cout << "y 的地址值为" << &y << endl;
}
int main()
{
    int a = 10;
    int b = 20;
    f(a, b);
    cout << "a 的地址值为" << &a << endl;
    cout << "b 的地址值为" << &b << endl;
    cout << "a 的值为" << a << endl;
    cout << "b 的值为" << b << endl;
    return 0;
}
```

程序运行结果如下。

```
x 的地址值为 0000007BF972FA94
y 的地址值为 0000007BF972FAB4
a 的地址值为 0000007BF972FA94
b 的地址值为 0000007BF972FAB4
a 的值为 20
b 的值为 40
```

从运行结果中可以看出，变量 a 与引用 x 的地址值相同，变量 b 与引用 y 的地址值相同，所以它们各自共用相同的内存空间。另外，在函数中对引用进行加法运算，都会对应地改变函数外变量 a 与 b 的值。

7.8 小　　结

通过本章的学习，读者需要了解以下内容。

- 计算机的内存会以字节为单位划分多个存储空间，每一个存储空间都默认设置一个位置编号。这个位置编号就是地址，编号的具体值就是地址值。
- 指针也可以称为指针变量。它可以指代一个特定类型的数据的地址。通过指针中指代的地址，我们可以直接访问对应的数据。
- 指针变量可以指代数据的地址值。对于指针变量，可以实现在内存中的地址值运算及使用指针变量进行指代数据的整数运算。
- 二级指针是指向指针的指针，它可以用来指代指针的地址值。指针变量指代的是数据的地址值，而二级指针指代的是指针变量的地址值。
- 多级指针是指指代二级以上指针变量的地址值。
- 数组指针是指指针变量指向数组，然后通过指针的位移运算实现访问数组中的数据。
- 指针数组是指元素为指针变量的数组，即一个数组中的所有元素都为指针变量。
- 指针变量也可以与函数一起使用。指针变量可以作为函数的参数或返回值，并且还可以指向函数并保存函数的地址值。
- 动态分配内存是指使用代码申请指定大小的内存空间。动态分配内存是为了提高硬件的使用效率。
- 引用属于一种数据类型，它不能独立存在只能依附于一个变量。引用本质上就是为指定变量取了一个别名，别名与变量紧紧绑定在一起。

7.9 习　　题

一、填空题

1．计算机的内存会以_____为单位划分多个存储空间，每一个存储空间都默认设置一个位置_____。

2．指针也可以称为______。它可以指代一个特定类型的数据的_____。

3．指针变量可以实现在内存中的_____运算及使用指针变量进行指代数据的_____运算。

4．二级指针是指向指针的_____，它可以用来指代指针的_____。

5．数组指针是指指针变量指向_____，然后通过指针的_____运算实现访问数组中的数据。

6．引用属于一种数据类型，它_____独立存在只能依附于一个_____。

二、选择题

1．有如下定义：int a[5]，　*p;，则下列描述错误的是（　　）。

A．表达式 p=p+1 是合法的　　B．表达式 a=a+1 是合法的

C．表达式 p−a 是合法的　　D．表达式 a+2 是合法的

2．语句 int *p;说明了（　　）。

A．p 是指向一维数组的指针

B．p 是指向函数的指针，该函数返回一个 int 型数据

C．p 是指向 int 型数据的指针

D．p 是函数名，该函数返回一个指向 int 型数据的指针

3．下面代码的运行结果是（　　）。

```
#include <iostream>
#include <iomanip>
using namespace std;
void a(int* p)
{
    cout << *++p << endl;
}
int main()
{
    int x = 30;
    a(&x);
}
```

A．30　　B．31　　C．不确定　　D．代码有误

4．语句 int *p();说明了（　　）。

A．一个指向整型数据的指针变量　　B．一个指向函数的指针变量

C．一个用于指向数组的指针变量　　D．一个返回值为指针类型的函数

5．变量的指针，其含义是指该变量的（　　）。

A．值　　B．地址　　C．名　　D．一个标志

6．下面代码的运行结果是（　　）。

```
#include <iostream>
#include <iomanip>
using namespace std;
int main()
{
    int x[5] = { 1,2,3,4,5 };
    int a, b, * p;
    p = x;
    a = *(p + 1);
    b = *(p + 3);
    cout << a << "," << b << endl;
}
```

A．2,4　　B．1,3　　C．2,5　　D．3,5

第8章 复合数据类型

复合数据类型是指由多种类型数据组合起来的数据类型。在很多情况下我们需要处理由多种数据类型组成的数据。例如，员工个人信息包括姓名（字符类型）、年龄（整型）、是否结婚（布尔类型）等。这一串信息都指向某一个员工，并且会大量存在。此时如果使用单一类型数据去处理将十分烦琐。所以，C++提供了复合数据类型用于处理这种多种类型同时存在的数据。本章将详细讲解结构体、联合及枚举三种复合数据类型。

8.1 结构体

结构体（struct）复合数据类型是最常用的用于解决包含多种数据类型数据的方式。本节将详细介绍结构体的定义、声明和使用的相关内容。

8.1.1 结构体的存在和使用概述

结构体是C++语言提供的一种数据类型。这种数据类型不像普通的数据类型那样直接使用即可，结构体需用户先自定义一套规则后才能使用。结构体可以理解为自定义函数形式的数据类型。

结构体像函数一样由用户进行定义，但是其功能却不是函数，而是一种包含多种数据类型的集合型的数据类型。然后可以使用这种数据类型声明对应的结构体变量，这些变量会拥有自定义结构体时包含的所有数据类型。

简单理解，在健身房锻炼身体，健身房中有各种类型的器械（数据类型），每个用户都可以根据自己的身材和目标去选择多套器械帮助自己健身（定义结构体类型），然后，在日常训练中就可以按照训练计划使用选好的器械进行训练（使用定义的结构体），而避免每次去训练都要选择一次训练器械。

8.1.2 定义结构体类型

普通的数据类型已经由C++语言统一规定了数据类型的长度与成员。例如，int是整数类型，长度为4字节。

结构体在使用前必须通过语法定义该结构体中包含的成员类型、成员长度，然后才能用该类型去声明变量。这等同于由开发者通过代码定义一种新的数据类型。

在C++中，用关键字struct来定义结构体，其语法形式如下。

```
struct    结构体标识符
{
        成员变量列表;
        …
};
```

其中，struct 为关键字，用于标明该段代码用于定义结构体。结构体标识符，即自定义的数据类型名称，用于表示自定义的结构的名称。该名称需要遵循标识符的命名规则。成员变量列表是指要定义的类型数据，每个成员都由数据类型和变量名组成，并且每个成员的变量名不能相同。例如，定义一个 student 结构体，代码如下。

```
struct student
{
    char    name[20];
    int number;
    int age;
    char sex;
    float score;
};
```

这段代码定义了一个名为 student 的结构体，该结构体拥有五个成员变量。

8.1.3 声明结构体变量

定义完一个结构体后，数据类型中就多了一种自定义的数据类型。使用该数据类型可以声明对应的变量。结构体类型的定义和结构体变量的声明既可以放在主函数 main()中，也可以放在主函数外。声明结构体变量的方式一共有四种，接下来将进行讲解。

1. 标准模式声明

标准模式声明结构体变量是指将定义结构体语法与声明结构体变量分开，按照声明普通变量的形式进行声明。在声明变量时，可以一次声明一个或多个变量，需要用逗号分隔。其语法形式如下。

```
struct    结构体名
{
        成员变量列表;
        …
};
struct  结构体名  结构体变量名 1, 结构体变量名 2,…,结构体变量名 n;
```

例如，声明一个结构体变量 s，代码如下。

```
struct student
{
        char    name[20];
        int number;
        int age;
        char sex;
        float score;
};
struct student s;
```

2. 定义时声明

定义时声明结构体变量是指将声明变量的语句写在定义语句的末尾处。在声明变量时，可以一次声明一个或多个变量，需要用逗号分隔。其语法形式如下。

```
struct    结构体名
{
        成员变量列表;
        …
}结构体变量名 1, 结构体变量名 2,…,结构体变量名 n;
```

例如，声明两个结构体变量 s 和 d，代码如下。

```
struct student
{
    char   name[20];
    int number;
    int age;
    char sex;
    float score;
}s,d;
```

3. 省略结构体名称声明

省略结构体名称声明结构体变量是因为声明变量时，变量会写在结构体定义语句中，所以结构体名称可以省略，但是不影响变量的声明。在声明变量时，可以一次声明一个或多个变量，需要用逗号分隔。其语法形式如下。

```
struct
{
        成员变量列表;
        …
}结构体变量名 1, 结构体变量名 2,…,结构体变量名 n;
```

例如，声明两个结构体变量 a 和 b，代码如下。

```
struct
{
    char   name[20];
    int number;
    int age;
    char sex;
    float score;
}a,b;
```

4. 使用 typedef 声明

使用类型重定义语句 typedef 可以声明一个新的结构体类型名。在声明变量时，可以使用新类型名一次声明一个或多个变量，需要用逗号分隔。其语法形式如下。

```
typedef struct
{
        成员变量列表;
        …
}结构体名;
结构体名 结构体变量名 1, 结构体变量名 2,…,结构体变量名 n;
```

例如，声明两个结构体变量 a 和 b，代码如下。

```
typedef   struct
{
```

```
        char    name[20];
        int number;
        int age;
        char sex;
        float score;
    } student;
    student a,b;
```

注意：typedef 的更多使用方式将在后面讲解。在 C++中，结构体在定义时并不分配内存单元，只有在定义了结构体变量后才分配存储单元。

8.1.4 结构体的嵌套定义

结构体的嵌套定义是指在一个结构体的定义语句中包含另外一个结构体的定义语句或声明变量语句。

包含另外一个结构体的定义语句形式如下。

```
struct    结构体名
{
        成员变量列表;
        …
        struct    结构体名 2
        {
        成员变量列表 2;
        …
        }结构体变量名 2;
};
```

例如，结构体 a 中嵌套结构体 b 并声明结构体变量 c。

```
struct a
{
    char    name[14];
    int age;
    char sex;
    struct b
    {
        char    name[14];
        int age;
        char sex;
    }c;
};
```

如果结构体只包含另外一个结构体变量，则声明语句形式如下。

```
struct    结构体名
{
        成员变量列表;
        …
        struct    结构体名 2    结构体变量名 2;
};
```

例如，结构体 a 中嵌套结构体 b 声明的结构体变量 c。

```
struct b
{
        char    name[14];
        int age;
        char sex;
};
struct a
{
        char    name[14];
        int age;
        char sex;
        struct b c;                  //声明结构体 b 的变量 c
};
```

这种嵌套结构会将结构体 b 声明的变量当作结构体 a 的成员变量进行使用。

8.2 结构体的使用

定义与声明完结构体变量后，就可以使用这些变量处理对应的数据。本节将讲解结构体变量的使用方式，包括初始化结构体变量、引用结构体变量成员、结构体指针及结构体数组等。

8.2.1 初始化结构体变量

结构体变量的初始化是指依次为结构体内的成员变量赋予初始值。初始化结构体变量的语法形式如下。

```
结构体变量名={数据 1,数据 2,…,数据 n};
```

对结构体变量赋初值时，需要按每个成员在结构体中定义的顺序一一对应赋值，不允许跳过前面的成员给后面的成员赋初值，并且在赋值时，数据的类型要与定义的成员变量类型相符。如果是字符类型，需要在数据上加单引号；如果是字符串，需要加双引号。

无论是什么方式声明的结构体变量，在初始化时只需直接将初始化列表写入结构体变量后，以一对“{}”包围起来即可。当只给前面的若干成员赋初值时，对于后面未赋初值的成员，系统自动赋默认的初值。

【示例 8-1】声明一个结构体 teacher 并为其成员变量赋初值。

```
#include <iostream>
using namespace std;

struct teacher
{
        char    name[14];
        int age;
        char sex;
}one = {"Lilei",30,'m'}, two = { "Lili",25,'w' };
int main()
{
```

```
        struct teacher three = { "zhangsan",35,'m' };
        struct teacher four = { "wangwu",30,'m' }, five = { "liuliu",25,'w' };
        return 0;
}
```

代码中展示了多种赋值形式，在赋值时要注意数据类型与成员变量的匹配，并且要注意逗号的分隔作用。

在相同类型的结构体变量之间，除了依次赋值外，还可以进行整体赋值。例如，three、four、five 都是 teacher 类型结构体定义的变量，它们之间可以整体赋值，代码如下。

```
#include <iostream>
using namespace std;
struct teacher
{
        char    name[14];
        int age;
        char sex;
}one = {"Lilei",30,'m'}, two = { "Lili",25,'w' };
int main()
{
        struct teacher three,four,five = { "zhangsan",35,'m' };        //一次初始化多个变量
        struct teacher six = five;                                     //通过赋值进行初始化
        return 0;
}
```

从代码中可以看出，一次声明多个变量时，如果初始值相同，可以一次性进行赋值，或者将已初始化的变量赋值给未初始化的变量。当然，也可以在定义结构体时为每一个成员进行直接初始化，代码如下。

```
struct teacher
{
        char    name[14]="lili";
        int age=30;
        char sex='man';
};
```

8.2.2 引用结构体变量成员

由于结构体由多个不同类型的成员变量组成，所以声明的结构体变量也有多个成员。使用变量的成员称为引用变量成员，需要使用点成员运算符（.）。C++中引用结构体变量中的成员的基本语法形式如下。

```
结构体变量名.成员名
```

例如，结构体变量 men 引用变量成员 age 的代码如下。

```
men.age;
```

【示例 8-2】下面输出结构体变量成员的值。

```
#include <iostream>
using namespace std;

struct teacher
```

```
{
    char  name[20];
    int age;
    char sex[10];
};
int main()
{
    struct teacher one = { "zhangsan",35,"women" };
    cout << one.age <<","<< one.name <<","<< one.sex << endl;
    return 0;
}
```

程序运行结果如下。

```
35,zhangsan,women
```

8.2.3　结构体指针

结构体指针是指声明一个指针变量来指向一个结构体数据类型。声明结构体变量的四种形式都可以用于声明结构体指针。

【示例 8-3】下面声明三个结构体指针变量。

```
typedef  struct
{
    char  name[20];
    int number;
    int age;
    char sex;
    float score;
} *student;
student *a, *b;
```

从代码中可以看出，声明结构体指针的方式只是在变量前加*号，表示为指针变量即可。

结构体指针变量不能直接引用结构体的成员变量，必须先将结构体指针指向结构体声明的其他变量，也就是初始化结构体指针变量，其语法形式如下。

```
结构体指针变量名=&结构体变量;
```

当结构体指针指向结构体的其他非指针变量后才可以引用结构体的成员变量，引用成员变量的方式包括以下两种。

（1）使用结构指向运算符（->）实现。该运算符由减号和大于号组成，两个符号之间不可以有空格。结构体指针变量引用成员变量的语法形式如下。

```
指针变量名->成员变量名
```

（2）使用间接运算符（*）、一对小括号“( )”及点成员运算符（.）实现。其中，小括号不能省略，否则会改变运算顺序出现错误的结果。结构体指针变量引用成员变量的语法形式如下。

```
(*指针变量名). 成员名
```

注意：无论使用哪一种方式都需要让指针变量指向一个确切的存储单元。

【示例 8-4】下面声明结构体指针变量，并使用指针变量引用输出成员变量的值。

```
#include <iostream>
using namespace std;
```

```
struct men
{
        char    name[20];
        int age;
} one,two,*p;
int main()
{
        one = {"wangwu",30};
        cout << "姓名：" << one.name << "年龄：" << one.age << endl;
        two = { "liuliu",20 };
        cout << "姓名：" << two.name << "年龄：" << two.age << endl;
        p = &one;
        cout <<"姓名："<< p->name << "年龄：" <<p->age<<endl;
        p = &two;
        cout << "姓名：" << (*p).name << "年龄：" << (*p).age << endl;
        return 0;
}
```

程序运行结果如下。

```
姓名：wangwu 年龄：30
姓名：liuliu 年龄：20
姓名：wangwu 年龄：30
姓名：liuliu 年龄：20
```

从运行结果中可以看出，当指针变量指向不同的结构变量后，输出的成员变量的值会发生改变。

8.2.4 结构体数组

结构体数组是指使用结构体声明的数组变量，数组变量的每个元素都是一个结构体变量。

结构体数组适合处理大量需要使用相同数据结构的数据，如学生的信息、员工的信息、图书信息等。这些数据的主体都相同，并且都使用相同的属性，所以使用结构体数组变量能更好地处理这些内容。结构体数组的声明与结构体变量的声明类似，只是以数组变量的形式存在。

例如，声明三个结构体数组变量，代码如下。

```
typedef    struct
{
        char    name[20];
        int number;
        int age;
        char sex;
        float score;
} student,a[10];
student b[10],c[10];
```

从代码中可以看出，声明结构体指针的方式以数组形式声明变量即可。

结构体数组的赋初值是将结构体初始化语句当作数组的单个元素进行初始化。

```
数组变量名[n]={{数据 1,数据 2,…,数据 n},{数据 1,数据 2,…,数据 n},…,{数据 1,数据 2,…,数据 n}};
```

【示例 8-5】下面声明结构体数组并进行初始化，然后将其输出。

```
#include <iostream>
using namespace std;

struct men
{
	char	name[20];
	int age;
} a[3] = {{ "zhangsan",30 }, { "wangwu",40 }, { "liuliu",50 }};
int main()
{
	for (int i = 0; i < 3; i++)
	{
		cout << "姓名：" << a[i].name << ","<<"年龄：" << a[i].age << endl;
	}
	return 0;
}
```

程序运行结果如下。

```
姓名：zhangsan,年龄：30
姓名：wangwu,年龄：40
姓名：liuliu,年龄：50
```

从运行结果中可以看出，结构体数组变量的输出方式与普通数组的输出方式相同，只是结构体数组的元素可以引用具体结构体成员变量的值。

8.3 联　　合

联合也称共用体（Union），可以看成一种特殊的结构。与结构体一样，联合的成员变量也可以包括多种数据类型。但在联合中，各种数据类型在内存中占据同一地址。本节将详细讲解联合的声明定义与引用。

8.3.1 定义联合类型

联合数据类型的声明与结构体基本相同，区别在于其声明关键字为 union。因此，定义一个联合数据类型的语法形式如下。

```
union	联合数据类型名
{
		成员变量列表;
		…
};
```

【示例 8-6】下面定义一个联合类型 a。

```
union a
{
	char	name[20];
	int	age;
```

```
};
```

联合与结构体的相似之处是都可以包含多种数据类型，并且都属于自定义数据结构。但是结构体的每个成员变量都有自己的内存空间，而联合结构的所有成员变量都使用同一块内存空间，如图 8.1 所示。

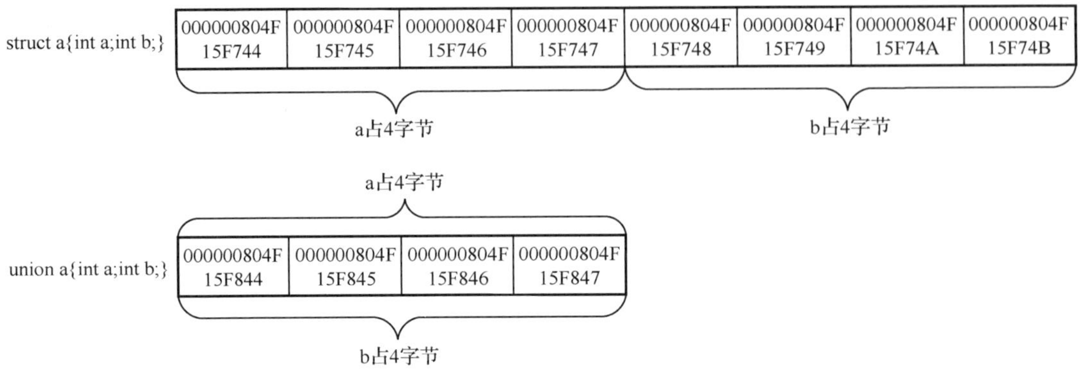

图 8.1　结构体与联合的区别

从图中可以看出，结构体 a 的成员变量 a 和成员变量 b 都有自己的内存空间，共占 8 字节；联合结构 a 的成员变量 a 和成员变量 b 共用 4 字节的内存空间。

8.3.2　声明联合体变量

与结构体数据类型变量的声明类似，联合体变量的声明方法也有四种，接下来将进行讲解。

1．标准模式声明

标准模式声明联合体变量是指将定义联合体语法与声明联合体变量分开，按照声明普通变量的形式进行声明。在声明变量时，可以一次声明一个或多个变量，需要用逗号分隔。其语法形式如下。

```
union　联合体名称
{
		成员变量列表;
		…
};
union 联合体名 联合体变量名 1, 联合体变量名 2, …, 联合体变量名 n;
```

2．定义时声明

定义时声明联合体变量是指将声明变量的语句写在定义联合体语句的末尾处。在声明变量时，可以一次声明一个或多个变量，需要用逗号分隔。其语法形式如下。

```
union　联合体名
{
		成员变量列表;
		…
}联合体变量名 1, 联合体变量名 2, …, 联合体变量名 n;
```

3. 省略联合体名称声明

省略联合体名称声明联合体变量是因为声明变量时，变量会写在联合体定义语句中，所以，联合体名称可以省略，但是不影响变量的声明。在声明变量时，可以一次声明一个或多个变量，需要用逗号分隔。其语法形式如下。

```
union
{
        成员变量列表;
        …
}联合体变量名 1, 联合体变量名 2, …, 联合体变量名 n;
```

4. 使用 typedef 声明

使用类型重定义语句 typedef 声明联合体变量。在声明变量时，可以一次声明一个或多个变量，需要用逗号分隔。其语法形式如下。

```
typedef union
{
        成员变量列表;
        …
}联合体名;
联合体名 联合体变量名 1, 联合体变量名 2, ……, 联合体变量名 n;
```

上述四种方法声明的联合体变量在存储空间上，其成员变量共享同一个内存空间，具体长度以其最长的成员变量为准。

8.3.3 引用联合类型成员

联合体变量的成员引用方式与结构体变量的成员引用方式相同，也有三种，如下所示。

```
联合体变量名.成员名
指针变量名->成员变量名
(*指针变量名). 成员名
```

在使用指针变量名->成员变量名方式引用联合类型成员变量时，也需要将指针变量指向一个确切的存储单元，代码如下。

```
联合指针变量名=&联合体变量;
```

由于联合类型的成员变量共用一块内存空间，所示为联合类型变量初始化值时，需要以引用的方式为其中一个成员类型进行赋值，并且联合类型的成员变量存放的是最近一次存入变量成员的值。

【示例 8-7】下面定义联合类型并声明变量，输出变量的值。

```
#include <iostream>
using namespace std;
union a
{
    char   name[20];
    int    age;
}a;
```

```
int main()
{
    a.name[1] = 'a';
    a.age = 60;
    cout << sizeof(a)<< endl;//输出联合数据类型的长度
    cout << a.age << endl;
    cout << a.name << endl;
    return 0;
}
```

程序运行结果如下。

```
20
60
<
```

从运行结果中可以看出，联合数据类型的长度为 20，即成员变量中较长的成员 name 的长度。语句“a.name[1] = 'a';”让联合结构的内存存放的是字符'a'，占 1 字节。语句“a.age = 60;”会让联合结构的内存存放整数 60，这样就会覆盖原来的字符'a'数据，所以在 a.age 输出的值为 60，而在 a.name 输出的值为 60 对应的 ASCII 码值字符小于号（<），其过程如图 8.2 所示。

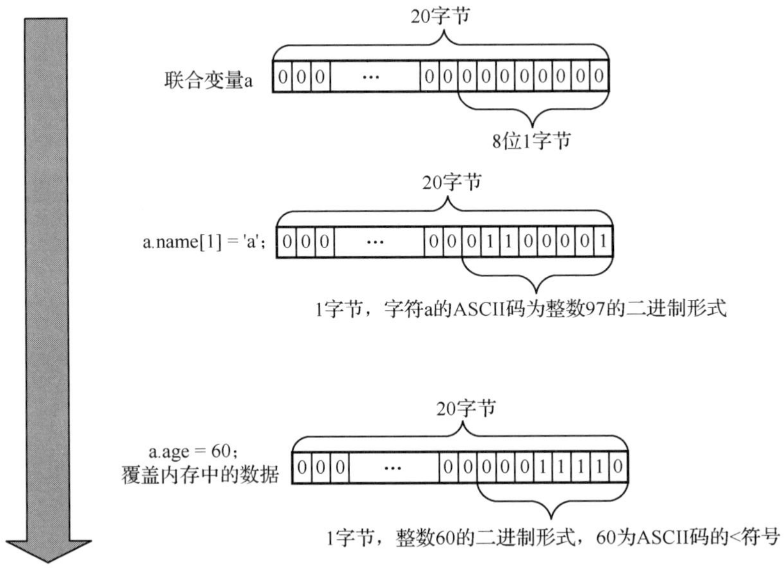

图 8.2　内存被覆盖的过程

8.4　枚　　举

枚举（enum）数据类型也是常见的一种复合数据类型。枚举处理的主要是表示同一类型的多个常量融合在一起的数据。本节将详细讲解枚举类型的定义和声明。

8.4.1　定义枚举类型

在日常生活中，会遇到很多集合类问题，其所描述的状态为有限的几个类似的常量数据，如星期 1 到星期天；考试成绩的优、良、中、及格、不及格；天气晴、多云、阴、下雨等。

枚举类型可以将一系列的常量数据进行集合处理。枚举数据类型的定义与结构体和联合类似，其一般语法形式如下。

```
enum 枚举标识符{常量列表};
```

其中常量列表中的每个常量之间用逗号进行分隔。

例如，定义 week 枚举类型，代码如下。

```
enum week { Monday, Tuesday, Wednesday, Thursday, Friday, Saturday, Sunday };
```

此外，还可以为枚举常量指定其对应的整型常量数值，其语法形式如下。

```
enum 枚举标识符{常量 1=0，常量 2=1,…,常量 n=n+1};
```

默认情况下，常量的数值从 0 开始，如果指定了某一个常量的值，其后续的值会依次加 1 自动赋值。例如，指定第 2 个常量的值为 3，代码如下。

```
enum week { Monday, Tuesday=3, Wednesday, Thursday, Friday, Saturday, Sunday };
```

由于定义 Tuesday 为 3，所以 Wednesday 的值会变为 4，Thursday 为 5，依次类推。

8.4.2 声明枚举变量

与声明结构体变量及联合体变量类似，声明枚举变量时需要先定义枚举类型，一般有以下两种方式。

（1）先定义枚举类型，再声明枚举变量，语法形式如下。

```
enum 枚举标识符{常量列表};
enum 枚举标识符 枚举变量 1,…,枚举变量 n;
```

（2）在定义枚举类型的同时声明枚举变量，语法形式如下。

```
enum 枚举标识符{常量列表}枚举变量 1,…,枚举变量 n;
```

枚举变量在声明之后只能初始化枚举类型定义时的常量值。使用赋值运算符“=”实现。

【示例 8-8】定义枚举类型，然后通过枚举变量输出对应的值。

```
#include <iostream>
using namespace std;
enum week { Monday, Tuesday=5, Wednesday, Thursday, Friday, Saturday, Sunday };
int main()
{
    enum week day;//声明枚举变量
    day = Wednesday;//初始化 day 枚举变量
    cout << day << endl;
    return 0;
}
```

程序运行结果如下。

```
6
```

从运行结果中可以看出，当 Tuesday 的值设置为 5 之后，Wednesday 的值会自动设置为 6。

8.5 类型重定义

在 C++中会提供很多数据类型的关键字，这些关键字不可修改。为了让用户根据自身需求，提高数据类型的可读性，增加数据类型名的附加信息，C++引入了类型重定义语句 typedef。它可以让用户将各种类型的数据定义为可读性更好的名称，从而丰富数据类型所包含的属性信息。

在 C++中，类型重定义 typedef 的一般语法形式如下。

```
typedef 类型名称 类型标识符;
```

其中，typedef 为系统关键字，表示类型重定义；类型名称是指 C++语言规定的所有基本数据类型和复合数据类型；类型标识符是指要重新定义的新的类型名称，命名时需要符合标识符的命名规则。

例如，将 int 类型重定义为 INT，代码如下。

```
typedef int INT;
```

【示例 8-9】下面使用 typedef 定义多种类型。

```
#include <iostream>
using namespace std;
typedef    struct//结构体类型重定义
{
        char    name[20];
        int     age;
}men;//结构体名称

typedef    union//联合结构重定义
{
        char    name[20];
        int     age;
}women;//联合结构名称

typedef    enum //枚举类型重定义
{
        Monday, Tuesday=6, Wednesday, Thursday, Friday, Saturday, Sunday
}week;//枚举类型名称
int main()
{
        typedef int INT;//整型重定义
        typedef float FUDIAN;//浮点重定义
        men omen = { "zhangsan",8 };
        women owomen;
        owomen.age = 20;
        week day = Thursday;
        INT number = 100;
        FUDIAN    f = 7.62;
        cout << "结构体变量的值：" << omen.age << "," << omen.name << endl;
        cout << "联合结构变量的值：" << owomen.age << "," << owomen.name << endl;
        cout << "枚举变量的值：" << day << endl;
        cout << "整型变量的值：" << number << endl;
        cout << "浮点型变量的值：" << f << endl;
```

程序运行结果如下。

```
结构体变量的值：8,zhangsan
联合结构变量的值：20,□
枚举变量的值：8
整型变量的值：100
浮点型变量的值：7.62
```

注意：在使用 typedef 语句时，并没有引入新的数据类型，而只是重新为一个已有的数据类型命名。

从运行结果中可以看出，虽然对各种数据类型的名称进行了重定义，但是使用重定义的名称声明的变量都与默认变量的数据类型相同，所以数据类型重定义只能改变数据类型的名称，不会影响 C++规定的基础数据类型和自定义复合类型的处理数据规则。

8.6 小　结

通过本章的学习，读者需要了解以下内容。

- 结构体是 C++语言提供的一种数据类型，它需要用户在一套规则下自定义后才能使用。
- 联合也称共用体，可以看成一种特殊的结构。与结构体一样，联合的成员变量也可以包括多种数据类型。但在联合中，各种数据类型在内存中占据同一地址。
- 枚举数据类型也是常见的一种复合数据类型。枚举处理的主要是表示同一类型的多个常量融合在一起的数据。
- C++中的类型重定义语句为 typedef。类型重定义可以让用户将各种类型数据定义为可读性更好的名称，从而丰富数据类型所包含的属性信息。

8.7 习　题

一、填空题

1. 在 C++中，定义结构体用_____关键字。
2. 结构体变量的初始化是指依次为结构体内的_____赋初值。
3. 定义联合需要使用_____关键字。
4. 枚举类型可以将一系列的_____进行集合处理。

二、选择题

1. 关于结构体概念的叙述中，说法正确的是（　　）。
   A．相同类型数据的集合称为结构体　　B．不同类型数据的集合称为结构体
   C．数据的集合称为结构体　　D．整数的集合称为结构体
2. 下面代码的运行结果是（　　）。

```
#include <iostream>
#include <iomanip>
using namespace std;
struct s
{
        int a;
        float b;
        char c;
};
int main()
```

```
{
    cout << sizeof(struct s) << endl;
}
```

A．12　　B．13　　C．14　　D．15

3．当定义一个结构体变量时，系统为它分配的内存空间是（　　）。

A．结构中一个成员所需的内存容量

B．结构中第一个成员所需的内存容量

C．结构体中占内存容量最大者所需的容量

D．结构中各成员所需内存容量之和

4．对于下面代码，理解错误的是（　　）。

```
struct abc
{
    int m;
    float n;
} stype;
```

A．struct 是定义结构体类型的关键字　　B．stype 是结构体类型名

C．m 和 n 都是结构体成员　　D．stype 是结构体变量名

5．关于同类型结构体与同类型联合体赋值的叙述中，正确的说法是（　　）。

A．联合体变量之间可以直接赋值，结构体变量之间也可以直接赋值

B．联合体变量之间可以直接赋值，结构体变量之间不可以直接赋值

C．联合体变量之间不可以直接赋值，结构体变量之间可以直接赋值

D．联合体变量之间不可以直接赋值，结构体变量之间也不可以直接赋值

6．下面代码的运行结果是（　　）。

```
#include <iostream>
#include <iomanip>
using namespace std;
union my
{
    int x;
    float y;
    char z;
}s;
int main()
{
    s.x = 5;
    s.y = 6.7;
    s.z = 'a';
    cout << s.z << endl;
}
```

A．5　　B．6.7　　C．a　　D．其他

7．当定义一个联合体变量时，系统分配给它的内存字节数是（　　）。

A．联合体中第一个成员所需的内存字节数

B．联合体中最后一个成员所需的内存字节数

C．联合体中占用内存最大的成员所需的字节数

D．联合体中各成员所需的内存字节数和

8．下面代码的赋值语句正确的是（　　）。

```
struct data
{
    int year;
    int month;
    struct
    {
        int day;
        int hour;
        int minute;
    }t;
};
```

A．day=20;
hour=4;
minute=50;

B．s.day=20;
s.hour=4;
s.minute=50;

C．t.day=20;
t.hour=4;
t.minute=50;

D．s.t.day=20;
s.t.hour=4;
s.t.minute=50;

9．下面枚举类型声明中正确的是（　　）。

A．enum color={"red","green","blue"};

B．enum color{"red","green","blue"};

C．enum color{red,green,blue};

D．enum color={red=4,green=1;blue};

三、编程题

在下面画横线的地方填上适当的代码，使用结构体存储员工信息。

```
#include <iostream>
#include <iomanip>
using namespace std;
____________staff
{
    ____________ name[50];
    ____________age;
    int id;
} s;
int main()
{
    cout << "请输入员工姓名" << endl;
    cin >> ____________;
    cout << "请输入员工年龄" << endl;
    cin >>____________;
    cout << "请输入员工编号" << endl;
    cin >> ____________;
    cout << "显示员工信息" << endl;
    cout << "姓名：" << s.name << endl;
    cout << "年龄：" << ____________<< endl;
    cout << "编号：" << ____________<< endl;
}
```

第二篇　面向对象篇

第 9 章　类 和 对 象

类是面向对象语言的核心。类把面向过程语言的数据类型、函数等数据抽象表达为一种由用户自定义的数据类型。所以，类中会包含各种类型的数据和函数。本章将详细讲解类和对象的相关内容。

9.1　面向对象中的类和对象

对象是具体化的类，而类是某一类对象的抽象化。简单理解，类就是战术概念，对象就是实战操练。类会规定很多概念及框架标准，而对象会将这些概念具体化。

例如，从类的角度来说，汽车的定义是指有轮子、外壳、可以驾驶、加汽油、有发动机等属性的一类物体。

从对象的角度来说，一款 A 品牌 C 系列 W 型汽车，有四个进口耐磨轮胎，加硬镀金的土豪金外壳，采用混合动力，可以加油、可以充电，使用 8V 发动机等。汽车类和对象如图 9.1 所示。

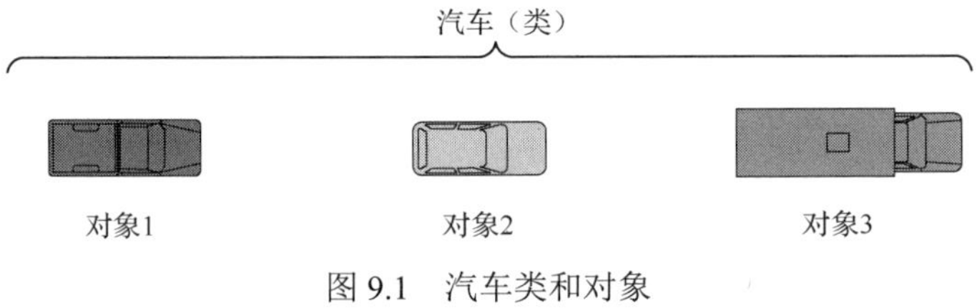

图 9.1　汽车类和对象

所以，类是对一类物体的描述，会提供一些属性定义，但不具体规定属性的值。例如，规定汽车有四个轮胎，但是不会有具体的型号、颜色、材质等。对象就是依照类的定义，将型号、颜色、材质等具体化。

9.2　类

在 C++语言中，类以一种自定义数据类型的形式存在，有一些像复合数据类型，但是却又比复合数据类型更加强大。类的使用形式可以对代码起到更好的封装和隐蔽作用，更符合高级语言的特性。本节将详细讲解类的定义、类成员的访问控制、类的数据成员及类的成员函数。

9.2.1　类的定义

在 C++中，使用关键字 class 来定义类，类的定义分为说明部分和实现部分，语法形式如下。

```
class    类名
{
public：
      数据成员或成员函数的说明或实现
private:
      数据成员或成员函数的说明或实现
protected:
      数据成员或成员函数的说明或实现
};
成员函数的实现
```

- class 为系统关键字，不可更改也不可缺少，代表定义类。
- 类名需要符合标识符命名规则，首字母建议大写。
- 数据成员与成员函数的说明会定义类包含的数据成员和成员函数。
- 成员函数的实现是指定义成员函数的具体代码，成员函数的实现部分可以写在类中，也可以写在类的外面。如果写在类的外面就称为成员函数实现部分。
- private、protected 和 public 是三种访问修饰符，在下一节将详细讲解。

在面向对象语言中，数据成员可以称为属性，成员函数可以称为方法。

class 只定义一种数据类型，并不分配内存单元。在类定义时，右侧的大括号后面的分号不能省略。例如，定义一个类 Men，代码如下。

```
class Men
{
public：
      int    name;
      void   drive( );
      …
};
//实现部分
```

在代码中定义了一个类 Men，它包括一个数据成员 name 和一个成员函数 drive()。实现部分的语法在类的成员函数部分进行讲解。

9.2.2　类成员的访问控制

一个游戏软件中有很多属性，有一些属性是用户可见、可修改的，如在设置界面修改分辨率、屏幕亮度、各种音效、对话形式等；另外一些属性用户是不可见的，如人物跳远的高度、人物移动速度、人物的血量、子弹的伤害值等。

这种属性的可见和不可见是通过访问权限设置的。类中不同成员通过访问权限修饰符可以控制成员的访问权限。访问修饰符包括 private、protected 和 public 三种，它们的具体含义如下。

- public 公有成员，提供类的外部接口，它允许类的外部访问者通过该接口访问它修饰的成员。
- private 私有成员，表示只能被该类的成员函数访问，即只有类的本身能够访问它，任何类以外的函数都无法对其进行访问。
- protected 保护成员，介于公有成员和私有成员之间，在下一章将详细讲解。
- 类中的成员默认是私有的。

访问权限控制是为了根据成员的重要性进行权限设置，这样在类外部访问类的数据时更加安全，这也是类的封装性的一种体现。

简单理解，CPU 生产厂商如果作为一个类，各大计算机制造商就是对象。计算机制造商只有权利购买 CPU 的现货，但是无权访问 CPU 的具体制作技术。CPU 的现货就是 public 成员，所有制造商都可以购买；制作 CPU 的技术就属于 private 成员，只有 CPU 生产商才能访问。

一句话概括，就是在具体编写类时，如果是重要算法或成员，就可以使用 private 去声明；如果是不重要的、随意让人使用的算法或代码，就可以使用 public 去声明。

9.2.3 类的数据成员

在类中声明的变量、指针、数组或对象都是类的成员，称为数据成员。又因为数据成员主要用于保存数据，所以又将其称为属性。数据成员可以是任意的数据类型，包括整型、实型、字符型、布尔型、结构型、枚举型等。类的数据成员的声明格式如下。

```
class 类名
{
        数据类型 数据成员名;
};
```

数据成员名也可以成为属性名。声明数据成员的格式与声明一个变量的格式相同，只是数据成员需要在类中进行声明，并且数据成员不能在定义时直接初始化具体的值。

【示例 9-1】下面声明多个数据成员。

```
#include <iostream>
using namespace std;
class men
{
        int a;
        int b;
};
```

代码中定义了两个成员变量，默认访问权限为私有（private）。

9.2.4 类的成员函数

类的成员函数也称类的方法。类的成员函数定义由成员函数声明与成员函数定义两部分组成。而定义成员函数的方式也可以根据定义语句的位置分为以下两种。

第一种方式是在类中定义与声明成员函数，其语法形式如下。

```
class   类名
{
```

```
        …
        <函数返回类型>  <成员函数名>([<参数列表>])
        {
          <函数体>
        }
        …
};
```

例如，声明和定义成员函数 a，代码如下。

```
class men
{
public:
        int a;
        int b;
        void a()
        {
                cout << "定义成员函数" << ;
        }
};
```

第二种方式是在类中声明成员函数，在类外定义成员函数。这种定义方式可以减少类中的代码量，让类的主体看起来更加清爽。其语法形式如下。

```
class   类名
{
        …
        <函数返回类型>  <成员函数名>([<参数列表>]);        //声明成员函数
        …
};
<函数返回类型><类名>:: <成员函数名>([<参数列表>])      //定义成员函数
{
   <函数体>
}
```

在类外定义成员函数时需要用到作用域运算符（::）。作用域运算符可以用来表示某个成员属于某个类。

例如，分开声明和定义成员函数 c，代码如下。

```
class men
{
public:
        int a;
        int b;
        void c();

};
void men::c()
{
        cout << "定义成员函数" << ;
}
```

9.3 对　　象

将类实例化后称为对象。简单理解，类是抽象的，类似空中楼阁不能直接入住，而对象是现实的，类似高楼大厦可以入住。

9.3.1 定义对象

对象是类的实例表现形式，所以在定义对象前，对象必须有一个依靠的类，通过类才能定义对象。定义对象的语法形式如下。

```
类名　对象名(参数表);
```

已知类 men，实例化一个对象 a，代码如下。

```
men   a;
```

除定义普通对象外，还可以定义数组、指针或引用形式的对象，代码如下。

```
men   a[10];
men   *p;
men   &b=c;
```

9.3.2 对象的成员

定义对象后，对象就会拥有类定义的 public 修饰的数据成员（类属性）和成员函数（类方法）。对象可以通过“.”运算符和“->”运算符访问自己的成员。访问数据成员的语法形式如下。

```
对象名.数据成员名;
```

或使用指针对象访问数据成员，语法形式如下。

```
对象名->数据成员名;
```

访问成员函数的语法形式如下。

```
对象名.成员函数名(参数列表);
```

或使用指针对象访问成员函数，语法形式如下。

```
对象名->成员函数名(参数列表);
```

可以看出，对象调用成员的方式与结构体调用成员变量的方式十分类似。

【示例 9-2】下面定义一个类 Max，然后用对象调用其成员。

```
#include <iostream>
using namespace std;

class Max
{
  public:
        int a;                          //声明数据成员
        int b;                          //声明数据成员
        void sum(int a,int b);          //声明成员函数
        void bigger(int x,int y);       //声明成员函数
};
```

```
void Max::sum(int a, int b)          //定义成员函数
{
    int sum = a + b;
    cout << "两个值的和为" <<sum << endl;
}
void Max::bigger(int x, int y)       //定义成员函数
{
    cout << x <<"的值增大为" << x+10 << endl;
    cout << y << "的值增大为" << y + 10 << endl;
}

int main()
{
    Max m;                           //实例化对象 m
    m.a = 10;                        //访问对象数据成员并为其赋值
    m.b = 11;                        //访问对象数据成员并为其赋值
    m.bigger(3, 4);                  //访问成员函数
    m.sum(5, 6);                     //访问成员函数
    cout << "成员数据 a 的值为" << m.a << endl;
    cout << "成员数据 b 的值为" << m.b << endl;
    return 0;
}
```

程序运行结果如下。

```
3 的值增大为 13
4 的值增大为 14
两个值的和为 11
成员数据 a 的值为 10
成员数据 b 的值为 11
```

从运行结果中可以看出，实例化对象后，对象可以访问对应类的 public 标识的成员数据与函数成员。如果是使用 private 标识的成员数据与函数成员，使用对象就无法访问了。

【示例 9-3】使用对象访问类的 private 成员数据和成员函数。

```
#include <iostream>
using namespace std;
class Max
{
public:
    int a;                                  //声明公有成员数据
    void bigger(int x,int y);               //声明公有成员函数
private:
    int b;                                  //声明私有成员数据
    void sum(int a, int b);                 //声明私有成员函数
};
void Max::sum(int a, int b)                 //定义成员函数
{
    int sum = a + b;
    cout << "两个值的和为" <<sum << endl;
}
```

```
void Max::bigger(int x, int y)                           //定义成员函数
{
    cout << x <<"的值增大为" << x+10 << endl;
    cout << y << "的值增大为" << y + 10 << endl;
}

int main()
{
    Max m;                                               //实例化对象 m
    m.b = 11;                                            //访问私有成员数据
    m.sum(5, 6);                                         //访问私有成员函数
    cout << "成员数据 b 的值为" << m.b << endl;
    return 0;
}
```

程序运行结果如下，会输出错误信息。

```
严重性     代码 说明 项目 文件 行    禁止显示状态
错误(活动)    E0265    成员 "Max::b" (已声明 所在行数:10) 不可访问        27
错误(活动)    E0265    成员 "Max::b" (已声明 所在行数:10) 不可访问        29
错误(活动)    E0265    函数 "Max::sum" (已声明 所在行数:13) 不可访问      28
错误 C2248     "Max::sum"：无法访问 private 成员(在"Max"类中声明)    28
错误 C2248     "Max::b"：无法访问 private 成员(在"Max"类中声明)      27
错误 C2248     "Max::b"：无法访问 private 成员(在"Max"类中声明)      29
```

从错误信息中可以看出，当对象去访问类的私有属性和方法时，由于没有权限会提示"不可访问"。

9.4 构造函数

类定义的所有数据成员默认是没有初始化的。如果要对其进行初始化，就需要使用特殊的成员函数——构造函数。

9.4.1 构造函数概述

类的数据成员默认为声明状态，并不会初始化。当使用一个类实例化多个对象时，所有的对象的数据成员都是没有初始值的。如果要一个一个去赋值，就会非常烦琐。构造函数的作用就是在类中以函数的形式为类的数据成员进行初始化。

简单理解，A 品牌汽车总厂会生产一种最基础的 A 型号汽车（构造函数初始化数据成员变量的值），其下属生产车间可以直接生产 A 型号汽车（直接使用类的成员数据），也可以以 A 型号汽车为基础增加其他的修饰或配件，生产出增强版汽车、旗舰型汽车及豪华版汽车等。

实际应用中，一般都要为类声明和定义构造函数。如果没有声明和定义，编译系统会自动生成一个默认的构造函数。这个默认的构造函数不带任何参数，只能给对象开辟一个存储空间，而不能为对象中的数据成员赋初值。

构造函数有以下四个特点。

- 构造函数名必须与类名相同。
- 不能为构造函数指定返回值，其返回值由系统内部使用。
- 构造函数可以有参数，所以可以被重载。
- 构造函数可以人为定义也可以由系统自动创建，并且构造函数会在创建对象时自动调用。

9.4.2　声明和定义构造函数

构造函数的声明和定义与普通函数成员的声明和定义类似，只是构造函数的名称要与类的名称完全相同。声明和定义构造函数有以下两种方式。

第一种方式是在类中定义与声明构造函数，其语法形式如下。

```
class  类名
{
…
<构造函数名>([<参数列表>])
      {
        <函数体>
      }
…
};
```

第二种方式是在类中声明构造函数，在类外定义成员函数，其语法形式如下。

```
class  类名
{
…
      <构造函数名>([<参数列表>]) ;          //声明构造函数
…
};
<类名>:: <构造函数名>([<参数列表>])       //定义构造函数
{
  <函数体>
}
```

构造函数也属于函数，所以函数的参数可以根据需求添加或删除。

9.4.3　默认形式的构造函数

默认形式的构造函数是指最基础的构造函数，没有参数传递，其功能只是初始化类的数据成员。

【示例 9-4】下面使用构造函数初始化数据成员 number 的值。

```
#include <iostream>
using namespace std;

class Max
{
public:
```

```
        int number;                              //声明数据成员
        Max();                                   //声明构造函数
        void sum(int a, int b);                  //声明成员函数
};
void Max::sum(int a, int b)                      //定义成员函数
{
        int sum = a + b;
        cout << "两个值的和为" <<sum << endl;
}
 Max::Max ()                                     //定义构造函数
{
        number = 10;
}
int main()
{
        Max m;                                   //实例化对象 m
        cout << "成员数据 number 的值为" << m.number << endl;
        return 0;
}
```

程序运行结果如下。

```
成员数据 number 的值为 10
```

9.4.4 带参数的构造函数

使用默认不带参数的构造函数初始化成员的值时，只能为对象初始化一种值，使用起来不太方便。所以，使用带参数的构造函数，可以让用户通过调用构造函数的方式传递要初始化的值，这样在初始化成员时更加灵活。

就像购买某种商品，如果是够买成品，则顾客没有太多的选择余地；而如果是定制商品，则顾客就可以指定商品的颜色或款式等。

带参数的构造函数可以让用户使用指定值初始化对象的初始值，这样更能符合用户的需求。

【示例 9-5】下面程序由用户指定 number 的值。

```
#include <iostream>
using namespace std;

class Max
{
public:
        int number;                      //声明数据成员
        Max();                           //声明构造函数
        Max(int a);                      //声明带参数的构造函数
        void sum(int a, int b);          //声明成员函数
};
void Max::sum(int a, int b)              //定义成员函数
{
        int sum = a + b;
```

```
    cout << "两个值的和为" << sum << endl;
}
Max::Max()                              //定义构造函数
{
    number = 10;
}
Max::Max(int a)                         //定义带参数的构造函数
{
    number = a;
}
int main()
{
    Max m;                              //使用默认构造函数实例化对象 m
    Max b(20);                          //使用带参数的构造函数实例化对象 b
    cout << "m 的成员数据 number 的值为" << m.number << endl;
    cout << "b 的成员数据 number 的值为" << b.number << endl;
    return 0;
}
```

程序运行结果如下。

```
m 的成员数据 number 的值为 10
b 的成员数据 number 的值为 20
```

从运行结果中可以看出，通过调用带参数的构造函数，可以指定对象成员的初始值。

9.4.5 带有默认值参数的构造函数

带有默认值参数的构造函数是指在定义构造函数时，其参数在参数列表中会被指定为默认值。若构造函数参数带有默认值，在定义对象时必须给构造函数传递参数，否则不能调用带参数的构造函数。

【示例 9-6】定义带有默认值参数的构造函数。

```
#include <iostream>
using namespace std;

class Max
{
public:
    int number;                          //声明数据成员
    int number2;
    Max();                               //声明构造函数
    Max(int x,int y=50);                 //声明带参数的构造函数
    void sum(int a, int b);              //声明成员函数
};
void Max::sum(int a, int b)              //定义成员函数
{
    int sum = a + b;
    cout << "两个值的和为" << sum << endl;
}
```

```
Max::Max()                                  //定义构造函数
{
    number = 10;
}
Max::Max(int x, int y)                      //定义带参数的构造函数
{
    number = x;
    number2 = y;
}

int main()
{
    Max m;                                  //使用默认构造函数实例化对象 m
    Max b(2);                               //使用带有默认值参数的构造函数实例化对象 b
    cout << "m 的成员数据 number 的值为" << m.number << endl;
    cout << "b 的成员数据 number 的值为" << b.number <<","<<b.number2 << endl;
    return 0;
}
```

程序运行结果如下。

```
m 的成员数据 number 的值为 10
b 的成员数据 number 的值为 2,50
```

从运行结果中可以看出，参数默认值会直接初始化对象的成员值。

9.4.6 复制构造函数

当对象实例化之后，就是一个单独的拥有自己特点的产品了。如果想将这种产品批量化处理，只需通过类进行批量复制即可。

复制对象需要使用复制构造函数。复制构造函数的作用是在初始化时将一个已知对象的数据成员值，复制给正在创建的另一个同类的对象，也就是将已知对象进行“克隆”。复制构造函数的语法形式如下。

```
class 类名
{
    复制构造函数名( const 类名 &引用名);
    …
} ;
```

注意：复制构造函数不指定返回类型，并且只有一个参数，是对某个对象的引用。

复制构造函数名与类名相同。参数表中的 const 使后面引用的对象在函数中不能被修改。如果类中没有声明复制构造函数，则编译系统会自动生成复制构造函数。

在调用复制构造函数时，只需将要复制的对象名以实参的形式进行传递即可，代码如下。

```
class  Max{        };
Max m;                          //使用默认构造函数实例化对象 m
Max b(m);                       //调用复制构造函数，将对象 m 以实参形式传递
```

【示例 9-7】使用复制构造函数复制一个对象 b，并输出对象 b 的数据成员。

```
#include <iostream>
using namespace std;
```

```
class Max
{
public:
    int number;                         //声明数据成员
    int number2;
    Max();                              //声明构造函数
    Max(int x,int y=50);                //声明带参数的构造函数
    Max(const Max &a);                  //声明复制构造函数
    void sum(int a, int b);             //声明成员函数
};
void Max::sum(int a, int b)             //定义成员函数
{
    int sum = a + b;
    cout << "两个值的和为" << sum << endl;
}
Max::Max()                              //定义构造函数
{
    number = 10;
    number2 = 20;
}
Max::Max(int x, int y)                  //定义带参数的构造函数
{
    number = x;
    number2 = y;
}
Max::Max(const Max& a)                  //定义复制构造函数
{
    number = a.number;
    number2 = a.number2;
}
int main()
{
    Max m;                              //使用默认构造函数实例化对象 m
    Max b(m);                           //使用带参数的构造函数实例化对象 b
    cout << "m 的成员数据 number 的值为" << m.number << endl;
    cout << "m 的成员数据 number2 的值为" << m.number2 << endl;
    cout << "b 的成员数据 number 的值为" << b.number << endl;
    cout << "b 的成员数据 number2 的值为" << b.number2 << endl;
    return 0;
}
```

程序运行结果如下。

```
m 的成员数据 number 的值为 10
m 的成员数据 number2 的值为 20
b 的成员数据 number 的值为 10
b 的成员数据 number2 的值为 20
```

从运行结果中可以看出，对象 m 的数据成员值与复制出的对象 b 的数据成员值相同。

9.5 析构函数

由于系统内存的大小有限，当申请的空间不再使用时，就应由系统进行回收。因此，编程语言会建立一套回收内存的机制。

对不再使用的对象进行内存回收，C++语言提供了析构函数。析构函数会将不再使用的内存空间进行释放。析构函数的名称和类名相同，不过其前面必须加求反符号（~），用来与构造函数进行区别。析构函数没有返回值类型，如果用户不指定，系统会自动创建并调用析构函数。

析构函数的声明语法形式如下。

```
class  类名
{
        ~析构函数名();
        …
} ;
```

析构函数是特殊的成员函数，可以在类中声明和实现，也可以在类外实现，并且一个类中只能有一个析构函数。析构函数会在撤销对象时自动被系统调用。

【示例 9-8】下面定义一个析构函数，用于释放对象的内存空间。

```
#include <iostream>
using namespace std;

class Max
{
public:
        int number;                         //声明数据成员
        int number2;
        Max();                              //声明构造函数
        ~Max();                             //声明析构函数
};

Max::Max()                                  //定义构造函数
{
        number = 10;
        number2 = 20;
}
Max::~Max()                                 //定义析构函数
{
        cout << "空间释放完成" << endl;
}


int main()
{
        Max m;                              //使用默认构造函数实例化对象 m
        cout << "m 的成员数据 number 的值为" << m.number << endl;
```

```
    cout << "m 的成员数据 number2 的值为" << m.number2 << endl;

    return 0;
}
```

程序运行结果如下。

```
m 的成员数据 number 的值为 10
m 的成员数据 number2 的值为 20
空间释放完成
```

代码“~Max();”声明了类的析构函数，并且代码“Max::~Max(){cout << "空间释放完成" << endl;}”定义了析构函数。在主程序中，定义了对象 m，并用构造函数进行初始化，从运行结果中可以看到，程序执行完毕后，系统还自动调用了析构函数进行清理工作。

9.6　静态成员

静态（static）成员的使用能够实现同类的多个对象之间的数据共享。在其生命周期内，所有的同类的多个对象都可以对静态成员的值进行修改。本节将详细讲解静态数据成员与静态成员函数的相关内容。

9.6.1　静态数据成员

静态数据成员是类的一种特殊数据成员，它以关键字 static 开始。静态数据成员独立于该类的任何对象，在所有对象之外单独开辟空间存储。访问静态成员时同样需要遵守公有及私有访问规则。

声明静态数据成员的语法形式如下。

```
static　数据类型　数据成员名称
```

声明一个静态数据成员 M 的代码如下。

```
class　a
{
    static int M;
}
```

静态数据成员必须在类的外部定义一次（仅有一次），静态成员不能通过类构造函数进行初始化，而是在类外定义时进行初始化。定义静态数据成员的语法形式如下。

```
数据成员类型 类名::静态数据成员名=初始值;
```

静态数据成员初始化时前面不加 static 关键字，以免与一般静态变量发生混淆。作用域运算符“::”不能省略。

【示例 9-9】下面使用不同的对象修改静态数据成员的值。

```
#include <iostream>
using namespace std;
class Max
{
public:
    int number;                                    //声明数据成员
    int number2;
```

```
    static int M;                                   //声明静态数据成员
    Max(int a,int b);                               //声明构造函数
    void a() { cout << "有" << M << "个对象使用过静态数据成员" << endl; };
};
int Max::M = 0;                                     //初始化静态成员
Max::Max(int a,int b)                               //定义构造函数
{
    number = a;
    number2 = b;
    M++;
}
int main()
{

    Max m(3,6);
    cout << "m 的成员数据 number 的值为" << m.number << endl;
    cout << "m 的成员数据 number2 的值为" << m.number2 << endl;
    m.a();
    Max x(6, 9);
    cout << "x 的成员数据 number 的值为" << x.number << endl;
    cout << "x 的成员数据 number2 的值为" << x.number2 << endl;
    x.a();
    return 0;
}
```

程序运行结果如下。

```
m 的成员数据 number 的值为 3
m 的成员数据 number2 的值为 6
有 1 个对象使用过静态数据成员
x 的成员数据 number 的值为 6
x 的成员数据 number2 的值为 9
有 2 个对象使用过静态数据成员
```

从运行结果中可以看出，静态数据成员 M 的值可以被两个对象进行修改，并对所有对象共享。

9.6.2 静态成员函数

静态成员函数是用 static 修饰的成员函数。声明静态成员函数的语法形式如下。

```
static  返回类型    成员函数名称（参数列表）;
```

声明一个成员函数 M 的代码如下。

```
class  a
{
    static int M(int a);
}
```

静态成员函数的定义与普通成员函数的定义方式相同，但是在类外定义静态成员函数时，不加关键字 static 作为前缀。

静态成员函数是类的一部分，而非对象的一部分。静态成员函数一般情况下只能访问类中的静态数据成员。另外，作为类的静态成员函数，不用声明对象，便可直接使用作用域运算符“::”调用，其语法形式如下。

```
类名::静态成员函数名(参数列表);
```

【示例 9-10】定义并使用静态成员函数输出指定内容。

```
#include <iostream>
using namespace std;

class Max
{
public:
        int number;                                         //声明数据成员
        int number2;
        static int M;                                       //声明静态数据成员
        Max(int a,int b);                                   //声明构造函数
        void a() { cout << "静态数据成员 M 被调用了" << M << "次" << endl; };
        static void J()                                     //声明并定义静态成员函数
        {
                cout << "这是一个静态成员函数" << endl;
                M++;                                        //静态成员函数可以直接使用静态数据成员
        };
};
int Max::M = 0;                                             //初始化静态成员
Max::Max(int a,int b)                                       //定义构造函数
{
        number = a;
        number2 = b;
        M++;
}
int main()
{

        Max m(3,6);
        cout << "m 的成员数据 number 的值为" << m.number << endl;
        cout << "m 的成员数据 number2 的值为" << m.number2 << endl;
        m.a();
        Max::J();                                           //不使用对象直接调用静态成员函数
        m.a();
        m.J();                                              //使用对象调用静态成员函数
        m.a();
        return 0;
}
```

程序运行结果如下。

```
m 的成员数据 number 的值为 3
m 的成员数据 number2 的值为 6
静态数据成员 M 被调用了 1 次
这是一个静态成员函数
```

```
静态数据成员 M 被调用了 2 次
这是一个静态成员函数
静态数据成员 M 被调用了 3 次
```

从运行结果中可以看到，静态成员函数 J()可以直接使用静态数据成员 M，并且类可以直接访问静态成员函数 J()。

9.7 对 象 数 组

对象数组是指类实例的对象为数组类型，对象数组中的每个元素都是一个对象。在实际的数据处理中常常需要使用对象数组。例如，学生的信息管理中，可以定义学生为一个类，然后一个班级定义为一个对象数组，数组中的每个成员都对应一个学生的信息。

对象数组的定义语法形式如下。

```
类名 对象数组名[大小]
```

例如，定义类 A 的对象数组 b 有 20 个元素的代码如下。

```
A b[20];
```

访问对象数组的成员语法形式如下。

```
对象数组名[下标].成员名
```

对象数组成员初始化的语法形式如下。

```
类名 对象数组名[大小]={类名(实参列表),…, 类名(实参列表)}
```

如果只对对象数组的某一个成员进行初始化，则语法形式如下。

```
对象数组名[下标]= 类名(实参列表)
```

【示例 9-11】实例化一个对象数组并访问它的成员。

```
#include <iostream>
using namespace std;
class Student
{
public:
        int number;
        string name;
        string sex;
        float score;
        //构造函数
        Student()
        {
                number = 0;
                name = "未知";
                sex = "男/女";
                score = 0;;
        }
        //构造函数
        Student(int a, string b, string c, float d)
        {
                number = a;
                name = b;
                sex = c;
```

```
            score = d;
        }
        void prit()
        {
            cout << "学号：" << number << "  "<<"姓名：" << name <<"  " << "性别：" << sex <<"  "
<< "分数：" << score << endl;
        }
    };
    int main()
    {
        //实例化对象数组中的元素
        Student a[30]= { Student(1,"张三","男",260),Student(2,"李四","男",299), Student(3,"刘丽","女",230),
            Student(4,"王强","男",260), Student(5,"李红","女",260), Student(6,"张强","男",220),
            Student(7,"刘星","男",270), Student(8,"李丽","女",210)};
        a[8] = Student(9, "王五", "男", 280); //单独初始化数组中的对象
        for (int i = 0; i < 30; i++)
        {
            a[i].prit();
        }
        return 0;
    }
```

程序运行结果如下。

```
学号：1  姓名：张三  性别：男  分数：260
学号：2  姓名：李四  性别：男  分数：299
学号：3  姓名：刘丽  性别：女  分数：230
学号：4  姓名：王强  性别：男  分数：260
学号：5  姓名：李红  性别：女  分数：260
学号：6  姓名：张强  性别：男  分数：220
学号：7  姓名：刘星  性别：男  分数：270
学号：8  姓名：李丽  性别：女  分数：210
学号：9  姓名：王五  性别：男  分数：280
学号：0  姓名：未知  性别：男/女  分数：0
学号：0  姓名：未知  性别：男/女  分数：0
学号：0  姓名：未知  性别：男/女  分数：0
学号：0  姓名：未知  性别：男/女  分数：0
学号：0  姓名：未知  性别：男/女  分数：0
学号：0  姓名：未知  性别：男/女  分数：0
学号：0  姓名：未知  性别：男/女  分数：0
学号：0  姓名：未知  性别：男/女  分数：0
学号：0  姓名：未知  性别：男/女  分数：0
学号：0  姓名：未知  性别：男/女  分数：0
学号：0  姓名：未知  性别：男/女  分数：0
学号：0  姓名：未知  性别：男/女  分数：0
学号：0  姓名：未知  性别：男/女  分数：0
学号：0  姓名：未知  性别：男/女  分数：0
学号：0  姓名：未知  性别：男/女  分数：0
学号：0  姓名：未知  性别：男/女  分数：0
学号：0  姓名：未知  性别：男/女  分数：0
```

```
学号：0  姓名：未知  性别：男/女  分数：0
学号：0  姓名：未知  性别：男/女  分数：0
学号：0  姓名：未知  性别：男/女  分数：0
学号：0  姓名：未知  性别：男/女  分数：0
```

代码中，当实例化对象数组 a[30]时，默认会自动调用构造函数 Student()为所有元素进行初始化，每个对象元素的值为“学号：0　姓名：未知　性别：男/女　分数：0”。

另外，代码“{ Student(1,"张三","男",260),Student(2,"李四","男",299), Student(3,"刘丽","女",230),Student(4,"王强","男",260), Student(5,"李红","女",260), Student(6,"张强","男",220), Student(7,"刘星","男",270), Student(8,"李丽","女",210)}; ”对对象数组中的前 8 个元素（下标 7）使用构造函数 Student(int a, string b, string c, float d)进行了再次初始化。

最后，代码“a[8] = Student(9, "王五", "男", 280) ”实现了对对象数组的第 9 个元素的初始化。

所以，对象数组 a 的前 9 个对象的成员值有数据，后面的成员值为默认数据。

9.8 常 成 员

静态成员可以共享数据，因此容易导致数据被破坏，在安全性上有所欠缺。因此，对于十分重要的不希望被更改的数据，可以将其定义为常量。这些设置为常量的数据需要使用 const 进行修饰定义。在类中对象、数据成员及成员函数都可以使用 const 修饰，修饰后的对象称为常对象，数据成员称为常数据成员，成员函数称为常成员函数。

9.8.1 常对象

常对象是指由类定义的常类型定义的对象。其语法形式如下。

```
类名 const 对象名
```

或

```
const 类名 对象名
```

定义一个常对象的代码如下。

```
class M
{
    public:
        int y;
        M (int x) { y=x;}
        …
};
const M c1(1);
M const c2(2);
```

这样，c1 和 c2 就是常对象，在程序中不能被修改，否则会产生编译错误。

9.8.2 常成员函数

在类中可以使用 const 关键字来声明常成员函数。常成员函数的声明语法形式如下。

```
数据类型 函数名(参数表) const;
```

const 在声明语句最后的位置。常成员函数也属于函数成员，所以函数的定义语句可以在类中，也可以在类外。如果在类外定义函数，则需要使用 const 关键字进行修饰。

常成员函数的作用是提供给常对象进行调用，如果不是常成员函数，常对象调用时就会产生编译错误。

【示例 9-12】下面定义常对象与常成员函数，并访问常成员函数。

```
#include <iostream>
using namespace std;

class Max
{
public:
    int number;                         //声明数据成员
    int number2;
    Max(int a,int b);                   //声明构造函数
    void F() const;                     //声明常成员函数
};
Max::Max(int a,int b)                   //定义构造函数
{
    number = a;
    number2 = b;
}
void Max ::  F() const                  //定义常成员函数
{
    cout << "这是一个常成员函数" << endl;
}
int main()
{
    const  Max m(3,6);
    m.F();                              //访问常成员函数
    cout << "m 的成员数据 number 的值为" << m.number << endl;
    cout << "m 的成员数据 number2 的值为" << m.number2 << endl;
    return 0;
}
```

程序运行结果如下。

```
这是一个常成员函数
m 的成员数据 number 的值为 3
m 的成员数据 number2 的值为 6
```

从运行结果中也可以看出，常成员函数 F()可以被常对象 m 访问。如果访问的是普通成员函数，会出现错误提示，如下所示。

```
错误(活动)      E1086      对象含有与成员函数 "Max::a" 不兼容的类型限定符
错误 C2662      “void Max::a(void)”：不能将“this”指针从“const Max”转换为“Max &”
```

9.8.3　常数据成员

在类中使用 const 来定义常数据成员的语法形式如下。

```
const   数据类型   数据成员名;
```

类中的常数据成员的初始化只能通过成员初始化列表的方式来进行。成员初始化列表的语法形式如下。

```
类名::构造函数名( 参数列表):初始化列表;
```

【示例 9-13】下面使用成员初始化列表初始化常数据成员。

```
#include <iostream>
using namespace std;

class Max
{
public:
        const int number;                                        //声明常数据成员
        const int number2;                                       //声明常数据成员
        Max(int a,int b);                                        //声明构造函数
        void F() const;                                          //声明常成员函数
        void a() { cout << "这是一个普通成员函数" << endl; };     //普通成员函数
};
Max::Max(int a,int b):number(a),number2(b)                       //定义构造函数并初始化常数据成员的值
{
}
void Max ::   F() const
{
        cout << "这是一个常成员函数" << endl;
}
int main()
{
        const   Max m(3,6);
        m.F();
        cout << "m 的常成员数据 number 的值为" << m.number << endl;
        cout << "m 的常成员数据 number2 的值为" << m.number2 << endl;
        return 0;
}
```

程序运行结果如下。

```
这是一个常成员函数
m 的常成员数据 number 的值为 3
m 的常成员数据 number2 的值为 6
```

9.9 this 指针

this 指针是一个编译系统隐含的指针，存在于类的每一个成员函数之中。在一个对象调用成员函数时，系统会自动先将对象的地址赋值给 this 指针。静态成员函数是不隐含 this 指针的。

在对象的成员函数中存取数据成员时，都以隐含的形式使用了 this 指针，并不会显式表示。在对象的成员函数中，可以使用 this 来指向对象的成员。同样，也使用*this 来标识调用该成员函数的对象。

【示例 9-14】下面输出 this 指针存放的对象地址值。

```
#include <iostream>
using namespace std;

class Max {
public:
    int x;
    int y;
    Max * address()                    //得到 this 的地址
    {
        this->x = 10;
        this->y = 20;
        return this;
    }
};

int main() {

    Max a;
    Max b;
    Max * p = a.address();
    cout <<"对象 a 的地址值为" << &a << endl;
    cout <<"返回的对象 a 的地址值为"<< p << endl;
    Max* q = b.address();
    cout << "对象 b 的地址值为" << &b << endl;
    cout << "返回的对象 b 的地址值为" << q << endl;
    cout << "对象 a 的数据成员 x 的值为" << a.x << endl;
    cout << "对象 b 的数据成员 y 的值为" << b.y << endl;
    return 0;
}
```

程序运行结果如下。

```
对象 a 的地址值为 00000025A2EFF9A8
返回的对象 a 的地址值为 00000025A2EFF9A8
对象 b 的地址值为 00000025A2EFF9C8
返回的对象 b 的地址值为 00000025A2EFF9C8
对象 a 的数据成员 x 的值为 10
对象 b 的数据成员 y 的值为 20
```

从运行结果中可以看出，this 指针返回的地址值与直接输出的对象地址值相同，说明 this 指向的为当前函数所属对象的地址值。并且，使用“this->数据成员”的方式可以为当前对象的数据成员赋值。

9.10 友　　元

友元是一种共享数据的机制，它需要在类内进行说明。为了与该类的成员函数加以区别，在说明时前面应加关键字 friend。友元不是成员函数，但是它可以访问类中的私有成员和保护成员。

9.10.1 友元的引入

类的特点是封装和隐藏，这是为了保护数据的安全。在类中当访问属性是私有或保护时，对应的成员只能通过类中的成员函数进行访问。这样对于类中的私有和保护成员的访问将十分复杂。为了解决外部成员对类的私有或保护成员的访问问题，引入了友元的概念。

引入友元可以使其他类或其他成员函数访问私有或保护的成员。根据友元所指的目标不同，可以分为友元函数与友元类。友元函数是指主体是一个普通函数或类的成员函数，而有元类是指主体是一个类。

9.10.2 友元函数

友元函数不是当前类的成员函数，而是独立于类的外部函数或其他类的成员函数，但它可以访问对应类的所有成员，包括公有成员、私有成员和保护成员。

友元函数的声明必须在类的内部。友元函数的定义可以在类的内部，也可以在类的外部，但通常都定义在类的外部。将全局函数声明为友元函数的一般语法形式如下。

```
friend   返回值类型  友元函数名(参数表)
```

【示例 9-15】下面使用友元访问类的私有成员与保护成员。

```
#include <iostream>
using namespace std;

class A
{
public:
        int a;
        A(int i, int j, int k)
        {
                a = i;
                b = j;
                c = k;
        };
        friend int sum(A a);                    //声明友元函数
private:
        int b;
protected:
        int c;
};
 int sum(A a)                                   //定义友元函数
{
        return    a.a + a.b + a.c;              //访问私有成员和保护成员
}

int main()
{
```

```
    A ax(1,2,3);

    cout << "和为"<< sum(ax) <<endl;
}
```

程序运行结果如下。

```
和为 6
```

从运行结果中可以看出，友元函数 sum()可以访问类 A 的私有成员 b 和保护成员 c。如果删除函数 sum 在类中的声明语句，则 sum()函数是无法访问类 A 的私有成员和保护成员的，如图 9.2 所示。

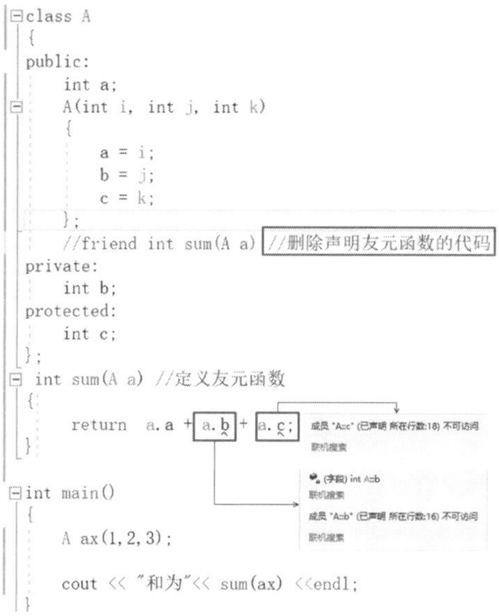

图 9.2　无法访问私有成员和保护成员（1）

9.10.3　友元成员函数

其他类的成员函数也可以作为类的友元函数使用，但其他类的成员函数的访问属性不能为私有（private）。声明为友元成员函数的语法形式如下。

```
friend　返回值类型　其他类的类名::成员函数名(参数表);
```

【示例 9-16】下面将其他类的成员函数声明为友元成员函数。

```
#include <iostream>
using namespace std;
class B;
class A
{
public:
    int sum(B a);                         //声明成员函数
};

class B
{
```

```
public:
    int a;
    B(int i, int j, int k)                //构造函数
    {
        a = i;b = j;c = k;
    };
    friend int A :: sum(B a);             //声明友元成员函数
private:
    int b;
protected:
    int c;
};
int A::sum(B a)                           //定义友元成员函数
{
    return   a.a + a.b + a.c;
};


int main()
{
    B bx(1,2,3);
    A ax;
    cout << "和为"<< ax.sum(bx) <<endl;
}
```

程序运行结果如下。

```
和为 6
```

从运行结果中可以看出，类 A 的成员函数 sum()作为友元成员函数可以访问类 B 的私有成员 b 和保护成员 c。如果删除成员函数 sum()在类中的声明语句，则函数 sum()是无法访问类 B 的私有成员和保护成员的，如图 9.3 所示。

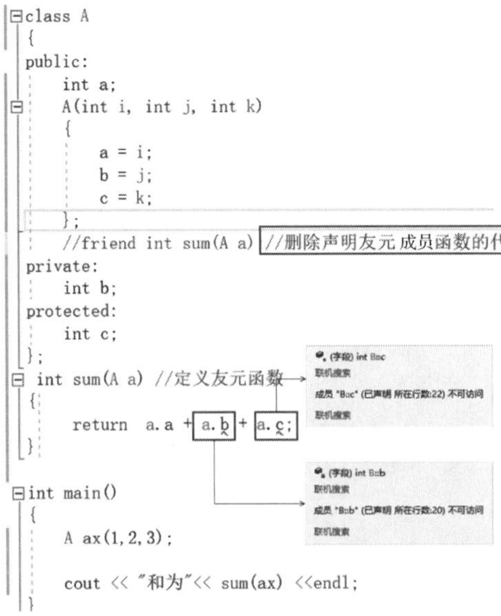

图 9.3　无法访问私有成员和保护成员（2）

9.10.4　友元类

类可以声明为另外一类的友元类。例如，类 A 将类 B 声明为自己的友元，则类 B 的所有成员函数就都可以访问类 A 对象的私有成员。在类定义中声明友元类的语法形式如下。

```
friend  class  类名;
```

【示例 9-17】下面使用友元类的成员函数访问类中的私有成员和保护成员。

```
#include <iostream>
using namespace std;
class B;
class A
{
public:
    int sum(B a);                          //声明成员函数
};

class B
{
public:
    int a;
    B(int i, int j, int k)                 //构造函数
    {
        a = i;b = j;c = k;
    };
    friend A;                              //声明友元类
private:
    int b;
protected:
    int c;
};
int A::sum(B a)                            //定义成员函数
{
    return   a.a + a.b + a.c;
};


int main()
{
    B bx(1,2,3);
    A ax;
    cout << "和为"<< ax.sum(bx) <<endl;
}
```

程序运行结果如下。

```
和为 6
```

从运行结果中可以看出，友元类 A 的成员函数 sum()可以访问类 B 的私有成员 b 和保护成员 c。如果删除友元类 A 的声明语句，则函数 sum()是无法访问类 B 的私有成员和保护成员的，如图 9.4 所示。

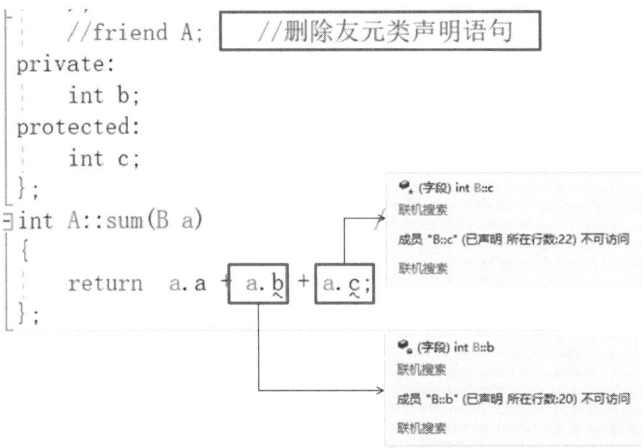

图 9.4　无法访问私有成员和保护成员（3）

9.11　小　　结

通过本章的学习，读者需要了解以下内容。

- 类是面向对象语言的核心。它将面向过程语言的数据类型、函数等数据抽象表达为一种由用户自定义的数据类型。
- 对象是类的实例表现形式，所以在定义对象前，对象必须有一个依靠的类，通过类才能定义对象。
- 构造函数用于对类的对象的成员进行初始化。
- 析构函数实现类的内存回收。
- 析构函数的名称和类名相同，不过其前面必须加求反符号“~”，用来与构造函数进行区别。析构函数没有返回值类型，如果用户不指定，系统会自动创建并调用析构函数。
- 静态数据成员是类的一种特殊数据成员，它以关键字 static 开始。静态数据成员独立于该类的任何对象，在所有对象之外单独开辟空间存储。
- 对象数组是指类实例的对象为数组类型，对象数组中的每个元素都是一个对象。
- 复制构造函数名同类名相同。参数表中的 const 使后面引用的对象在函数中不能被修改。如果类中没有声明复制构造函数，则编译系统会自动生成复制构造函数。
- 在类中对象、数据成员及成员函数都可以使用 const 修饰，修饰后的对象称为常对象，数据成员称为常数据成员，成员函数称为常成员函数。
- this 指针是一个编译系统隐含的指针，存在于类的每一个成员函数之中。
- 友元是一种共享数据的机制，它需要在类内进行说明。为了与该类的成员函数加以区别，在说明时前面应加关键字 friend。

9.12　习　　题

一、填空题

1．对象是具体化的_____，类是某一类对象的_____。

2．在 C++中使用关键字_____来声明类，类的定义分为说明部分和实现部分。
3．访问修饰符包括_____、_____和_____三种。
4．在类中声明的变量、指针、数组或对象都是类的成员，称为_____。
5．类的成员函数也称类的_____。
6．构造函数的作用是在类中以函数的形式为类的数据成员进行_____。
7．构造函数的名称要与类的名称_____。
8．对象数组是指类实例的对象为数组类型，对象数组中的每个元素都是一个_____。
9．复制构造函数名与类名_____。

二、选择题

1．下列有关类的说法不正确的是（　　）。
A．对象是类的一个实例
B．对象是类的一个实例
C．一个类只能有一个对象
D．类与对象的关系和数据类型与变量的关系相似

2．下面对构造函数和析构函数的定义正确的是（　　）。
A．void X::X()，void X:: ~x()　　B．X::X(参数)，X::~X()
C．X::X(参数)，X::~X(参数)　　D．void X::X(参数)，void X::~X(参数)

3．对象进行初始化的函数为（　　）。
A．析构函数　　B．数据成员
C．构造函数　　D．静态成员函数

4．对复制构造函数具有的特点，说法错误的是（　　）。
A．如果一个类中没有定义复制构造函数，系统将自动生成一个默认的复制构造函数
B．复制构造函数只有一个参数，并且是该类对象的引用
C．复制构造函数是一种成员函数
D．复制构造函数的名字不能用类名

5．关于静态成员的描述错误的是（　　）。
A．静态成员可分为静态数据成员和静态成员函数
B．静态数据成员定义后必须在类内进行初始化
C．静态数据成员初始化不使用其构造函数
D．静态数据成员函数中不能直接引用非静态成员

6．关于友元的描述错误的是（　　）。
A．友元函数是成员函数，它被说明在类内
B．友元函数可直接访问类中的私有成员
C．友元函数破坏封装性，使用时尽量少用
D．友元类中的所有成员函数都是友元函数

7．下列关于 this 指针的说法正确的是（　　）。
A．this 指针存在于每个函数之中
B．在类的非静态函数中，this 指针指向调用该函数的对象
C．this 指针是指向类的函数成员的指针

D．this 指针是指向虚函数表的指针

8．在下列关键字中，用以说明类中公有成员的是（　　）。

A．private　　B．public　　C．protected　　D．friend

9．下列各类函数中，不是类的成员函数的是（　　）。

A．构造函数　　B．友元函数　　C．析构函数　　D．复制函数

第 10 章　继承与派生

类的继承是面向对象语言的一个重要特征，它允许类拥有继承能力，这样可以在旧类的基础上创建新的类，解决应对不同需求大量重写代码的问题。C++提供了丰富的继承功能，它通过继承和派生可以简化代码的编写。本章将详细介绍有关继承与派生的知识。

10.1　继承与派生概述

继承是指一个类从另外一个类获取成员数据和函数。派生是指从一个类中生成新的类，它是继承实现的具体方式。本节将详细讲解继承与派生的相关内容。

10.1.1　继承与派生的定义

在现实生活中有很多类似继承的现象，如汽车的更新换代、生物的遗传特性、各种技术的传承等，都会涉及继承。它们都是站在巨人的肩膀看世界，从老一辈或旧技术中继承，然后在新生一代中根据环境的变化进行改进，从而让技术不断更新。

在 C++语言中，继承是指一个新类直接从另一基础类中继承数据成员和成员函数。基础类也可以称为父类或基类。新类可以称为子类、派生类。

继承的关系就像儿子继承父亲的基因，儿子在性格、身材等方面会与父亲十分相似，但是可能会有一定的改进。继承根据基类的多少可以分为单继承与多继承（又称多重继承）两种。

如果派生类有一个基类，则这种情况称为单继承，如图 10.1 所示。单继承就像“闭门造车”，每一代技术都是基于上一代技术进行更新，只会继承一个父类的技术。

如果派生类有多个基类，则这种情况称为多继承，如图 10.2 所示。多继承就像“采众家之长”，新一代技术会学习多种技术进行融合，会继承多个父类的技术。

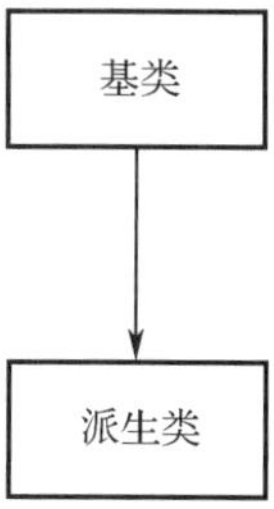

图 10.1　单继承

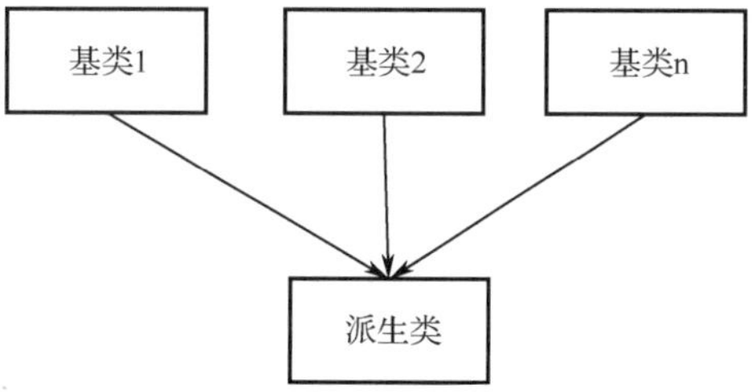

图 10.2　多继承

类可以派生一个或多个新类，新类也可以派生另外一个或多个新类，这种派生可以不断出现。这样就形成了复杂的继承结构。基类和派生类的关系如下。

- 基类是对派生类的抽象；派生类是对基类的具体化，是基类的延续。
- 派生类是基类的组合，多继承可以看作多个单继承的简单组合。

- ❑ 公有派生类的对象可以作为基类的对象处理。
- ❑ 派生类不会继承基类的构造函数和析构函数。

10.1.2 声明派生类

声明派生类的语法形式如下。

```
class <派生类名>:<继承方式 1><基类名 1>,
                <继承方式 2><基类名 2>,
                …
                <继承方式 n><基类名 n>
{
        派生类新定义成员;
}
```

- ❑ class 为关键字，表示声明的是类。
- ❑ 派生类名为新类的名称，命名时需要符合标识符命名规则。
- ❑ 继承方式是指 public 公有继承、private 私有继承与 protected 保护继承三种。
- ❑ 基类名是指父类的名称，必须是存在的类。
- ❑ 派生类新定义成员是指除了从基类继承的数据成员和成员函数外，在派生类中还可以定义属于自己的数据成员和成员函数等成员对象。
- ❑ 如果是单继承，则只需要写一个继承方式和一个基类名。多继承需要在每个基类之间用逗号进行分隔。

注意：如果是多个基类，则每个基类之间要用逗号分隔，并且最后在大括号外的分号不可少。

【示例 10-1】下面定义一个派生类 B。

```
#include <iostream>
using namespace std;

class Base {
public:
    int x;
    int y;
    Base* address()          //得到 this 的地址
    {
        this->x = 10;
        this->y = 20;
        return this;
    }
};
class B : public Base        //继承基类 Base 并定义新数据成员 a 和 b
{
    int a;
    int b;
};
```

从代码中可以看出，派生类 B 以 public 形式继承了基类 Base，并定义了派生类 B 的新数据成员。

10.2　继承的访问控制

一个派生类由基类的成员和自身新定义的成员组成，它们都有公有（public）、私有（private）和保护（protected）三种访问属性，其访问属性的含义如图 10.3 所示。

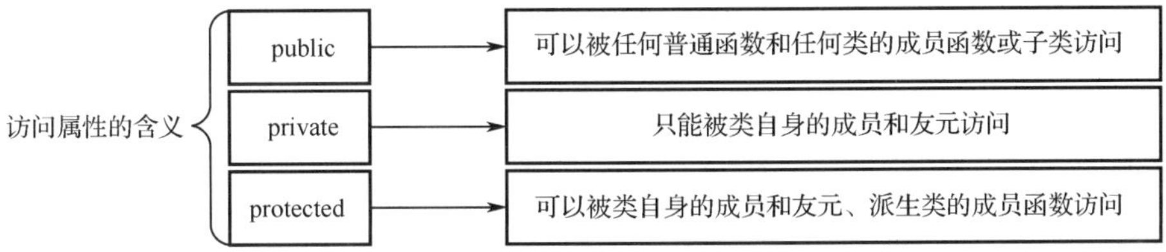

图 10.3　访问属性的含义

派生类对自身成员的访问权限如图 10.4 所示。

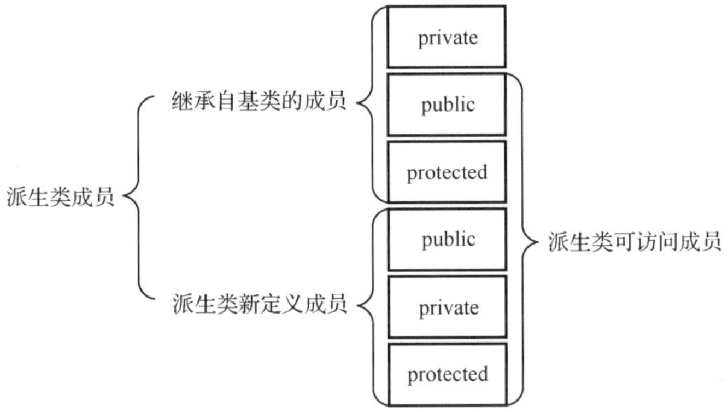

图 10.4　派生类对自身成员的访问权限

从图中可以看出，继承自基类的 private 访问属性的成员，派生类是无权访问的。只有基类自己才能访问。

类的成员有公有（public）、私有（private）和保护（protected）三种访问属性。继承方式也有公有继承（public）、私有继承（private）和保护继承（protected）三种继承方式。在继承时，基类的成员访问属性会受到继承方式的影响发生一些改变，其变化如图 10.5 所示。

从图中可以看出以下内容。

- ❑ 基类中的私有成员在派生类中是无法访问的，对于派生类来说基类的私有成员属于隐藏状态，只能由基类去访问。
- ❑ 派生类可以访问基类的公有和保护访问属性成员，但是无法访问私有访问属性的成员。基类的访问属性随继承方式的改变而改变。
- ❑ 派生类从基类私有继承时，基类的公有和保护成员在派生类中都改为私有成员。
- ❑ 派生类从基类公有继承时，基类的公有和保护成员在派生类中仍为公有和保护成员。
- ❑ 派生类从基类保护继承时，基类的公有成员在派生类中改变为保护成员，保护成员不变。

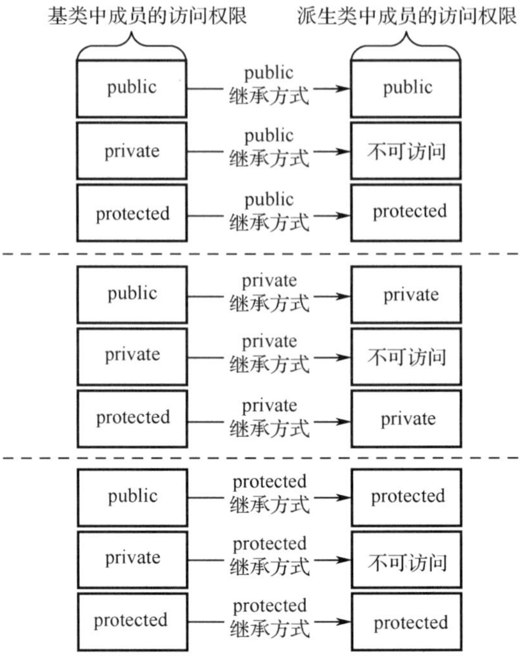

图 10.5　继承后访问权限发生改变

10.2.1　私有继承

在私有继承中，派生类以私有方式继承基类。基类的私有成员派生类无访问权限，基类的公有和保护成员也改为了私有成员。

派生类不能直接访问基类的私有成员，只能在派生类的成员函数中通过基类的公有或保护成员函数间接访问基类的私有成员。

所以，在定义函数方法时，通常都要考虑通过公有成员间接访问私有成员的问题。

【示例 10-2】下面演示使用私有继承方式的派生类的对象访问基类的私有函数成员与私有成员数据。

```
#include <iostream>
using namespace std;

class Base {
public:
    int x;
    int y;
    int sum(int a, int b);                    //公有成员函数
    Base();
private:                                      //私有数据成员
    int c;
    int d;
protected:
    int e;
    int f;
};
```

```
int Base::sum(int a, int b)
{
    c = a;                                  //访问私有成员
    d = b;                                  //访问私有成员
    return c + d;
}
Base::Base()                                //构造函数
{
    x = 1;y = 2;c = 3;d = 4;e = 5;f = 6;
}

class B : private Base                      //私有继承
{
public :
    int g;
    int q;
    int Bsum(int a,int b)
    {
        return sum(a, b);                   //调用私有函数成员
    };
};



int main() {

    B s;
    int a =s.Bsum(1, 2);
    cout << "对象 s 访问基类求和函数的值为" <<a<< endl;
    return 0;
}
```

程序运行结果如下。

```
对象 s 访问基类求和函数的值为 3
```

由于是私有继承方式，sum()的访问权限改为了私有，派生类的对象是无法访问该函数的，所以，代码“s.sum(1, 2)”这种写法是错误的。

只能使用“s.Bsum(1, 2)”的方式通过 Bsum()公有成员函数间接访问已经变为私有成员函数的 sum( )函数成员，然后 sum( )函数成员再间接访问基类的私有成员 c 和 d。

10.2.2　公有继承

在公有继承中，基类的公有成员和保护成员在派生类中仍是公有成员和保护成员，派生类的对象可以直接访问它们。

【示例 10-3】下面演示使用公有继承方式的派生类的对象访问基类的私有函数成员与私有成员数据。

```
#include <iostream>
```

```
using namespace std;

class Base {
public:
    int x;
    int y;
    int sum(int a, int b);              //公有成员函数
    Base();
private:                                //私有数据成员
    int c;
    int d;
protected:
    int e;
    int f;
};
int Base::sum(int a, int b)
{
    c = a;
    d = b;
    return c + d;
}
Base::Base()
{
    x = 1;y = 2;c = 3;d = 4;e = 5;f = 6;
}

class B : public Base                   //公有继承
{
public :
    int g;
    int q;
    int Bsum(int a,int b)
    {
        return sum(a, b);               //调用私有函数成员
    };
};



int main() {


    B s;
    int a =s.sum(3,4);
    cout << "对象 s 访问基类求和函数的值为" <<a<< endl;
    return 0;
}
```

程序运行结果如下。

```
对象 s 访问基类求和函数的值为 7
```

代码由于是公有继承方式，sum()的访问权限改为公有，派生类的对象是可以访问该函数的。所以语句“s.sum(3,4)”这种写法是正确的。然后，sum( )函数成员再间接访问基类的私有成员 c 和 d。

10.2.3　保护继承

在保护继承中，基类的公有成员在派生类中成为保护成员，基类的保护成员在派生类中仍为保护成员，所以，派生类的对象无法访问保护访问属性的成员，需要使用公有函数成员间接访问。

【示例 10-4】下面演示使用保护继承方式的派生类的对象访问基类的私有函数成员与私有成员数据。

```
#include <iostream>
using namespace std;

class Base {
public:
    int x;
    int y;
    int sum(int a, int b);              //公有成员函数
    Base();
private:                                //私有数据成员
    int c;
    int d;
protected:
    int e;
    int f;
};
int Base::sum(int a, int b)
{
    c = a;
    d = b;
    return c + d;
}
Base::Base()
{
    x = 1;y = 2;c = 3;d = 4;e = 5;f = 6;
}

class B : protected Base                //保护继承
{
public:
    int g;
    int q;
    int Bsum(int a, int b)
```

```
        {
            return sum(a, b);          //调用私有函数成员
        };
};

int main() {

        B s;
        int a =s.Bsum(3, 4);
        cout << "对象 s 访问基类求和函数的值为" <<a<< endl;
        return 0;
}
```

程序运行结果如下。

```
对象 s 访问基类求和函数的值为 7
```

由于是保护继承方式，sum()的访问权限改为了保护属性，派生类的对象是无法访问该函数的，所以，代码“s.sum(3, 4)”这种写法是错误的。

只能使用“s.Bsum(3, 4)”的方式通过 Bsum( )公有成员函数间接访问已经变为保护成员函数的 sum( )函数成员，然后 sum( )函数成员再间接访问基类的私有成员 c 和 d。

10.3 派生类的构造函数和析构函数

在 C++中，派生类与基类一样，都使用构造函数实现初始化，使用析构函数实现空间释放。但是在继承时，派生类不会继承基类的构造函数和析构函数。所以，派生类需要定义自己的构造函数与析构函数。

虽然没有继承构造函数与析构函数，但是派生类毕竟是继承自基类，所以派生类在定义自己的构造函数与析构函数时会受到基类的影响，具体注意事项如下。

- 基类的构造函数和析构函数不能被派生类继承。
- 如果基类没有定义构造函数，派生类也可以不定义构造函数，全都采用默认的构造函数。
- 如果基类定义了带有形参表的构造函数，派生类就必须定义新的构造函数，提供一个将参数传递给基类构造函数的途径。
- 如果派生类的基类也是派生类，则每个派生类只需负责其直接基类的构造，而不负责间接基类的构造。
- 派生类是否要定义析构函数与所属的基类无关。

10.3.1 派生类的构造函数

派生类的数据结构是由基类的成员及其自身的成员共同组成的，其中基类的数据成员必须由其基类的构造函数进行初始化。所以，派生类的构造函数需要初始化自身的数据成员，并且要调用基类的构造函数初始化基类的数据成员。

调用基类的构造必须采用初始化成员列表的方式进行，派生类构造函数的语法形式如下。

```
派生类名::派生类名(总参数表)：基类 (参数列表),
```

```
{
    派生类构造函数体;
}
```

其中，参数列表要根据基类构造函数定义方式确定是否省略。如果基类构造函数没有参数，就不需要添加参数列表。

【示例 10-5】使用派生类的构造函数初始化基类和派生类的成员数据并输出。

```
#include <iostream>
using namespace std;

class Base {
public:
    int x;
    int y;
    int sum(int a, int b);          //公有成员函数
    Base();
private:                            //私有数据成员
    int c;
    int d;
protected:
    int e;
    int f;
};
int Base::sum(int a, int b)
{
    c = a;
    d = b;
    return c + d;
}
Base::Base()
{
    x = 6;y = 8;c = 3;d = 4;e = 5;f = 6;
}

class B : public Base
{
public:
    int g;
    int q;
    B(int i, int j);
    int Bsum(int a, int b)
    {
        return sum(a, b);           //调用私有函数成员
    };
};
B::B(int i, int j) :Base()          //使用成员列表方式调用基类构造函数
{
    g = i;
```

```
        q = j;
        cout << "这是派生类的构造函数"  << endl;
    };

    int main()
    {
        B s(1,2);                           //调用派生构造函数
        cout << "基类数据成员 x 的值为" << s.x << endl;
        cout << "基类数据成员 y 的值为" << s.y << endl;
        cout << "派生类数据成员 g 的值为" << s.g << endl;
        cout << "派生类数据成员 q 的值为" << s.q << endl;
        return 0;
    }
```

程序运行结果如下。

```
这是派生类的构造函数
基类数据成员 x 的值为 6
基类数据成员 y 的值为 8
派生类数据成员 g 的值为 1
派生类数据成员 q 的值为 2
```

从运行结果中可以看出，使用派生类的构造函数成功地调用了基类构造函数，从而初始化了基类的数据成员 x 与 y，并且也初始化了派生类的数据成员 g 和 q。

10.3.2 派生类的析构函数

派生类的析构函数的功能与基类的析构函数的功能一样，也是在对象撤销时进行必要的内存释放和善后处理工作。析构函数不能被继承，如果需要析构函数，则要在派生类中重新定义。与基类的析构函数一样，派生类的析构函数也没有数据类型和参数。

【示例 10-6】定义并使用派生类的析构函数。

```
#include <iostream>
using namespace std;

class Base {
public:
    int x;
    int y;
    int sum(int a, int b);              //公有成员函数
    Base();
    ~Base()
    {
        cout << "这是基类的析构函数" << endl;   //析构函数
    };
private:                                //私有数据成员
    int c;
    int d;
protected:
    int e;
```

```
    int f;
};
int Base::sum(int a, int b)
{
    c = a;
    d = b;
    return c + d;
}
Base::Base()
{
    x = 6;y = 8;c = 3;d = 4;e = 5;f = 6;
}

class B : public Base
{
public:
    int g;
    int q;
    B(int i, int j);
    int Bsum(int a, int b)
    {
        return sum(a, b);           //调用私有函数成员
    };
    ~B()
    {
        cout << "这是派生类的析构函数" << endl;   //析构函数
    };
};
B::B(int i, int j) :Base()          //使用成员列表方式调用基类的构造函数
{
    g = i;
    q = j;
    cout << "这是派生类的构造函数"   << endl;
};

int main()
{
    B s(1,2);                       //调用派生类的构造函数
    cout << "基类数据成员 x 的值为" << s.x << endl;
    cout << "基类数据成员 y 的值为" << s.y << endl;
    cout << "派生类数据成员 g 的值为" << s.g << endl;
    cout << "派生类数据成员 q 的值为" << s.q << endl;
    return 0;
}
```

程序运行结果如下。

```
这是派生类的构造函数
基类数据成员 x 的值为 6
```

```
基类数据成员 y 的值为 8
派生类数据成员 g 的值为 1
派生类数据成员 q 的值为 2
这是派生类的析构函数
这是基类的析构函数
```

从运行结果中可以看出，当不再使用当前类时，系统会自动调用类的析构函数释放内存空间。

10.4 多 继 承

多继承是指派生类继承自多个基类。由于派生类的基类过多，所以在使用成员数据时会出现很多特殊的处理方式，本节将详细讲解多继承的相关内容。

10.4.1 多继承概述

多继承就是一个类继承多个基类，派生类的成员将包含多个基类的成员，同时还可以定义新的成员。多继承的派生类声明语法形式如下。

```
class <派生类名>:<继承方式 1><基类名 1>,
                <继承方式 2><基类名 2>,
                …
                <继承方式 n><基类名 n>
{
        派生类新定义成员;
}
```

派生类由多个基类派生时，基类之间用逗号隔开，每个基类需要指明继承方式。如果省略，默认使用私有继承。声明一个多继承的派生类代码如下。

```
class Duo :public a, public b
{
public:
    int a;
    int b;
};
```

在使用多继承时，各种派生方式对于基类成员在派生类中的访问权限与单继承的规则相同。在使用多继承时，对基类成员的访问应无二义性。

10.4.2 二义性问题

二义性问题会出现在多继承中的成员访问时。因为在不同类中，成员名是可以相同的。所以，当一个派生类继承了多个类的成员时，这些成员的名称是可能重合的。在使用派生类的对象调用成员函数时，就会出现无法确定调用哪一个成员的问题，这就是二义性问题。

如图 10.6 所示为出现二义性问题的代码。

在图中无法确定 dx.x 访问的是哪个基类的成员 x，出现了二义性。为了解决二义性问题，C++可以采用以下两种方式。

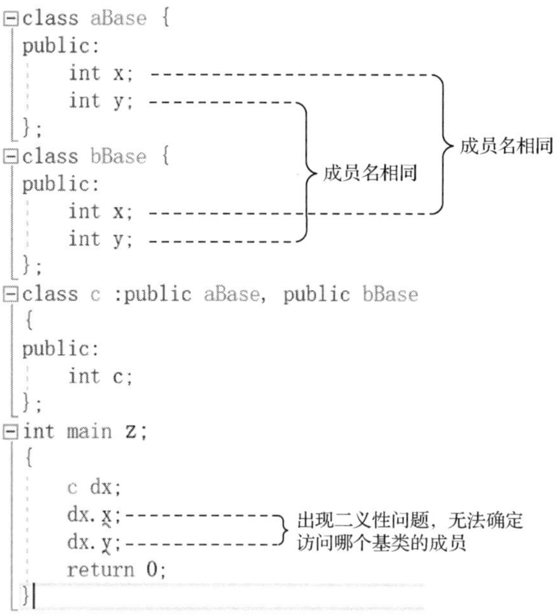

图 10.6　出现二义性问题的代码

1. 使用域运算符

在派生类的对象调用成员时，可以使用域运算符添加基类名，从而指定对象要调用的具体基类的成员，其语法形式如下。

```
对象名.基类名::成员名
对象名.基类名::成员名(参数表)
```

具体代码如下。

```
c dx;                //声明对象
dx.aBase::x;         //访问时指明基类
dx.bBase::y;         //访问时指明基类
```

2. 使用重新定义的方式

在派生类中重新定义与基类中同名的成员。在引用这些同名的成员时，引用的就是派生类中的成员，这样二义性问题就得到了解决。这种方式会将基类中成员的初始化值覆盖，所以，在定义派生类的同名成员时需要使用派生类的构造函数对其进行初始化。

【示例 10-7】下面采用两种方式解决二义性问题。

```
#include <iostream>
using namespace std;

class aBase {
public:
    int x;
    int y;
    aBase() { x = 1, y = 2; };
};
class bBase {
public:
```

```
    int x;
    int y;
    bBase() { x = 3, y = 4; }
};
class c :public aBase, public bBase
{
public:
    int z;
    int x;
    int y;
    c(): aBase(),bBase() { z = 1; x = 5; y = 6; };//派生类构造函数
};
int main()
{
    c dx;
    cout << "基类 aBase 的 x 成员的值为" << dx.aBase::x <<endl;//使用域运算符指定基类
    cout << "基类 bBase 的 y 成员的值为" << dx.bBase::y << endl;//使用域运算符指定基类
    cout << "派生类的 x 成员的值为" << dx.x << endl;//使用重新定义的方式访问成员
    cout << "派生类的 y 成员的值为" << dx.y << endl;//使用重新定义的方式访问成员
    return 0;
}
```

程序运行结果如下。

```
基类 aBase 的 x 成员的值为 1
基类 bBase 的 y 成员的值为 4
派生类的 x 成员的值为 5
派生类的 y 成员的值为 6
```

从运行结果中可以看出，使用域运算符或重新定义的方式都可以解决二义性问题。

10.4.3 多继承的构造函数

多继承时也涉及基类成员、对象成员和派生类成员的初始化问题和内存释放处理问题，因此，必要时也要定义构造函数和析构函数。在 C++中，声明多继承构造函数的一般语法形式如下。

```
派生类名::派生类名(总参数表)：基类 1(参数列表 1),
                            …
                           基类 n(参数列表 n),
                           成员名 m(参数表 n),
{
    派生类构造函数体;
}
```

多继承的派生类的构造函数和析构函数的执行顺序与单继承相同，但基类之间是严格按照声明派生类时从左到右的顺序来执行的，与它们在定义派生类构造函数中的次序无关。

【示例 10-8】使用派生类的构造函数为基类及其成员进行初始化。

```
#include <iostream>
using namespace std;
```

```
class aBase {
public:
	int x;
	int y;
	aBase(int a,int b) { x = a, y = b; };
};
class bBase {
public:
	int z;
	int q;
	bBase(int a,int b) { z = a, q = b; }
};
class c :public aBase, public bBase
{
public:
	int j;
	int k;
	c(int a,int b): aBase(a,b),bBase(a,b) { j = a; k = b; };          //派生类的构造函数
};
int main()
{
	c dx(5,6);                                                          //访问派生类的构造函数
	cout << "基类 aBase 的 x 成员的值为" << dx.x <<endl;
	cout << "基类 bBase 的 z 成员的值为" << dx.z << endl;
	cout << "派生类 c 的 j 成员的值为" << dx.j << endl;
	return 0;
}
```

程序运行结果如下。

```
基类 aBase 的 x 成员的值为 5
基类 bBase 的 z 成员的值为 5
派生类 c 的 j 成员的值为 5
```

从运行结果中可以看出，通过派生类的构造函数为基类及其成员的值进行了初始化。

10.5 虚 基 类

在继承中还有可能会出现如图 10.7 所示的三层菱形继承导致的二义性问题，这种问题是由于基类 a 派生了两个类 b 与 c，然后派生类 d 又多继承了类 b 和类 c 导致的。

这样，派生类 d 中就包含两份基类 a 的成员、一份类 b 的新增成员、一份类 c 的新增成员及自身的新增成员。其中两份基类 a 的成员不但会出现二义性问题，而且会浪费一定的内存空间，如图 10.8 所示。为了解决这一问题，C++引入了虚基类。

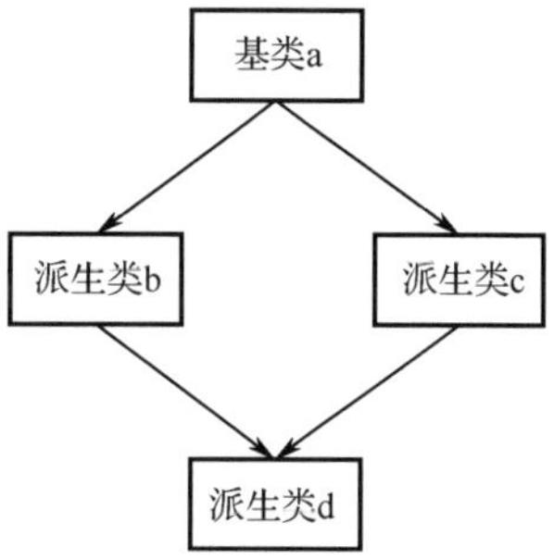

图 10.7　菱形继承关系

图 10.8　二义性问题

10.5.1　虚基类的定义

虚基类是指让某个类做出声明，承诺愿意共享它的基类，这个被共享的基类就称为虚基类（Virtual Base Class）。当虚基类被共享后，虚基类在继承体系中无论出现多少次，其派生类中都只会包含一份虚基类的成员。

虚基类就像 CS 中共享狙击枪的操作。为了战队的经济管理，当队友 a 购买了狙击枪后，其他队友可以不买狙击枪。这样就避免了重复购买浪费经费的问题。

简单理解，队友 a 告知队友“我有狙击枪”相当于 virtual 声明，表示队友 a 的狙击枪是一个虚基类，其他队友都可以使用这个狙击枪，不需要再次购买。虚基类的声明是在派生类的声明过程中进行的，其声明语法形式如下。

```
class<类名>:virtual<继承方式><基类名>
```

声明一个虚基类 a，代码如下。

```
class d:virtual public a;
```

【示例 10-9】使用虚基类解决二义性问题。

```
#include <iostream>
using namespace std;

class a
{
public:
    int h;
};
class b: virtual public a
```

```
{
public:
    int i;
};
class c :virtual public a
{
public:
    int j;
};
class d :public  b, public c
{
public:
    int k;
    void set(int a)
    {
        h = a;
        i = a;
        j = a;
        k = a;
    }
};

int main()
{
    d dx;
    dx.set(8);
    cout << "虚基类 a 的成员的值为"<<dx.h<<endl;
    cout << "派生类 b 的成员的值为" << dx.i << endl;
    cout << "派生类 c 的成员的值为" << dx.j << endl;
    cout << "派生类 d 的成员的值为" << dx.k << endl;
    return 0;
}
```

程序运行结果如下。

```
虚基类 a 的成员的值为 8
派生类 b 的成员的值为 8
派生类 c 的成员的值为 8
派生类 d 的成员的值为 8
```

从运行结果中可以看出，使用虚基类进行继承，不会产生命名冲突导致的二义性问题。

10.5.2 虚基类的构造函数和初始化

基于虚基类的继承结构，假设虚基类为底层的类，那么外层的派生类被称为最派生类。虚基类体系中初始化数据时，会从最派生类的构造函数实现初始化。

最派生类的构造函数的定义方式与普通的派生类的构造函数相同，只是执行顺序有所不同。当构造函数的初始化列表中同时出现了对虚基类和非虚基类构造函数的调用时，先执行虚基类的构造函数再执行非虚基类的构造函数。

【示例 10-10】使用构造函数验证虚基类的运行顺序。

```
#include <iostream>
using namespace std;

class a
{
public:
    int h;
    a() { cout << "虚基类 a" << endl; };                    //构造函数
};
class b: virtual public a                                   //声明 a 为虚基类
{
public:
    int i;
    b() { cout << "派生类 b" << endl; };                    //构造函数
};
class c :virtual public a                                   //声明 a 为虚基类
{
public:
    int j;
    c() { cout << "派生类 c" << endl; };                    //构造函数
};
class d :public  b, public c
{
public:
    int k;
    d() :b(), c(), a() { cout << "最派生类 d" << endl; };   //最派生类的构造函数
    void set(int a)
    {
        h = a;
        i = a;
        j = a;
        k = a;
    }
};

int main()
{
    d dx;
    dx.set(8);
    cout << "虚基类 a 的成员的值为"<<dx.h<<endl;
    cout << "派生类 b 的成员的值为" << dx.i << endl;
    cout << "派生类 c 的成员的值为" << dx.j << endl;
    cout << "最派生类 d 的成员的值为" << dx.k << endl;
    return 0;
}
```

程序运行结果如下。

```
虚基类 a
```

派生类 b
派生类 c
最派生类 d
虚基类 a 的成员的值为 8
派生类 b 的成员的值为 8
派生类 c 的成员的值为 8
最派生类 d 的成员的值为 8

从运行结果中可以看出，虽然构造函数代码“d() :b(), c(), a() { cout << "最派生类 d" << endl; };”中的虚基类的构造函数 a()在最后，但是仍然会优先执行虚基类的构造函数。

10.6 小　　结

通过本章的学习，读者需要了解以下内容。

- 在 C++语言中继承是指一个新类直接从另一个基础类中继承数据成员和成员函数。基础类也可以称为父类或基类。新类可以称为子类、派生类。
- 派生是指从一个类中派生新的类，是继承实现的具体方式。
- 一个派生类由基类的成员和自身新定义的成员组成，它们都有公有（public）、私有（private）和保护（protected）三种访问属性。
- 公有继承中，基类的公有成员和保护成员在派生类中仍是公有成员和保护成员，派生类的对象可以直接访问它们。
- 私有继承中，派生类以私有方式继承基类。基类的私有成员派生类无访问权限，基类的公有和保护成员也改为了私有成员。
- 保护继承中，基类的公有成员在派生类中成为保护成员，基类的保护成员在派生类中仍为保护成员，所以，派生类的对象无法访问保护访问属性的成员，需要使用公有函数成员间接访问。
- 派生类的构造函数需要初始化自身的数据成员并且要调用基类的构造函数初始化基类的数据成员。
- 派生类析构函数的功能是在对象撤销时进行必要的内存释放和善后处理工作。析构函数不能被继承，如果需要析构函数，则要在派生类中重新定义。
- 多继承是指派生类继承自多个基类。
- 虚基类是指让某个类做出声明，承诺愿意共享它的基类，这个被共享的基类就称为虚基类。

10.7 习　　题

一、填空题

1．继承根据基类的多少可以分为_____与______两种。

2．如果派生类有一个基类，则这种情况称为______；如果派生类有多个基类，则这种情况称为_____。

3．在私有继承中，派生类以私有方式继承基类。基类的私有成员派生类_____，基类的公有和保护成员也改为了_____。

4. 派生类的对象无法访问保护访问属性的成员，需要使用_____成员间接访问。

5. 析构函数_____被继承，如果需要析构函数，则要在派生类中重新定义。

6. 基于虚基类的继承结构中，假设虚基类为底层的类，那么外层的派生类被称为_____。

二、选择题

1. 下列有关继承和派生的叙述中，正确的是（　　）。
   A. 派生类不能访问通过私有继承的基类的保护成员
   B. 多继承的虚基类不能够实例化
   C. 如果基类没有默认构造函数，派生类就应当声明带形参的构造函数
   D. 基类的析构函数和虚函数都不能够被继承，需要在派生类中重新实现

2. 下列对派生类的描述错误的是（　　）。
   A. 一个派生类可以作为另一个派生类的基类
   B. 派生类至少有一个基类
   C. 派生类的成员除了它自己的成员外，还包含其基类成员
   D. 派生类中继承的基类成员的访问权限到派生类中保持不变

3. 派生类的对象可以访问（　　）的基类成员。
   A. 公有继承的基类的公有成员
   B. 公有继承的基类的保护成员
   C. 公有继承的基类的私有成员
   D. 保护继承的基类的公有成员

4. 关于多继承二义性的描述错误的是（　　）。
   A. 派生类的多个基类中存在同名成员时，派生类对这个成员的访问可能出现二义性
   B. 一个派生类是从具有共同的间接基类的两个基类派生来的，派生类对该公共基类的访问可能出现二义性
   C. 解决二义性最常用的方法是使用作用域运算符对成员进行限定
   D. 派生类和它的基类中出现同名函数时，将可能出现二义性

5. C++类体系中能被派生类继承的是（　　）。
   A. 构造函数　　B. 析构函数　　C. 虚函数　　D. 友元函数

6. 多继承派生类构造函数构造对象时最先调用（　　）。
   A. 派生类自己的构造函数　　B. 虚基类的构造函数
   C. 非虚基类的构造函数　　D. 派生类中子对象类的构造函数

7. 设有基类定义 class Cbase{private: int a;protected: int b;public: int c;};，派生类采用（　　）可以使成员变量 b 成为派生类的私有成员。
   A. 保护继承　　B. 公有继承　　C. 私有继承　　D. 均可

第 11 章　多态与虚函数

多态（polymorphism）从字面意思来说就是多种形态。多态是面向对象语言的一个重要特征。使用多态可以让程序更好地满足多种功能要求。本章将详细介绍多态的有关知识。

11.1　多 态 概 述

11.1.1　多态的概念

在现实生活中也会大量用到多态的概念。例如，汽车属于一种驾驶工具，每种汽车都有不同的配置和功能，但是，驾驶员都需要从驾驶位进入驾驶舱，对汽车进行驾驶。各种各样的车就是一种多态的具体形式，驾驶室就是统一的接口，如图 11.1 所示。

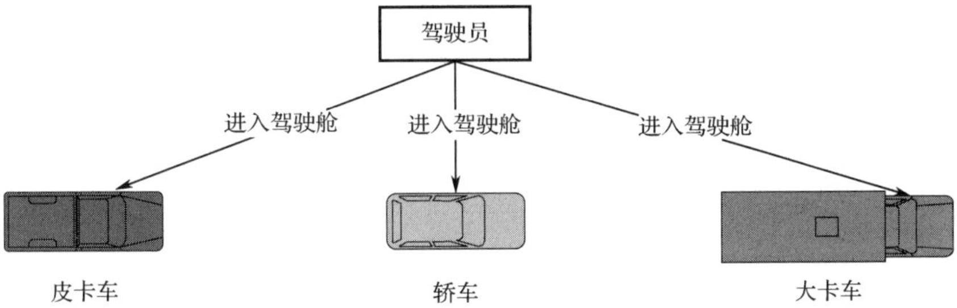

图 11.1　汽车的多态概念

在常用的软件中也会用到多态的概念。例如，只要是和视频相关的软件都会拥有播放键，只是每种视频软件的播放键的形式或激活方式有所不同而已。

在 C++语言中，多态是指面向对象语言中要求多个语义能在同一接口下为不同的对象使用。这样根据使用主体的不同，可以从同一接口处定义不同的具体功能。多态的概念也是为了解决在多重继承结构中产生的一系列问题。

11.1.2　多态的实现

在 C++语言中，多态可以分为编译时多态和运行时多态两种形式，如图 11.2 所示。

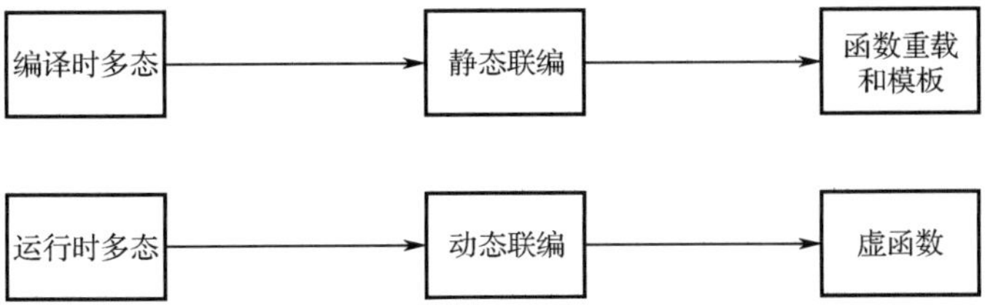

图 11.2　多态分类

图 11.2 中的联编就是把一条消息和一个对象的方法相结合，即把一个标识符名和一个存

储地址联系在一起的过程。联编可以分为静态联编和动态联编。

编译时多态的实现方式主要使用函数重载和函数模板实现。编译时多态是指在代码编译过程中实现多态。通过函数重载和函数模板在代码中指定具体函数绑定的具体对象，这种绑定被称为静态联编。例如，根据玩家的年龄不同，会针对性地限制玩家的游戏时间。

运行时多态是指使用程序在运行中通过虚函数实现多态，这种在程序运行中实现的多态叫作动态联编。例如，一个游戏中每个玩家都会有仓库，具体仓库中存放的物品确实在程序运行过程中受到玩家操作的影响，如玩家 A 的仓库中会有一件绿色风衣，而玩家 B 的仓库中却有一件红色半袖。

注意：本章不讲解模板，只讲解函数重载。

11.2 函数重载

函数重载（overload）是指让多个函数使用一个相同的名字，这样系统就能使用一个标识符访问一组功能相关的函数，可以提高程序的灵活性。这就是多态描述的“一个固定接口可以对应多个不固定的对象”。

就像在店铺里买鞋子，每双鞋都会有多种号码并且有多种颜色。对于顾客来说，只需根据自己脚的大小及颜色喜好来选择即可。

在 C++中，可以用函数重载来实现编译时的多态性。具体来说是指用一个名字（同一接口）定义不同的函数，这些函数执行不同但又类似的操作，这样就可以用同一个函数名调用不同内容的函数，如图 11.3 所示。

```
class A
{
    sum();
};
class B :public A
{
    sum();
};
class C :public A
{
    sum();
};
……
class N :public A
{
    sum();
};
```

同名函数sum()在不同派生类中被多次重新定义

图 11.3 函数重定义

图 11.3 中的形式就像游戏中根据玩家等级可以做不同的任务一样。定义一个名为“任务”的函数，系统只需读取玩家等级，系统会自动选取对应的任务函数进行执行。

面向对象程序设计中，函数的重载表现为两种形式，如图 11.4 所示。

重载函数的名称相同，参数个数及参数类型不同时，调用对应函数只需填入对应类型和数量的实参即可。

当函数的参数完全相同但属于不同的类时，可以使用成员访问运算符或作用域运算符访问各自的成员函数。这部分的语法形式可以参考多继承部分解决函数重名问题的内容。

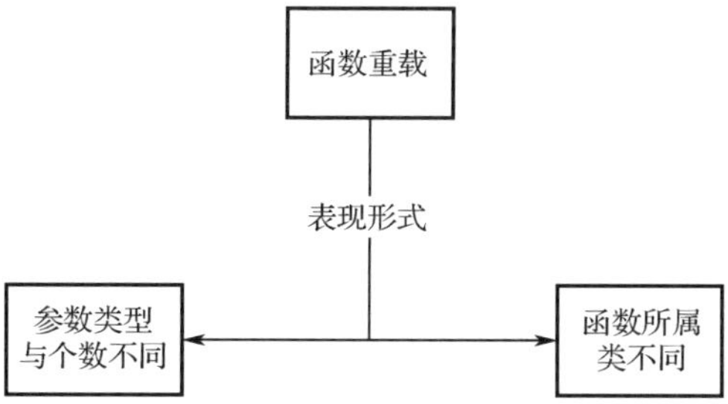

图 11.4　函数重载的表现形式

【示例 11-1】下面使用函数重载实现多态。

```
#include <iostream>
using namespace std;

class A
{
public:
    void Result()
    {
        cout << "这是基类中的函数成员" << endl;
    };
};
class B : public   A
{
public:
    void Result()                        //函数重载
    {
        cout << "这是派生类 B 中的函数成员" << endl;
    };
};

//两个全局函数 Result
void Result()                            //第一个函数重载
{
    cout << "全局成员函数成员" << endl;
};
void Result(int a,int b )                //第二个函数重载
{
    cout << "全局带参函数运算结果为" <<a+b<< endl;
};
int main()
{
    Result();                            //直接使用函数名调用全局函数 Result()
    Result(2, 3);                        //使用参数调用全局带参函数 Result(int a,int b)
    A a;
    a.Result();                          //使用成员访问运算符访问对象的成员函数
    B b;
    b.B::Result();                       //使用作用域运算符访问对象的成员函数
}
```

程序运行结果如下。

```
这是全局成员函数成员
全局带参函数运算结果为 5
这是基类中的函数成员
这是派生类 B 中的函数成员
```

从运行结果中可以看出，通过统一的接口 Result()函数，可以根据执行对象的不同调用不同的函数，实现编译过程中的多态。

11.3 虚 函 数

在程序中，任意点都可以根据所调用的对象类型来选择调用的函数，这种操作称为动态链接或后期绑定。在 C++中，虚函数就是实现动态链接的具体方式。

11.3.1 虚函数的定义与重写

1. 虚函数的定义

虚函数是在基类中使用关键字 virtual 声明的函数。虚函数的定义语法如下。

```
class 基类名
{
    virtual 返回类型 函数名(参数表)
    {
        函数体;
    }
}
```

2. 虚函数的重写

在派生类中，可以对虚函数进行重写（override）。重写时，可以让派生类中继承的虚函数有不同的功能。派生类中重写后的派生类仍然是虚函数，该函数前可以加 virtual 关键字，也可以不加。但是由于派生类也可以作为基类去派生其他类，所以，建议添加 virtual 关键字，以提高代码的可读性。

如果继承自基类的虚函数满足派生类的使用，则可以不对虚函数进行重写，这样，派生类的虚函数与基类中的虚函数将保持一致。

为派生类 B 重写虚函数 Result()的代码如下。

```
#include <iostream>
using namespace std;

class A
{
public:
    virtual void Result()      //基类中的虚函数
    {
        cout << "这是基类中的虚函数" << endl;
    };
```

```
};
class B : public   A
{
public:
    virtual void Result()     //重写虚函数
    {
        cout << "派生类 B 中重写虚函数" << endl;
    };
};
```

11.3.2　虚函数的调用

虚函数的调用分为非多态调用与多态调用。非多态调用是指对象使用成员访问符“.”去访问自身的虚函数，与平常的对象访问成员函数相同。

多态调用是指使用指向基类的指针或引用去调用虚函数。即一个基类的指针指向其派生类的对象，通过这个指针调用的虚函数是其派生类中的虚函数，而不是基类中的虚函数。

【示例 11-2】使用指针多态调用派生类中的虚函数。

```
#include <iostream>
using namespace std;

class A
{
public:
    virtual void Result()
    {
        cout << "这是基类中的实函数" << endl;
    };
};
class B : public   A
{
public:
    virtual void Result()           //函数重载
    {
        cout << "派生类 B 中重写实函数" << endl;
    };
};
class C : public   A
{
public:
    virtual void Result()           //函数重载
    {
        cout << "派生类 C 中重写虚函数" << endl;
    };
};
int main()
{
```

```
    A* p;                         //实例化基类 A 的指针对象 p
    B b;                          //实例化派生类 B 的对象 b
    C c;                          //实例化派生类 C 的对象 c
    p = &b;                       //让对象指针 p 指向对象 b
    p->Result();                  //调用派生类 B 的虚函数
    p = &c;                       //让对象指针 p 指向对象 c
    p->Result();                  //调用派生类 C 的虚函数
}
```

程序运行结果如下。

```
派生类 B 中重写实函数
派生类 C 中重写实函数
```

从代码中可以看出，使用对象指针可以动态访问其派生类对应的虚函数。

11.3.3 改写实函数

与虚函数相对应的就是实函数，也就是不加 virtual 关键字的函数。如果在派生类中对继承自基类中的函数进行改写（overwrite），则再使用基类的对象指针指向派生类的对象，调用派生类改写过的函数时，默认会调用基类中的函数，而不是派生类中改写过的函数。

【示例 11-3】下面使用对象指针访问派生类中的实函数。

```
#include <iostream>
using namespace std;

class A
{
public:
    void Result()
    {
        cout << "这是基类中的实函数" << endl;
    };
};
class B : public  A
{
public:
    void Result()
    {
        cout << "派生类 B 中重写实函数" << endl;
    };
};
class C : public  A
{
public:
    virtual void Result()
    {
        cout << "派生类 C 中重写虚函数" << endl;
    };
};
```

```
int main()
{
    A* p;           //实例化基类 A 的指针对象 p
    B b;            //实例化派生类 B 的对象 b
    C c;            //实例化派生类 C 的对象 c
    p = &b;         //让对象指针 p 指向对象 b
    p->Result();    //调用派生类 B 的虚函数
    p = &c;         //让对象指针 p 指向对象 c
    p->Result();    //调用派生类 C 的虚函数
}
```

程序运行结果如下。

```
这是基类中的实函数
这是基类中的实函数
```

从运行结果中可以看出，当基类中的函数不是虚函数时，即使基类的对象指针指向了派生类的对象，在调用同名函数时，也会默认调用基类中的函数，而不会调用派生类中的函数。

11.3.4　虚析构函数

虚析构函数是指在定义虚构函数时使用 virtual 关键字进行标识的析构函数。基类的析构函数如果为虚析构函数，那么其派生类析构函数也一定为虚析构函数。

【示例 11-4】下面将基类的析构函数定义为虚析构函数。

```
#include <iostream>
using namespace std;

class A
{
public:
    void Result()
    {
        cout << "这是基类中的实函数" << endl;
    };
    virtual~A()             //析构函数为虚函数
    {
        cout << "这是基类中的析构函数" << endl;
    };
};
class B : public  A
{
public:
     B(int a)
    {
        cout << "a 的值为" <<a<< endl;
    };
     virtual ~B()           //析构函数为虚函数，virtual 在派生类中可以不加
    {
        cout << "这是派生类中的析构函数" << endl;
```

```
    };
};
int main()
{

    A* p =new B(5);          //动态申请类型 B 空间初始值为 5，指向基类 A 的对象*p
    delete p;                //删除动态空间

    return 0;
}
```

程序运行结果如下。

```
a 的值为 5
这是派生类中的析构函数
这是基类中的析构函数
```

从运行结果中可以看出，当基类的析构函数为虚函数时，指针对象进行多态调用，先调用派生类中的析构函数，然后才调用基类中的析构函数。

如果析构函数不是虚函数，则此时为非多态调用，只会调用基类中的析构函数。

【示例 11-5】下面演示析构函数不是虚函数的情况。

```
#include <iostream>
using namespace std;

class A
{
public:
    void Result()
    {
        cout << "这是基类中的实函数" << endl;
    };
    ~A()
    {
        cout << "这是基类中的析构函数" << endl;
    };
};
class B : public   A
{
public:
     B(int a)
    {
        cout << "a 的值为" <<a<< endl;
    };
      ~B()
    {
        cout << "这是派生类中的析构函数" << endl;
    };
};
int main()
{
```

```
    A* p =new B(5);          //动态申请空间指向 p
    delete p;                //删除动态空间

    return 0;
}
```

程序运行结果如下。

```
a 的值为 5
这是基类中的析构函数
```

从运行结果中可以看出，由于不是多态调用，只会调用基类中的析构函数，因此给类 B 初始化的数据 5 所占用的空间没有被释放。

11.4　纯虚函数与抽象类

纯虚函数和抽象类都是虚函数的延伸用法，都可以用于实现代码的多态性。本节将详细讲解纯虚函数和抽象类的相关内容。

11.4.1　纯虚函数

纯虚函数是虚函数的一种特殊实现方式。如果在基类中不需要虚函数，但是在派生类中需要虚函数，此时，就可以只命名虚函数，但不添加具体函数功能，这种虚函数被称为纯虚函数。

纯虚函数与虚函数定义的不同之处在于，纯虚函数使用“=0”代替函数体。纯虚函数的定义语法如下。

```
virtual 返回类型  函数名(参数表)=0;
```

其中，0 用于表达形式上的作用，告知系统该函数是一个纯虚函数。

定义一个纯虚函数的语法形式如下。

```
virtual void art(int a,int b) = 0;
```

11.4.2　抽象类

抽象类是包含纯虚函数的一种特殊的类，是为了抽象和设计而建立的，处于继承层次结构的底层。抽象类是不能创建对象的。在实际中，为了强调一个类是抽象类，可将该类的构造函数声明为保护的访问控制权限。

抽象类可以将有关的类组织在一个继承层次结构中，由抽象类来为它们提供一个公共的根，相关派生类可以根据具体的要求从抽象类派生出来，形成一个系列的功能。

【示例 11-6】下面定义一个运算结果抽象类，然后派生出加法运算类与乘法运算类。

```
#include <iostream>
using namespace std;

class Result
{
```

```
public:
    virtual void art(int a,int b) = 0;              //定义纯虚函数
};
class Sum : public Result
{
public:
    virtual void art(int a,int b)                   //重写纯虚函数
    {
        a = a + b;
        cout << a << "+" << b <<"="<<a << endl;
    };
};
class Product : public Result
{
public:
    virtual void art(int a, int b)                  //重写纯虚函数
    {
        a = a * b;
        cout << a << "*" << b << "=" << a << endl;
    };
};
int main()
{
    Result * p;                                     //实例化基类 Result 的指针对象 p
    Sum sum;                                        //实例化派生类 Sum 的对象 sum
    Product   product;                              //实例化派生类 Product 的对象 product
    p = &sum;                                       //让对象指针 p 指向对象 sum
    p->art(2,3);                                    //调用派生类 Sum 的虚函数
    p = &product;                                   //让对象指针 p 指向对象 product
    p->art(5,5);                                    //调用派生类 Product 的虚函数
}
```

程序运行结果如下。

```
5+3=5
25*5=25
```

从代码中可以看出，类 Result 定义了一个纯虚函数，所以 Result 是一个抽象类。在派生类 Sum 与 Product 中具体实现了纯虚函数 art( )。

纯虚函数在抽象类 A 中派生类 B，如果在类 B 中没有对纯虚函数进行具体实现，那么类 B 由于继承了纯虚函数，所以类 B 也是一个抽象类。此时，使用类 B 实例化对象会出现错误提示，如图 11.5 所示。

图 11.5 中提示 Sum 也是抽象类，是不能实例化对象的。另外，纯虚函数在派生类中进行具体实现时，需要让函数的返回类型、参数类型与参数个数相同。否则，会让纯虚函数的具体实现失败，如图 11.6 所示。

Sum 类中由于对 art()虚函数的具体实现出现错误，所以 Sum 类属于抽象类。因而，图 11.6 中提示 Sum 也是抽象类，是不能实例化对象的。

图 11.5　出现错误提示

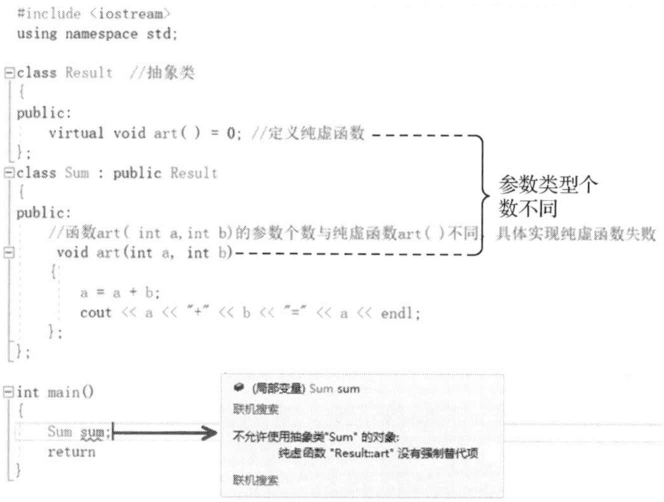

图 11.6　具体实现纯虚函数失败

使用抽象类时应注意以下问题。

- 抽象类只能用作其他类的基类，不能创建抽象类的对象。
- 抽象类不能用作参数类型、函数的返回类型或显式转换的类型。
- 可以声明抽象类的对象指针或对象引用，从而可以访问派生类对象成员，实现动态联编。
- 若派生类中没有具体实现抽象类的所有纯虚函数的函数体，则派生类仍是一个抽象类。

11.5　小　　结

通过本章的学习，读者需要了解以下内容。

- 多态是指面向对象语言中要求多个语义能在同一接口下为不同的对象使用。这样根据使用主体的不同可以从同一接口处定义不同的具体功能。

- ❑ 函数重载（overload）是指让多个函数使用一个相同的名字，这样系统就能使用一个标识符访问一组功能相关的函数。
- ❑ 虚函数是在基类中使用关键字 virtual 声明的函数。
- ❑ 虚析构函数是指在定义虚构函数时使用 virtual 关键字进行标识的析构函数。基类的析构函数如果为虚析构函数，那么其派生类析构函数也一定为虚析构函数。
- ❑ 虚函数的调用分为非多态调用与多态调用。非多态调用是指对象使用成员访问符“.”去访问自身的虚函数，与平常的对象访问成员函数相同。
- ❑ 纯虚函数是虚函数的一种特殊实现方式。如果在基类中不需要虚函数，但是在派生类中需要虚函数，就可以只命名虚函数，但不添加具体函数功能，这种虚函数被称为纯虚函数。
- ❑ 纯虚函数与虚函数定义的不同之处在于，纯虚函数使用“=0”代替函数体。0 用于表达形式上的作用，告知系统该函数是一个纯虚函数。
- ❑ 抽象类是包含纯虚函数的一种特殊的类，是为了抽象和设计而建立的，处于继承层次结构的底层。

11.6 习　　题

一、填空题

1．C++的两种联编方式为_____和_____。

2．C++支持两种多态性，_____所支持的多态性称为编译时的多态性，_____所支持的多态性称为运行时的多态性。

3. 重载函数在编译时表现出的多态性是_____。虚函数在运行时表现出的多态性是_____。

4．虚函数是在基类中使用关键字_____声明的函数。

5．抽象类是包含纯虚函数的一种特殊的类，是为了抽象和设计的目的而建立的，处于继承层次结构的_____。

6．在构造函数和析构函数中调用虚函数时，采用_____。

7．虚函数的调用分为_____与_____。

8．包含纯虚函数的类称为_____。

9．如果在基类中不需要虚函数，但是在派生类中需要虚函数，就可以只命名虚函数，但不添加具体函数功能，这种虚函数被称为______。

二、选择题

1．虚函数需要使用关键字（　　）进行标记。

A．private　　B．virtual　　C．public　　D．protected

2．实现动态联编必须使用（　　）调用虚函数。

A．类名　　B．派生类指针　　C．对象名　　D．类指针

3．下列函数中，可以作为虚函数的是（　　）。

A．普通函数　　B．静态成员函数　　C．构造函数　　D．析构函数

4．在派生类中，重载一个虚函数时，要求函数名、参数的个数、参数的类型、参数的顺

序和函数的返回值（　　）。

A．相同　　B．不同　　C．部分相同　　D．全部不同

5．使用虚函数保证了在通过一个基类类型的指针调用一个虚函数时，对该调用进行（　　）。

A．静态联编　　B．动态联编　　C．动态编译　　D．静态编译

6．声明 fune()为纯虚函数的正确代码为（　　）。

A．void fune()=0;　　B．virtual void fune()=0;

C．virtual void fune();　　D．fune()=0;

7．若一个类中含有纯虚函数，则该类称为（　　）。

A．抽象类　　B．虚基类　　C．基类　　D．派生类

8．抽象类中只能有（　　）个纯虚函数。

A．1　　B．2　　C．3　　D．多个

9．下面描述中正确的是（　　）。

A．虚函数是没有实现的函数　　B．纯虚函数的实现是在派生类中定义的

C．抽象类是只有纯虚函数的类　　D．抽象类指针不可以指向不同的派生类

第 12 章 运算符重载

运算符重载是 C++语言中的另一种多态性的实现方式。我们会发现，在默认的运算符中，有一些运算的符号相同，但是在不同的场景中其作用会发生改变。这就是对运算符的一种重载使用。本章将讲解运算符重载的相关内容。

12.1 运算符重载概述

运算符可以决定数据运算的方式，但并不是每一种运算符只代表一种运算方式。C++中很多运算符代表了多种运算方式。例如，符号“*”既可以表示“乘号”，又可以表示“值引用符号”，这就是将乘号重载为值引用符号，只不过这种重载是 C++语言已经规定好的。

在 C++中会将被重载过的运算符看作一种特殊的函数，称为运算符函数。所以，运算符重载就是函数重载的一种特殊方式。

在 C++中不但默认会重载一些运算符，还提供了运算符重载的具体手段（语法形式）。这样，开发者可以使用这些手段对现有的容许重载的运算符进行自定义重载，使用函数改变其具体含义。

12.1.1 运算符定义语法

例如，加法运算只是针对基本数据类型的运算，而对于自定义的数据类型（如类的对象）就不能直接使用加法运算，错误提示如图 12.1 所示。

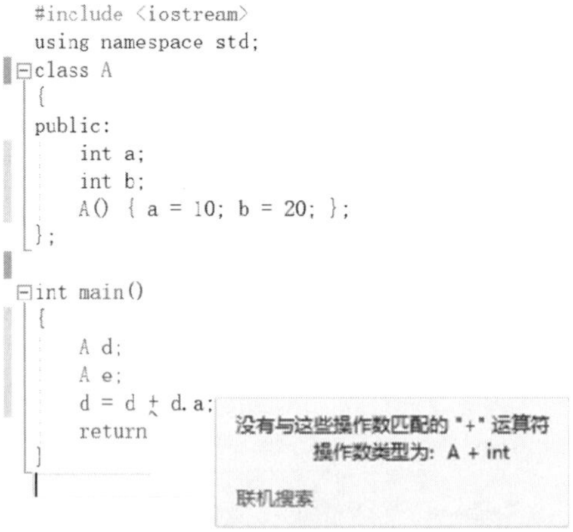

图 12.1 错误提示

这时，可以使用运算符重载的方式实现对自定义的数据类型的运算，也就是为指定运算符赋予新的运算方式。

运算符重载是运用函数重载的方法，对标准运算符进行重新定义，以完成某种特定的操作。因此，可以将运算符重载看作一种特殊的函数重载。

运算符重载使用 operator 关键字对重载函数进行标识和定义，语法形式如下。

```
<返回类型说明符> operator <运算符符号>(<参数表>)
{
 <函数体>
}
```

例如，重载加法运算符“+”的代码如下。

```
int operator+(a,b)
{
 <函数体>
}
```

这时，开发人员可以在函数体中定义加法运算符的新功能。

【示例 12-1】下面使用运算符重载函数，重新定义加法运算符，以实现两个对象的相加。

```
#include <iostream>
using namespace std;
class A
{
public:
    int a;
    int b;
    A()                                   //构造函数
    {
        a = 10;
        b = 20;
    };
};
A operator +(A x,A y)                     //函数重载加法运算符
{
    x.a = x.a + y.b;                      //对象 x 的 a 与对象 y 的 b 进行相加
    return x;                             //加运算后的成员值返回给 x 对象。必须有一个返回值
}

int main()
{
    A d;
    A e;
    d = d + e;                            //对象相加
    cout << d.a << "   "<< d.b   << endl;  //进行了加法运算，改变了对象的成员值
    cout << e.a << "   "<< e.b   << endl;  //没有加法运算，没有改变对象的成员值
    return 0;
}
```

程序运行结果如下。

```
30  20
10  20
```

从代码中可以看到，当加法运算符进行重载后，直接可以让两个对象相加，本质是对象的指定成员进行了加法运算。

12.1.2 运算符重载的限制

运算符重载使用 operator 关键字对重载函数进行标识和定义，根据标识的位置可以分为三种表示形式，如表 12.1 所示。

表 12.1 三种表示形式

运算符分类	常 规 表 示	operator 表示形式	参 数 个 数
中缀	a+b	operator +(a,b)	二元
前缀	−a	operator−(a)	一元
后缀	a++	operator ++(a)	一元

运算符重载是对现有的运算符进行重载，并不能创造新的运算符。而且重载运算符的方式并不适合所有的运算符，只有一部分运算符是可以通过固定语法进行重载的。可以重载的运算符如表 12.2 所示。

表 12.2 可以重载的运算符

<table>
<tr><th>运算符功能分类</th><th>具体运算符</th></tr>
<tr><td>算术运算符</td><td>加法（+）、减法（−）、除法（/）、取模（%）</td></tr>
<tr><td>关系运算符</td><td>等于（==）、不等于（!= ）、小于（<）、大于（>）、小于等于（<= ）、大于等于（>=）</td></tr>
<tr><td>逻辑运算符</td><td>逻辑或（||）、逻辑与（&&）、逻辑非（!）</td></tr>
<tr><td>单目运算符</td><td>正（+）、负（−）、指针（*）、取地址（&）</td></tr>
<tr><td>自增自减运算符</td><td>自增（++）、自减（−−）</td></tr>
<tr><td>位运算符</td><td>按位或（|）、按位与（&）、按位取反（~）、按位异或（^）、左移（<<）、右移（>>）</td></tr>
<tr><td>赋值运算符</td><td>赋值（=）、加赋值（+=）、减赋值（−=）、乘赋值（*=）、除赋值（/=）、取余赋值（% =）、按位与赋值（&=）、按位或赋值（|=）、按位异或赋值（^=）、按位左移赋值（<<=）、按位右移赋值（>>=）</td></tr>
<tr><td>空间申请与释放</td><td>new、delete、new[ ]、delete[]</td></tr>
<tr><td>其他运算符</td><td>函数调用（()）、成员访问（−>）、逗号（,）、下标（[]）</td></tr>
</table>

不可重载的运算符如表 12.3 所示。

表 12.3 不可重载的运算符

运 算 符	功 能
.	成员访问运算符
.*、−>*	成员指针访问运算符
::	域运算符
sizeof	长度运算符
?:	条件运算符
#	预处理符

此外，运算符重载时参数个数必须固定，即重载函数的参数个数与标准运算符要保持一

致。关于重载操作符的一些限制如下。

- 不能改变重载运算符的优先级和结合性。
- 默认重载运算符不能用作参数。
- 不能改变原有运算符的参数个数。
- 不能创建新的运算符。
- 并不是所有的运算符都支持重载，但是大多数都支持。

12.2　运算符重载形式

运算符的重载形式有三种，分别为重载为类的成员函数、重载为类的友元函数与重载为普通函数。对于每一种重载形式，由于运算符不同，都可以分为双目运算符和单目运算符的实现。

12.2.1　运算符重载为类的成员函数

将运算符重载为类的成员函数，称为运算符成员函数。运算符成员函数的实现包括声明、定义、调用等内容，下面依次讲解。

1. 声明与定义运算符成员函数

运算符成员函数在类内进行声明，然后在类外进行定义。

（1）运算符成员函数在类内的声明语法如下。

```
<返回类型> operator<运算符>(参数表);
```

（2）运算符成员函数在类外的定义语法如下。

```
<返回类型> <类名::> operator<运算符>(参数表)
{
    函数体
}
```

2. 双目运算符成员函数的调用

调用双目重载运算符的方式可以分为显式调用和隐式调用两种。

（1）显式调用的语法形式如下。

```
对象名.operator 运算符号(参数)
```

其中，参数为对象名。假设加法运算符在类 A 中进行重载，a 和 b 为 A 的对象，则调用运算符的代码如下。

```
a.operator +(b)
```

（2）隐式调用的语法形式如下。

```
对象名 运算符号 对象名
```

假设加法运算符在类 A 中进行重载，a 和 b 为 A 的对象，则调用运算符的代码如下。

```
a+b
```

3. 双目运算符重载

双目运算符重载时，默认左操作数用于访问该重载运算符对象本身的数据，右侧操作数用于访问参数的成员值，代码如下。

```
class A
{
    A operator+(A a);
}
```

【示例 12-2】下面将加法运算符重载为类的成员函数。

```
#include <iostream>
using namespace std;
class A
{
public:
    int a;
    int b;
    A(int x,int y)                          //构造函数
    {
        a = x;
        b = y;
    };
    A operator+(A h);                       //声明重载加法运算符函数
};
A A::operator+(A h)                         //类外定义加法运算符重载函数
{
    h.a = a + h.a;
    h.b = b + h.b;
    return h;
};

int main()
{
    A d(6,8);
    A b(10,20);
    d = d.operator+(b);                     //显式调用
    cout << d.a << "   "<< d.b   << endl;   //进行了加法运算，改变了对象的成员值

    return 0;
}
```

程序运行结果如下。

```
16  28
```

从代码中可以看出，加法运算符重载函数只需声明一个对象参加即可。

在定义加法运算符重载函数的语句“A A::operator+(A h)”中声明一个 A 类的对象 h，在运行时，需要为对象 h 分配一个空间，这样做显然有点浪费空间。

所以，也可以将 h 声明为一个类 A 的引用&h，这样引用 h 会与类 A 共享一个空间，对于运算来说更加高效。

另外，语句“d = d.operator+(b);”为重载运算符“+”的显式调用，也可以将其改为隐式调用“d=d+b”。

修改后代码如下。

```
#include <iostream>
```

```
using namespace std;
class A
{
public:
    int a;
    int b;
    A(int x,int y)                              //构造函数
    {
        a = x;
        b = y;
    };
    A operator+(A &h);                          //声明重载加法运算符函数
};
A A::operator+(A &h)                            //参数定义为引用
{
    h.a = a + h.a;
    h.b = b + h.b;
    return h;                                   //返回一个引用
};

int main()
{
    A d(6,8);
    A b(10,20);
    d = d + b;                                  //隐式调用
    cout << d.a << "   "<< d.b   << endl;       //进行了加法运算，改变了对象的成员值

    return 0;
}
```

程序运行结果如下。

```
16   28
```

从运行结果中可以看出，将参数设置为引用不会影响运算结果。

4. 单目运算符重载

单目运算符重载为成员函数时，操作数是访问该重载运算符对象本身的数据，由 this 指针指出，此时成员运算符函数不需要定义参数，代码如下。

```
class A
{
    A operator-();
}
```

5. 单目运算符成员函数的调用

调用单目重载运算符的方式也可以分为显式调用和隐式调用两种。

（1）显式调用的语法形式如下。

```
对象名.operator 运算符号()
```

假设单目减运算符在类 A 中进行重载，a 为 A 的对象，则调用运算符的代码如下。

```
a.operator -()
```

（2）隐式调用的语法形式如下。

```
-对象名
```

假设单目减运算符在类 A 中进行重载，a 为 A 的对象，则调用运算符的代码如下。

```
-a
```

【示例 12-3】下面将单目减运算符（-）重载为类的成员函数。

```
#include <iostream>
using namespace std;
class A
{
public:
    int a;
    int b;
    A(int x, int y)                 //构造函数
    {
        a = x;
        b = y;
    };
    A operator-();                  //声明单目减运算符为成员运算符函数
};
A A:: operator-()                   //类外定义单目减运算符为成员运算符函数
{
    a = -a;
    b = -b;
    return *this;                   //返回 this
};

int main()
{
    A d(6, 8);
    -d;                             //隐式调用
    cout << d.a << "    " << d.b << endl;
    A b(2, 3);
    b.operator-();                  //显式调用
    cout << b.a << "    " << b.b << endl;
    return 0;
}
```

程序运行结果如下。

```
-6  -8
-2  -3
```

12.2.2 运算符重载为类的友元函数

将运算符重载为类的友元函数，称为友元运算符函数。友元运算符函数的实现包括声明、定义、调用等内容，下面依次进行讲解。

1. 声明与定义友元运算符函数

友元运算符函数同样在类内进行声明，在类外进行定义。

（1）友元运算符函数在类内的声明语法如下。

```
friend<返回类型> operator<运算符>(参数表);
```

（2）友元运算符函数在类外的定义语法如下。

```
<返回类型> operator<运算符>(参数表)
{
        函数体
}
```

2. 双目友元运算符函数的调用

调用友元运算符函数重载的双目运算符的方式也可以分为显式调用和隐式调用两种。

（1）双目运算符显式调用的语法形式如下。

```
对象名.operator 运算符号(参数 1,参数 2)
```

（2）双目运算符隐式调用的语法形式如下。

```
对象名 运算符号 对象名
```

3. 双目运算符重载

友元运算符函数不是类的成员，不属于任何一个类对象，所以没有 this 指针。因此，重载双目运算符时要有两个参数。

【示例 12-4】下面使用友元函数重载双目减运算符（-）。

```
#include <iostream>
using namespace std;
class A
{
public:
        int a;
        int b;
        A(int x,int y)                          //构造函数
        {
                a = x;
                b = y;
        };
        friend A operator-(A x,A y);            //声明减号友元运算符函数
};
A operator-(A x, A y)                           //类外定义减号友元运算符函数
{
        x.a = x.a - y.a;
        x.b = x.b - y.b;
        return x;                               //返回一个对象 x
};

int main()
{
        A d(6,8);
```

```
    A b(1,2);
    d = d - b;                          //隐式调用
    cout << d.a << "    "<< d.b    << endl;
    d=operator-(d,b);                   //显式调用
    cout << d.a << "    " << d.b << endl;
    return 0;
}
```

程序运行结果如下。

```
5   6
4   4
```

4．单目友元运算符函数的调用

调用友元运算符函数重载的单目运算符的方式也可以分为显式调用和隐式调用两种。

（1）双目运算符显式调用的语法形式如下。

```
operator 运算符号(引用)
```

（2）双目运算符隐式调用的语法形式如下。

```
运算符号 对象名
```

5．单目运算符重载

由于没有 this 指针，重载单目运算符时需要定义一个参数。由于是单目运算符，只有一个参数，所以该参数必须为引用。

【示例 12-5】下面将单目减运算符（-）重载为类的成员函数。

```
#include <iostream>
using namespace std;
class A
{
public:
    int a;
    int b;
    A(int x, int y)                         //构造函数
    {
        a = x;
        b = y;
    };
    friend A operator-(A& h);               //声明减号友元运算符函数
};
A operator-(A& h)                           //类外定义减号友元运算符函数
{
    h.a = -h.a;
    h.b = -h.b;
    return h;                               //返回一个引用
};

int main()
{
    A d(6, 8);
```

```
        -d; //隐式调用
        cout << d.a << "    " << d.b << endl;          //正数变为负数
        operator-(d);                                  //显式调用
        cout << d.a << "    " << d.b << endl;          //负数变为正数
        return 0;
}
```

程序运行结果如下。

```
-6   -8
6   8
```

注意：一般不建议使用友元运算符函数去重载单目运算符。

12.2.3　运算符重载为普通函数

将运算符重载为普通函数，称为普通运算符函数。普通运算符函数与友元运算符函数有些类似，不同之处在于普通运算符函数可以智能访问类的公有成员。普通运算符函数的实现包括声明、定义、调用等内容，下面依次进行讲解。

1. 定义普通运算符函数

普通运算符函数在类外进行定义。运算符成员函数在类外的定义语法如下。

```
<返回类型> operator<运算符>(参数表)
{
      函数体
}
```

2. 双目普通运算符函数的调用

调用普通运算符函数重载的双目运算符的方式也可以分为显式调用和隐式调用两种。

（1）双目运算符显式调用的语法形式如下。

```
operator 运算符号(参数 1,参数 2)
```

（2）双目运算符隐式调用的语法形式如下。

```
对象名  运算符号  对象名
```

【示例 12-6】下面使用普通运算符函数重载双目乘运算符（*）。

```
#include <iostream>
using namespace std;
class A
{
public:
        int a;
        int b;
        A(int x, int y)                              //构造函数
        {
                a = x;
                b = y;
        };
};
A    operator*(A h,A i)                              //类外定义乘号普通运算符函数
```

```
{
    h.a = h.a * i.a;
    h.b = h.b * i.b;
    return h;                                  //返回一个对象
};

int main()
{
    A d(6, 8);
    A b(2, 3);
    d=d * b;                                   //隐式调用
    cout << d.a << "    " << d.b << endl;      //输出乘法运算结果
    operator*(d,b);                            //显式调用
    cout << d.a << "    " << d.b << endl;      //输出乘法运算结果
    return 0;
}
```

程序运行结果如下。

```
12    24
12    24
```

注意：普通运算符函数是不能访问类的私有成员的，这是由类成员的访问属性决定的。

3．单目普通运算符函数的调用

调用普通运算符函数的单目运算符的方式也可以分为显式调用和隐式调用两种。

（1）单目运算符显式调用的语法形式如下。

```
operator 运算符号(对象名)
```

（2）单目运算符隐式调用的语法形式如下。

```
运算符号 对象名
```

【示例 12-7】下面使用普通运算符函数重载单目自减运算符（--）。

```
#include <iostream>
using namespace std;
class A
{
public:
    int a;
    int b;
    A(int x, int y)                            //构造函数
    {
        a = x;
        b = y;
    };
};
A   operator--(A &h)                           //类外定义自减普通运算符函数
{
    --h.a;
    --h.b;
    return h;                                  //返回一个引用
```

```
};

int main()
{
    A d(6, 8);
    --d;                                   //隐式调用
    cout << d.a << "    " << d.b << endl;  //正数变为负数
    operator--(d);                         //显式调用
    cout << d.a << "    " << d.b << endl;  //负数变为正数
    return 0;
}
```

程序运行结果如下。

```
5  7
4  6
```

12.3　特殊运算符重载

本节介绍自增运算符（++）、自减运算符（--）、赋值运算符（=）、下标运算符（[ ]）、关系运算符（>）和复合赋值运算符（+=）的重载。

12.3.1　自增运算符（++）和自减运算符（--）重载

运算符“++”和“--”的重载要区分前置和后置两种形式。例如，表达式“a++”和表达式“++a”是不一样的。下面使用两种重载方式对自加、自减运算符进行重载。

1. 使用运算符成员函数重载自增运算符（++）

自增运算符“++”与自减运算符“--”既可以为前缀也可以为后缀。因此，在重载自增和自减运算符时要注意格式问题。

（1）如果为前缀自增运算符（如++a），则其运算符重载的语法没有特殊性。

【示例 12-8】下面重载前缀单目运算符（++）。

```
#include <iostream>
using namespace std;
class A
{
public:
    int a;
    int b;
    A(int x,int y)              //构造函数
    {
        a = x;
        b = y;
    };
    A operator++();             //声明重载自增运算符函数
```

```
};
A A::operator++()                         //类外定义重载自增运算符函数
{
    ++a;
    ++b;
    return *this;                         //返回一个 this
};

int main()
{
    A d(6,8);
    ++d ;                                 //隐式调用
    cout << d.a << "    "<< d.b    << endl;
    d.operator++();                       //显式调用
    cout << d.a << "    " << d.b << endl;
    return 0;
}
```

程序运行结果如下。

```
7   9
8   10
```

从代码中可以看出，前缀自增运算符在声明和定义时没有特殊之处。

（2）如果为后缀自增运算符（如 a++），则其运算符重载的声明与定义语法需要添加一个虚拟参数 int。

【示例 12-9】下面重载后缀单目运算符（++）。

```
#include <iostream>
using namespace std;
class A
{
public:
    int a;
    int b;
    A(int x,int y)                        //构造函数
    {
        a = x;
        b = y;
    };
    A operator++(int);                    //声明重载后缀自增运算符函数

};
A A::operator++(int)                      //类外定义重载后缀自增运算符函数
{
    a++;
    b++;
    return *this;                         //返回一个 this
};

int main()
```

```
{
    A d(6,8);
    d++ ;                                    //隐式调用
    cout << d.a << "   "<< d.b   << endl;
    d.operator++(1);                         //显式调用
    cout << d.a << "   " << d.b << endl;
    return 0;
}
```

程序运行结果如下。

```
7  9
8  10
```

其中，代码“A operator++(int);”需要在参数中添加一个 int 虚拟参数。如果不添加，main()函数不允许运算符（++）作为后缀运算符使用，否则会报错，如图 12.2 所示。

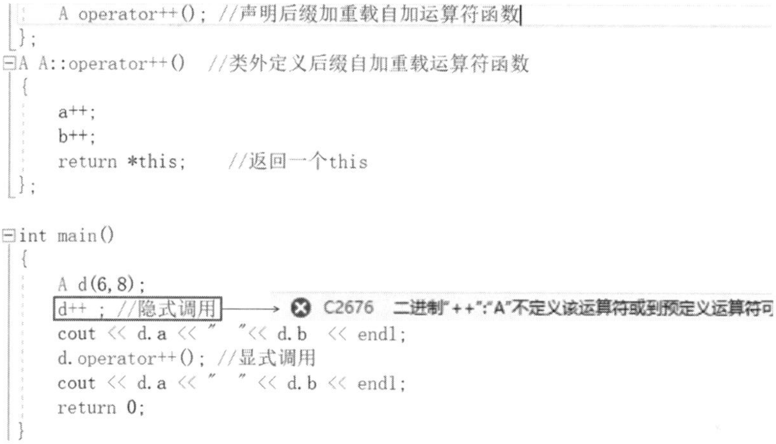

图 12.2　缺少 int 虚拟参数

另外，在显式调用重载运算符语句“d.operator++(1);”中也需要添加一个整型或可以自动转换为整型的实数，这个数字不会影响运算结果，但是不可缺少，否则会出现错误，如图 12.3 所示。

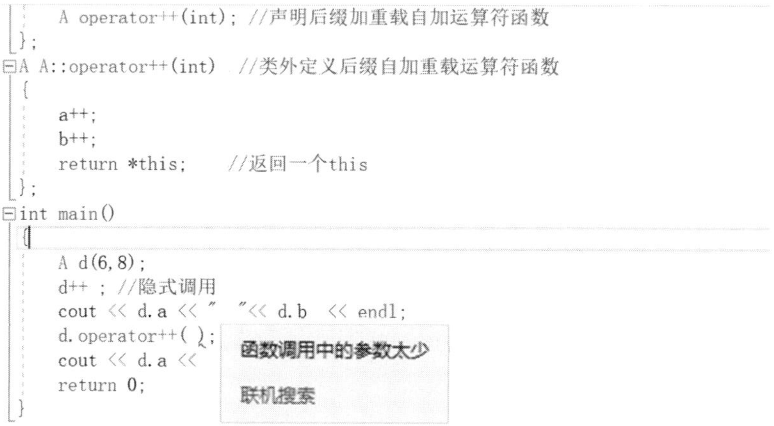

图 12.3　缺少必要实参

2. 使用运算符成员函数重载自减运算符（--）

使用友元运算符函数重载前缀的自减或自增运算符需要将参数声明为引用。

【示例 12-10】下面使用友元运算符函数重载前缀自减运算符（--）。

```
#include <iostream>
using namespace std;
class A
{
public:
        int a;
        int b;
        A(int x,int y)                          //构造函数
        {
                a = x;
                b = y;
        };
        friend A operator--(A& h);              //声明减号友元运算符函数
};
A operator--(A &h)                              //类外定义减号友元运算符函数
{
        --h.a;
        --h.b;
        return h;                               //返回一个引用 h
};

int main()
{
        A d(6,8);
        --d;                                    //隐式调用
        cout << d.a << "    "<< d.b    << endl;
        operator--(d);                          //显式调用
        cout << d.a << "    " << d.b << endl;
        return 0;
}
```

程序运行结果如下。

```
5   7
4   6
```

因为友元函数为类外的函数，是独立的，所以如果参数声明为对象，那么将无法实现自减运算。修改参数为对象 h，代码如下。

```
#include <iostream>
using namespace std;
class A
{
public:
        int a;
        int b;
        A(int x, int y)                         //构造函数
```

```
        {
            a = x;
            b = y;
        };
        friend A operator--(A h);                    //声明减号友元运算符函数
};
A operator--(A h)                                    //类外定义减号友元运算符函数
{
        --h.a;
        --h.b;
        return h;                                    //返回一个对象 h
};

int main()
{
        A d(6, 8);
        --d;                                         //隐式调用
        cout << d.a << "    " << d.b << endl;
        operator--(d);                               //显式调用
        cout << d.a << "    " << d.b << endl;
        return 0;
}
```

程序运行结果如下。

```
6    8
6    8
```

从运行结果中可以看出，如果定义参数为对象，那么将无法正常实现自减运算。

使用友元运算符函数重载后缀的自减或自增运算符需要将参数声明为引用，并且要在参数中添加虚拟参数 int。

【示例 12-11】下面使用友元运算符函数重载后缀自减运算符（--）。

```
#include <iostream>
using namespace std;
class A
{
public:
        int a;
        int b;
        A(int x, int y)                              //构造函数
        {
            a = x;
            b = y;
        };
        friend A operator--(A &h,int);               //声明减号友元运算符函数
};
A operator--(A& h, int)                              //类外定义减号友元运算符函数
{
        h.a--;
        h.b--;
```

```
        return h;                                  //返回一个对象 h
    };

    int main()
    {
        A d(6, 8);
        d--;                                       //隐式调用
        cout << d.a << "    " << d.b << endl;
        operator--(d,1);                           //显式调用
        cout << d.a << "    " << d.b << endl;
        return 0;
    }
```

程序运行结果如下。

```
5  7
4  6
```

注意：建议使用运算符成员函数重载单目运算符。

12.3.2 赋值运算符（=）重载

赋值运算符会在类中进行自动重载，这是由 C++语言本身定义的，也就意味着赋值运算符的左右两个操作数可以为类的对象。赋值运算符只能使用成员函数进行重载。

【示例 12-12】下面使用赋值运算符将对象 a 的值赋值给对象 b。

```
#include <iostream>
using namespace std;
class A
{
public:
    int a;
    int b;
    A(int x, int y)                                //构造函数
    {
        a = x;
        b = y;
    };
};
int main()
{
    A a(6, 8);
    cout << a.a << "    " << a.b << endl;          //对象 a 的成员值
    A b(2, 3);
    cout << b.a << "    " << b.b << endl;          //对象 b 的成员值
    a = b;
    cout << a.a << "    " << a.b << endl;          //赋值运算后对象 a 的成员值
    return 0;
}
```

程序运行结果如下。

```
6  8
2  3
2  3
```

从运行结果中可以看出，赋值运算符可以让两个对象之间进行赋值运算，赋值的方式是将对象的成员依次进行赋值。

但是，无法使用数字直接为对象进行赋值，否则会出现类型匹配错误，如图 12.4 所示。

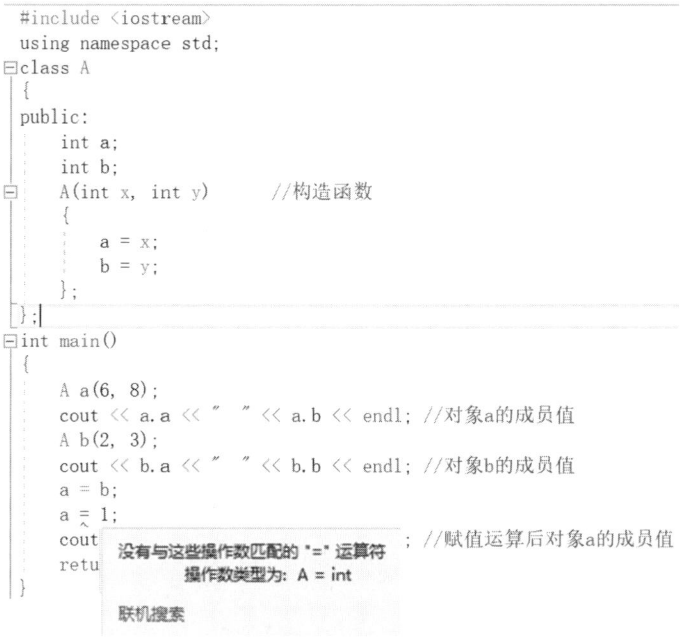

图 12.4　出现类型匹配错误

为了解决这一问题，可以通过重载赋值运算符实现用数字为对象直接赋值，代码如下。

```
#include <iostream>
using namespace std;
class A
{
public:
    int a;
    int b;
    A(int x, int y)                        //构造函数
    {
        a = x;
        b = y;
    };
    A operator =(int x);
};
A A :: operator =(int x)
{
    a = x;
    b = x;
    return *this;
```

```
}
int main()
{
    A a(6, 8);
    cout << a.a << "    " << a.b << endl;            //对象 a 的成员值
    A b(2, 3);
    cout << b.a << "    " << b.b << endl;            //对象 b 的成员值
    a = b;
    a = 1;
    cout << a.a << "    " << a.b << endl;            //赋值运算后对象 a 的成员值
    return 0;
}
```

程序运行结果如下。

```
6  8
2  3
1  1
```

从运行结果中可以看出，当赋值运算符右侧操作数为对象类型数据时，赋值运算符会使用系统默认重载的规则进行运算；当赋值运算符右侧操作数为 int 类型数据时，会选择使用自定义的运算符成员函数规则进行运算。

还有一种情况，当类中包含指向动态空间的指针时，使用默认的赋值运算符函数就会产生错误。

【示例 12-13】下面演示当类中包含指向动态空间的指针时，使用赋值运算符函数出现程序运行异常的情况。

```
#include <iostream>
#include <string.h>
using namespace std;
class A
{
public:
    char* p2;
    A()
    {

    }
    A(const char* p)
    {
        p2 = new char[20];
        strncpy_s(p2, 20, p, 20);

    }
    ~A()
    {
        delete p2;
    }
};

int main()
```

```
{
    char a[] = { "BCCCCC" };
    A b(a);

    A d;
    d = b;

    cout << b.p2 << endl;
    cout << d.p2 << endl;
    return 0;
}
```

程序运行异常提示如图 12.5 所示。

图 12.5　程序运行异常提示

此时，就必须显式地定义一个赋值运算符重载函数，使参与赋值的两个对象有各自的存储空间，以解决此问题。针对这种情况需要对赋值符号进行函数重载，修改后的代码如下。

```
#include <iostream>
#include <string.h>

using namespace std;

class A
{
public:
    char* p2;
    A()
    {

    }
    A(const char* p)
    {
        p2 = new char[20];                  //申请动态空间
        strncpy_s(p2, 20, p, 20);           //将 p 的值复制给 p2

    }
     ~A()
    {
        delete p2;   //释放 p2
    }

     A &operator=(const A &a)               //赋值运算符重载函数
    {
         if (this != &a)                    //避免自赋值
        {
```

```
            if (p2 != NULL)                         //避免内存泄漏
            {
                delete p2;                          //释放空间
                p2 = NULL;                          //避免野指针
            }
            p2 = new char[20];                      //申请动态空间
            strncpy_s(p2, 20, a.p2, 20);            //实现赋值重载
        }
        return *this;   //返回 this
    }
};

int main()
{
    char a[] = { "BCCCCC" };
    A b("BCCCCC");                                  //实例化对象 b
    A d;                                            //实例化对象 d
    d = b;                                          //调用重载赋值运算
    cout << b.p2 << endl;
    cout << d.p2 << endl;
    return 0;
}
```

程序运行结果如下。

```
BCCCCC
BCCCCC
```

12.3.3 下标运算符（[ ]）重载

下标运算符（[ ]）通常用来访问数组中的某个元素，可以看作一个双目运算符。第一个运算符是数组名，第二个运算符是数组下标。下标运算符（[ ]）只能使用成员函数进行重载，在重载时需要判断越界问题。

【示例 12-14】下面实现对下标运算符的成员函数重载。

```
#include <iostream>
using namespace std;
const int s = 10;

class A
{
private:
    int arry[s];
public:
    A()
    {
        register int i;
        for (i = 0; i < s; i++)
        {
```

```
            arry[i] = i;
        }
    }
    int& operator[](int i)
    {
        if (i > s)                  //判断是否越界
        {
            cout << "索引越界" << endl;
                                    //返回第一个元素
            return arry[0];
        }
        return arry[i];
    }
};
int main()
{
    A a;
    cout << "a[1]  的值为  : " << a[1] << endl;
    cout << "a[2]  的值为  : " << a[2] << endl;
    cout << "a[33]  的值为  : " << a[33] << endl;
    return 0;
}
```

程序运行结果如下。

```
a[1]  的值为  : 1
a[2]  的值为  : 2
索引越界
a[33]  的值为  : 0
```

12.3.4　关系运算符（>）重载

C++语言的关系运算符包括 < 、 > 、 <= 、 >= 、 ==等。关系运算符的运算结果只有两种，一种为 true，另一种为 false，所以对关系运算符重载需要返回两个逻辑布尔值。

【示例 12-15】使用运算符成员函数对关系运算符（>）进行重载。

```
#include <iostream>
using namespace std;
const int s = 10;

class A
{
private:

    int x;
    int y;
public:
    A(int f,int g )
    {
```

```
        x = f;
        y = g;
    }
    bool  operator >(A &a)          //重载关系运算符（>）
    {
        if (x > a.x&& y>a.y )       //要求对象的两个属性都大于返回值
        {
            return true;
        }
        else {
            return false;
        }
    }
};
int main()
{
    A a(1,2);
    A b(2,3);
    if (b > a)
    {
        cout << "b 大于 a" << endl;
    }
    else
    {
        cout << "b 小于 a" << endl;
    }
    return 0;
}
```

程序运行结果如下。

```
b 大于 a
```

12.3.5 复合赋值运算符（+=）重载

复合赋值运算符是指将数据运算符与赋值运算符进行了组合。以加法赋值运算符“+=”为例，首先需要对加法运算符进行重载，然后再对加法赋值运算符进行重载。

【示例 12-16】下面对加法赋值运算符（+=）进行函数重载。

```
#include <iostream>
using namespace std;
const int s = 10;

class A
{
public:
    int x;
    int y;
    A(int f,int g )
```

```
    {
        x = f;
        y = g;
    }

    A   operator +(A& a)                //重载加法运算符
    {
        a.x = x + a.x;
        a.y = y + a.y;
        return a;
    }
    A   operator +=(A &a)               //重载加法赋值运算符
    {
        *this = *this + a;
        return a;
    }
};
int main()
{
    A a(1,2);
    A b(2,3);
    a += b;
    cout << a.x <<"    "<< a.y << endl;
    return 0;
}
```

程序运行结果如下。

```
3    5
```

在重载复合赋值运算符时一定要对前面的基础运算符进行重载。

12.4 小　　结

通过本章的学习，读者需要了解以下内容。

- 在 C++中，会将被运算重载过的运算符看作一种特殊的函数，称为运算符函数。
- 运算符只针对基本数据类型的运算，不支持自定义的数据类型运算。
- 运算符重载就是让一个运算符实现多种功能。
- 运算符重载使用 operator 关键字对重载函数进行标识和定义，根据标识的位置可以分为三种表示形式，分别为前缀、中缀和后缀。
- 不能改变重载运算符的优先级和结合性。
- 默认重载运算符不能用作参数。
- 不能改变原有运算符的参数个数。
- 不能创建新的运算符。
- 并不是所有的运算符都支持重载，但是大多数都支持。
- 运算符的重载形式有三种，分别为重载为类的成员函数、重载为类的友元函数与重载为普通函数。

- 将运算符重载为类的成员函数，称为运算符成员函数。
- 调用双目重载运算符的方式可以分为显式调用和隐式调用两种。

12.5 习　　题

一、填空题

1．运算符只针对基本数据类型的运算，不支持_____运算。
2．运算符重载使用_____关键字对重载函数进行标识和定义。
3．运算符重载不能改变重载运算符的_____和_____。
4．运算符重载不能改变原有运算符的_____。
5．运算符的重载形式有三种，分别为_____、_____与_____。
6．将运算符重载为类的成员函数，称为_____。
7．调用双目重载运算符的方式可以分为_____和_____两种。

二、选择题

1．下列运算符必须使用成员函数进行重载的是（　　）。

A．<<　　B．>>　　C．+　　D．[ ]

2．下列运算符不能进行重载的是（　　）。

A．::　　B．>>　　C．&&　　D．+=

3．下列关于运算符重载的描述中，正确的是（　　）。

A．运算符重载可以改变操作数的个数
B．运算符重载可以改变优先级
C．运算符重载可以改变结合性
D．运算符重载不可以改变语法结构

4．下列函数中，能重载运算符的函数是（　　）。

A．虚函数　　B．构造函数　　C．析构函数　　D．友元函数

5．不能用友元函数重载的是（　　）。

A．=　　B．= =　　C．+=　　D．?:

三、编程题

1．在下面画横线的地方填上适当的代码，使用友元函数实现对乘法运算符的重载。

```
#include <iostream>
using namespace std;
class A
{
public:
    int a;
    int b;
    A(int x, int y)                //构造函数
    {
        a = x;
```

```
        b = y;
    };
    ____________;
};
____________ (A x, A y)
{
    x.a = x.a * y.a;
    x.b = x.b * y.b;
    return x;                  //返回一个对象 x
};

int main()
{
    A d(6, 8);
    A b(1, 2);
    d = d * b;                 //隐式调用
    cout << d.a << "    " << d.b << endl;

    return 0;
}
```

程序运行结果如下。

```
6   16
```

2．在下面画横线的地方填上适当的代码，使用类成员函数实现对除法运算符的重载。

```
#include <iostream>
using namespace std;
class A
{
public:
    float a;
    float b;
    A(float x, float y)        //构造函数
    {
        a = x;
        b = y;
    };
    A operator/(A h);
};
____________
{
    h.a = a / h.a;
    h.b = b / h.b;
    return h;
};

int main()
{
    A d(6, 8);
```

```
    A b(10, 20);
    d = ____________;            //显式调用
    cout << d.a << "    " << d.b << endl;
    return 0;
}
```

程序运行结果如下。

```
0.6   0.4
```

第 13 章 模　　板

模板是一种对类型进行参数化以实现代码复用的技术。使用模板可以提高数据的处理效率。本章将详细讲解有关函数模板及类模板的定义和使用、实例化、静态成员、特化等内容。

13.1 函数模板

在进行数据运算时，由于数据类型的限制，往往要编写大量的重复代码。例如，使用函数实现一个加法运算的功能，代码如下。

```
void sum(int a, int b)
{
    a = a + b;
}
```

这段代码可以实现将两个整型数据相加的功能。但是如果要让两个浮点型数据相加，就不能使用这个函数，而需要重新定义一个函数，代码如下。

```
void sum(float a, float b)
{
    a = a + b;
}
```

这个函数可以实现浮点型数据的加法运算。但是，若要使用其他类型的数据，又需要定义其他的函数，如两个 short 类型数据相加、两个 long 类型数据相加、两个 double 类型数据相加等，甚至两种不同类型的数据相加，每种情况都要编写一个对应的函数。这就造成为了实现“两个数相加”的问题，需要编写很多重复性很高的函数。这样做显然是低效的。

为了解决这个问题，C++引入了函数模板的概念。函数模板的使用可以提高代码的运行效率，并大量减少代码编写量。函数模板是指通过模板的形式将一系列代码相同而类型不同的相关函数模板化。

函数模板会将数据类型作为参数进行声明。当调用模板时，模板会根据实参的数据类型实例化为具体的函数代码进行执行。函数模板的实例化过程及具体实例化的内容是不可见的，只能看到模板的运行结果。

13.1.1 函数模板的定义

函数模板的声明语法如下。

```
template  <模板形参表>  <函数声明>
```

其中，template 为关键字，表示声明模板；模板形参表由多个形参组成，形参指代的就是数据类型，形参之间用逗号分隔；函数声明就是定义一个模板的函数，实现具体的功能。

模板形参定义数据类型为形参，其方式有以下三种。

```
typename  <参数名>
class <参数名>
```

```
<类型修饰> <参数名>
```

其中，参数名的命名规则需要符合标识符命名规则；typename 与 class 是等价的，它们之间可以互换，也就是这两种方式任选一种即可。

定义一个函数模板，代码如下。

```
template <class T>
void add (T a, T b)
{
    a = a + b;
}
```

这种写法等价于如下代码。

```
template < typename   T>
void add (T a, T b)
{
    a = a + b;
}
```

上面的两种模板的定义方式是相同的。如果需要定义多种类型的模板，只需在模板列表中添加多个形参即可。代码如下。

```
template <classT1, class T2>
void add(T1 a, T2 b)
{
    a = a + b;
}
```

或

```
template <typename T1, typename T2>
void add(T1 a, T2 b)
{
    a = a + b;
}
```

代码中 T1 代表一种数据类型，T2 代表另外一种数据类型。

第三种模板形参定义方式<类型修饰> <参数名>与普通函数的形参定义方式相同。类型修饰就是指各种数据类型的关键字，如 int、float 等。

13.1.2　函数模板的调用

调用模板就是调用模板中的函数，然后模板会根据调用时传递的参数类型实例化具体的模板。例如，模板定义语句如下。

```
template <classT >
void add(T a, T b)
{
    a = a + b;
}
```

那么，调用该模板的语句如下。

```
add(1,2);
```

由于调用时用的是整数，所以模板会实例化为如下代码。

```
void add(int , int b)
{
    a = a + b;
}
```

代入实参后显示为如下代码。

```
add(1,2)
{
    a=1+2;
}
```

这两步转换是在后台进行的，我们是看不到的，调用模板后只能得到函数运行的结果。

【示例 13-1】下面定义并调用函数模板。

```
#include <iostream>
using namespace std;
template <class T>
void sum(T a, T b)
{
    a = a + b;
    cout << "和为" << a << endl;
}

template <typename T1, typename T2>
void add(T1 a, T2 b)
{
    a = a - b;
    cout << "差为" << a << endl;
}

int main()
{
    sum(1,2);                       //两个整数
    sum(1.5, 2.5);                  //两个小数
    add(3, 5.5);                    //一个整数一个小数
    add(10.5,4);                    //一个小数一个整数

    return 0;
}
```

程序运行结果如下。

```
和为 3
和为 4
差为-2
差为 6.5
```

从运行结果中可以看出，随着传递函数的类型不同，实例化模板的类型也会发生改变。这样定义一个模板就可以处理各种类型的数据，从而减少了代码编写量。

13.2 类 模 板

类模板就是类的模板，用于对数据的类型进行参数化处理。类模板与函数模板类似，都是将一系列代码类似但数据类型不同的类进行模板化处理。

类模板的实现方式是通过相同的逻辑程序处理不同的数据类型，这样做可以重复使用已有的代码，减少了代码冗余，也就是减少了代码的重复编写。

13.2.1 类模板的定义

定义类模板其实和定义函数的差别不大，其核心都是定义一个算法逻辑。唯一不同的是类模板将其使用的类型进行了参数化，对不同类型的数据用同一算法逻辑。

定义类模板的语法形式如下。

```
template <类型参数表> <声明类>
```

template 为关键字，表示声明模板的意思。

<类型参数表>可以由一个或多个类型参数组成，类型参数之间用逗号分隔，其形式如下。

```
template <typename 参数名 1,typename  参数名 2,…, typename  参数名 3>
```

其中，尖括号不能省略，如果是多个类型参数，逗号不可以省略。

类型参数表中的类型参数还可以定义为非类型参数，用以下形式进行定义。

```
<类型修饰符> <参数名>
```

非类型参数的定义与普通参数的定义相同，类型修饰符使用的是数据类型名 int、float 等，这种定义方式要根据具体的情况进行选择。例如，每个学生都有一个学号，学号的类型是确定的，所以可以直接在模板参数列表中定义。

<声明类>就是定义一个带类型参数的类，该类实现模板的具体功能。

综上所述，定义类模板的具体语法形式如下。

```
template <typename 参数名 1, typename 参数名 2, …>
class 类模板名
{
  类体;
};
```

定义一个类模板，代码如下。

```
template <typename T,int size>
class A
{
    …
};
```

typename T 就是定义一个类型参数 T，int size 就是定义一个普通类型参数 size。

13.2.2 类模板成员函数的定义

定义类模板的成员函数与定义普通成员函数一样，可分为两种方式，第一种是在类中声明模板的成员函数时定义，其语法形式与定义普通成员函数的语法形式相同；第二种是在类外定义模板的成员函数，其语法形式如下。

```
template <模板参数列表>
返回类型 类名 <模板参数名列表>::函数名(函数形参表)
{
    函数体;
}
```

【示例 13-2】下面在函数内部定义模板成员函数。

```
#include <iostream>
using namespace std;
template <typename T, int size>
class A
{
public:
    void sum(T a, T b)              //传递的数据类型不确定，用模板数据类型 T 替代
    {
        cout << a + b << endl;
    }
};
```

【示例 13-3】下面在函数外部定义模板成员函数。

```
#include <iostream>
using namespace std;
template <typename T >
class A
{
public:
    void array(T a[],T size);           //声明模板成员函数
};
template <typename T >                  //模板类型参数列表
void A <T >::array(T a[],T size)        //模板类型参数名列表
{
    for (int i = 0; i < size; i++)
    {
        cout << a[i] << endl;
    }
}
```

13.2.3 非类型参数

类模板可以使用非类型参数，也就是上文提到的使用<类型修饰符> <参数名>形式定义的模板的参数。非类型参数通常在模板定义过程中当作常量使用。

声明一个类模板的非类型参数的一般语法形式如下。

```
<…, 类型  参数名, …>
```

其中，尖括号不可以省略。定义一个类模板的非类型参数 size，代码如下。

```
template <int size>
```

定义类模板时，可以直接设定其参数的默认值，包括默认类型参数和默认非类型参数。

代码如下。

```
template < typename T=int ,int size=100>
```

这种定义方式可以根据具体情况进行选择。

【示例 13-4】下面在定义类模板时，直接设定参数 size 的默认值。

```
#include <iostream>
using namespace std;
template <typename T, int size=100>
class A
{
public:
    void array(T a[]);              //声明模板成员函数
};
template <typename T, int size>     //模板类型参数列表
void A <T, size>::array(T a[])      //模板类型参数名列表
{
    for (int i = 0; i < size; i++)  //size 用于控制循环次数
    {
        cout << a[i] << endl;
    }
}
```

13.3 生成类模板的实例

类模板相当于定义了一类，要使用类模板需要将类模板进行实例化。实例化的方式是在使用对象访问类模板的成员时进行实参传递，这样类模板就会根据传递的实参的数据类型，将模板实例化为一种固定的数据类型模式的类。

13.3.1 模板实例化

模板实例化是指通过在模板定义对象的过程中传递实参的数据类型，将模板中未知的数据类型全部实例化。类模板定义对象的方式与类实例化对象的方式相似，只是在模板定义对象时需要传递模板的类型实参，其语法形式如下。

```
类名 <模板实参列表> 对象名;
```

或

```
类名 <模板实参列表> 对象名(构造函数实参表);
```

在定义模板对象时，由于传递了实参，也就固定了该对象所属类的具体数据类型，这样就相当于将类模板实例化为具体的某一数据类型的类。

【示例 13-5】下面定义单个模板类型形参，并通过定义模板对象实例化模板。

```
#include <iostream>
using namespace std;
template <typename T>
class A
{
public:
```

```
    void sum(T a, T b);
};
template <typename T>
void A <T>::sum(T a, T b)          //类外定义成员函数
{
    cout << a + b << endl;
}
int main()
{
    A <int> a;                     //定义模板 A 的对象 a，指定类型的实参为 int
    a.sum(1,2);                    //实例化模板后使用模板对象 a 调用成员函数
    return 0;
}
```

程序运行结果如下。

```
3
```

在代码中，使用语句“A <int> a;”将模板进行实例化，也就是使用 int 将模板中的所有形参 T 进行替换，模板实例化后的代码如下。

```
class A
{
public:
    void sum(int a, int b);
};
template <typename int >
void A < int >::sum(int a, int b)
{
    cout << a + b << endl;
}
```

注意：这种替换在系统后台实现，我们是看不到的。

【示例 13-6】下面定义两个模板类型形参，并通过定义模板对象实例化模板。

```
#include <iostream>
using namespace std;
template <typename T1, typename T2>
class A
{
public:
    T1 h;
    void sum(T1 a, T2 b);
};
template <typename T1, typename T2>
void A <T1,T2>::sum(T1 a, T2 b)              //类外定义成员函数
{
    cout << a + b << endl;
}
int main()
{
    A <int,float> a;                         //定义模板 A 的对象 a，指定类型的实参为 int 与 float
    a.sum(1,2.5);                            //访问成员函数
```

```
    return 0;
}
```

程序运行结果如下。

```
3.5
```

在代码中，使用语句“A <int,float> a;”将模板进行实例化，也就是使用 int 对模板中的所有形参 T1 进行替换，使用 float 对模板中的所有形参 T2 进行替换，模板实例化后的代码如下。

```
class A
{
public:
    int h;
    void sum(int a, float b);
};
template <typename int, typename float >
void A <T1,T2>::sum(int a, float b)                //类外定义成员函数
{
    cout << a + b << endl;
}
```

【示例 13-7】下面定义一个模板类型形参与一个非类型实参，然后通过定义模板对象实例化模板。

```
#include <iostream>
using namespace std;
template <typename T, int size>
class A
{
    public:
    void array(T a[]);
};
template <typename T,int size>
void A <T,size>::array(T a[])
{
    cout << "数组的成员为：" << endl;
    for (int i = 0; i < size; i++)                 //size 控制循环次数
    {
        cout << a[i] << endl;
    }
}
int main()
{
    int number [] = { 1,2,3,4,5 };
    A <int,5> a;                                   //定义模板对象，类型实参为 int，非类型实参为 5
    a.array(number);

    return 0;
}
```

程序运行结果如下。

```
数组的成员为：
1
2
3
4
5
```

在代码中，使用语句“A <int,5> a;”将模板进行实例化，也就是使用 int 对模板中的所有形参 T 进行替换，并使用 5 初始化 size 的值。

如果在模板中定义了构造函数，那么在定义模板对象时需要传递构造函数所对应的实参。

【示例 13-8】下面在定义模板对象时通过构造函数初始化对象。

```
#include <iostream>
using namespace std;
template <typename T>
class A
{
public:
    A(T x, T y, T z)                    //构造函数
    {
        h = x;
        j = y;
        k = z;
    }
    void sum();
private:
    T h,j,k;
};
template <typename T>
void A <T>::sum()
{
    cout << "私有成员 h,j,k 的和为" << h + j + k << endl;
}
int main()
{
    A <int> a(5,10,20);                 //定义模板对象并使用构造函数实例化类成员
    a.sum();                            //调用 sum 成员函数

    return 0;
}
```

程序运行结果如下。

```
私有成员 h,j,k 的和为 35
```

在代码中，使用语句“A <int> a(5,10,20);”将模板进行实例化，并传递构造函数要使用的实参。语法形式如下。

```
类名 <模板实参列表> 对象名(构造函数实参表);
```

13.3.2 函数模板作为类模板成员函数

函数模板也可以作为类模板的成员函数进行嵌套使用。成员函数模板只有在被调用时才

会被实例化。

【示例 13-9】下面定义类模板的成员函数为函数模板。

```
#include <iostream>
using namespace std;
template <typename T>
class A
{
public:
    template<class T2>              //函数模板
    void sum(T2 a)
    {
        cout << "这是一个函数模板" << a << endl;
    }
};
int main()
{
    A <int> a;                      //定义模板对象
    a.sum(5);                       //实例化类中的函数模板
    return 0;
}
```

程序运行结果如下。

```
这是一个函数模板 5
```

13.4 类模板的静态成员

模板也可以像普通类一样定义静态成员，只是在声明和定义时需要注意模板名与类型参数的使用。类模板的静态成员变量需要在类内声明，在类外定义。其在类内声明静态变量成员的语法形式如下。

```
static 类型形参名 静态成员名;
```

其中，类型形参名由模板定义时确定。例如，声明一个模板的静态变量成员的代码如下。

```
template <typename T>
…
static T a;
…
```

静态成员变量的定义语法如下。

```
template <typename 类型参数名>
类型参数名 类模板名<类型参数列表> :: 静态成员名=值;
```

声明一个模板的静态变量成员代码如下。

```
template <typename T>
T   A<T> :: a=0;
…
```

【示例 13-10】下面声明一个静态变量成员，并输出该成员记录的函数调用次数。

```
#include <iostream>
using namespace std;
template <typename T>
```

```
class A
{
public:
    static T ct;                    //声明静态变量
    void sum();
};
template <typename T>
void A <T>::sum()
{
    ct++;
    cout << "第" <<ct <<"次调用 sum 函数"<< endl;
}
template <typename T>
T  A<T> :: ct=0;                    //初始化静态变量的值
int main()
{
    A <int> a;                      //定义模板对象并使用构造函数实例化类成员
    a.sum();
    a.sum();
    a.sum();
    a.sum();
    a.sum();
    return 0;
}
```

程序运行结果如下。

```
第 1 次调用 sum 函数
第 2 次调用 sum 函数
第 3 次调用 sum 函数
第 4 次调用 sum 函数
第 5 次调用 sum 函数
```

从代码中可以看出，在声明和定义静态成员时，要注意类模板名后尖括号中的类型参数名。在模板中也可以声明并定义模板的静态成员函数，其语法形式如下。

```
static 类型参数名 静态函数名()
{
        函数体;
}
```

在调用静态成员函数的语法中也要注意将类名替换为模板名和类型参数名结合的形式，语法形式如下。

```
类模板名<类型参数名>::静态函数名();
```

【示例 13-11】使用模板静态函数输出调用 sum()函数的次数。

```
#include <iostream>
using namespace std;
template <typename T>
class A
{
public:
```

```
        static T ct;                    //声明静态变量
        void sum();
        static T getct()                //声明并定义模板静态成员函数
        {
            return ct;
        }
};
template <typename T>
void A <T>::sum()
{
    ct++;
}
template <typename T>
T   A<T> :: ct=0;                       //初始化静态变量的值
int main()
{
    A <int> a;                          //定义模板对象并使用构造函数实例化类成员
    a.sum();
    a.sum();
    a.sum();
    a.sum();
a.sum();
cout<<"sum 函数被调用了"<<A<int>::getct()<<"次"<<endl;    //调用模板静态成员函数

    return 0;
}
```

程序运行结果如下。

```
sum 函数被调用了 5 次
```

13.5 类模板的特化

如果定义的类模板无法满足需求，还可以将类模板进行特化。模板特化与模板的实例化不同，模板的特化是指模板参数在某种特定类型下的具体实现。类模板的特化分为全特化、半特化两种形式。

13.5.1 类模板的全特化

类模板的全特化指将类模板特化为绝对类型。类模板的特化是为了针对特殊的类型，进行特殊的处理，将类模板重新修改为新的逻辑语句，定义一个新的特化的类模板，如可以直接特化为 int、float、double 型等。

类模板全特化的基本语法形式如下。

```
template<>
class  类模板名<模板实参列表>
{
新的逻辑操作
```

```
};
```

【示例 13-12】下面将类模板 A 全特化为 float 类型。

```
#include <iostream>
using namespace std;
template <typename T>
class A
{
public:

    void sum(T a)
    {
        cout << "一个非特化模板函数 sum 的值为" << a << endl;
    }
};
template <>                         //全特化模板
class A <float>
{
public:

    void sum(float a)
    {
        cout << "一个全特化模板函数 sum 的值为：" << a << endl;
    }
};
int main()
{
    A <int> a;                      //定义模板对象
    a.sum(5);                       //调用非特化模板 A
    A <float> b;                    //定义特化模板对象
    b.sum(5.5);                     //调用特化模板 A
    return 0;
}
```

程序运行结果如下。

```
一个非特化模板函数 sum 的值为 5
一个全特化模板函数 sum 的值为：5.5
```

从代码中可以看出，非特化类模板与全特化类模板的模板名可以相同，但是在定义对应模板的对象时，要注意数据类型的对应。

13.5.2　类模板的半特化

类模板的半特化也可以称为部分特化，即给形参一定的限制条件，但是又不完全特化形参。类模板的半特化定义语法如下。

```
template<模板形参列表>
class 类模板名<模板形参表>
{
};
```

类模板名<模板形参表>中的形参是半特化的关键。例如，定义为 T*, 表示形参必须为指针，但是指针的类型由 T 决定，可以为 int，也可以为 char，具体根据需求确定。也可以将 T 特化为 T&、const T&等。

【示例 13-13】下面将类模板 A 的 T 半特化为 T*。

```
#include <iostream>
using namespace std;
template <typename T>
class A
{
public:

    void sum(T a)
    {
        cout << "一个非特化模板函数 sum 的值为" << a << endl;
    }
};
template < typename P>      //半特化模板
class A <P*>
{
public:

    void sum(P* a)
    {
        cout << "一个半特化模板函数 sum 的值为：" << *a << endl;
    }
};
int main()
{
    int s = 10;
    A <int> a;                  //定义模板对象
    a.sum(5);                   //调用非特化模板 A
    A <int*> b;                 //定义特化模板对象类型为 int 型指针
    b.sum(&s);                  //调用特化模板 A
    return 0;
}
```

程序运行结果如下。

```
一个非特化模板函数 sum 的值为 5
一个半特化模板函数 sum 的值为：10
```

从代码中可以看出，定义形参为 P*就可以指定实参只能是指针，具体指针的类型在定义模板对象时确定。

13.6 小　　结

通过本章的学习，读者需要了解以下内容。

- 模板是一种对类型进行参数化和实现代码复用的技术。使用模板可以提高数据的处理效率。

- ❑ 函数模板是指通过模板的形式将一系列代码相同但是类型不同的相关函数模板化。
- ❑ 类模板就是类的模板，用于对数据的类型进行参数化处理。
- ❑ 模板实例化是指通过在模板定义对象的过程中传递实参的数据类型，将模板中未知的数据类型全部实例化。
- ❑ 类模板的静态成员变量需要在类内声明，在类外定义。
- ❑ 模板的特化是指模板参数在某种特定类型下的具体实现。类模板特化分为全特化、半特化两种形式。

13.7 习 题

一、填空题

1．对类型进行参数化和实现代码复用的技术称为_____。使用_____可以提高数据的处理效率。

2．通过模板的形式将一系列代码相同但是类型不同的相关函数模板化的方式称为_____。

3．类的模板称为_____，用于对数据的类型进行参数化处理。

4．类模板与_____类似，都是将一系列代码类似但数据类型不同的类进行模板化处理。

5．定义类模板的语法由_____、_____、声明类三部分组成。

6．通过在模板定义对象的过程中传递实参的数据类型，将模板中未知的数据类型全部实例化的过程称为_____。

二、选择题

1．标准输出流对象 cout 是 iostream 类的一个实例，使用 cout 对象时需要与（　　）运算符结合使用。

A．<<　　B．>>　　C．*　　D．->

2．关于函数模板，描述错误的是（　　）。

A．函数模板的实例化由编译器实现

B．一个类定义中只要有一个函数模板，则这个类就是类模板

C．类模板的成员函数都是函数模板，类模板实例化后，成员函数也随之实例化

D．函数模板必须由程序员实例化为可执行的函数模板

3．下列模板说明中正确的是（　　）。

A．template<typename T1,T2>　　B．template<class T1,T2>

C．template< T1, T2>　　D．template<typename T1,typename T2>

4．关于函数模板定义 template <typename T> Max(T a，T b ,T c) {c=a+b;}，下列选项正确的是（　　）。

A．int x, y; char z;　Max(x, y,z);　　B．double x,y,z;　Max(x,y,z);

C．int x, y; float z;　Max(x,y,z);　　D．float x; double y,z;　Max(x,y,z);

5．下列有关模板的描述错误的是（　　）。

A．模板把数据类型作为一个设计参数，称为参数化程序设计

B．模板参数与函数参数相同，是按位置而不是名称对应的

C．模板参数表中可以有类型参数和非类型参数

D．类模板与模板类是同一个概念

6．类模板的使用实际上是将类模板实例化为一个（　　）。

A．对象　　B．类　　C．抽象类　　D．函数

7．类模板的模板参数（　　）。

A．只能作为数据成员的类型　　B．只可作为成员函数的返回类型

C．只可作为成员函数的参数类型　　D．以上三种均可

8．类模板的实例化（　　）。

A．在编译时进行　　B．属于动态联编

C．在运行时进行　　D．在连接时进行

9．以下类模板定义正确的是（　　）。

A．template<class T, int i=O>　　B．template<class T, class int i>

C．template<class T,typename T>　　D．template<class T1,T2>

三、编程题

1．在下面画横线的地方填上适当的代码，实现使用 int 型实例化类模板。

```
#include <iostream>
using namespace std;
template <typename T>
class A
{
public:
    void product(T a, T b);
};
template <typename T>
____________
{
    cout << a * b << endl;
}
int main()
{
    ____________;
    a.product(5, 6);
    return 0;
}
```

程序运行结果如下。

```
30
```

2．在下面画横线的地方填上适当的代码，实现函数模板的定义和调用，并从大到小输出两个数。

```
#include <iostream>
using namespace std;
____________
void sort(T a, T b)
{
```

```
    if (____________)
    {
        cout << a << "," << b << endl;
    }
    else
    {
        cout << b<< "," << a << endl;
    }
}

int main()
{
    ____________;
    return 0;
}
```

程序运行结果如下。

```
10，4
```

第三篇　高级语法篇

第 14 章　输入/输出流

程序员和计算机的交互是通过输入与输出实现的。程序员通过键盘等输入设备输入命令，计算机处理完数据后通过显示器等输出设备输出结果。本章将详细介绍 C++中输入/输出流的有关知识。

14.1　输入/输出流的引入

只有通过输入/输出的方式才能让数据在计算机中得到处理。在 C++中，输入/输出功能是通过调用该操作系统的 I/O 库来实现的。

C 语言中的输入/输出主要使用 scanf()和 printf()函数实现。但是对于 C++来说，C 语言的 I/O 库函数不支持类和对象的数据传输和处理，也就缺失了 C++的面向对象的一些特征，如继承、重载和多态等。所以，C++语言引入了一套自己的输入/输出系统。

14.1.1　输入/输出流简介

C++的 I/O 发生在流中，流是字节序列。通过重载运算符（<<）和（>>）来支持类和对象的输入/输出。

如果字节流从设备（如键盘、磁盘驱动器、网络连接等）流向内存，则称为输入操作；如果字节流从内存流向设备（如显示屏、打印机、磁盘驱动器、网络连接等），则称为输出操作。

C++中的流是指数据从一个对象传递到另一个对象的操作，如图 14.1 所示。

图 14.1　数据流的传递

在设备之间传递的数据称为 I/O 流。C++专门内置了一些类，封装了可以实现输入/输出操作的方法，这些类统称 I/O 流类。

数据流可以具象理解为水流，水流是有方向的，所以数据流也有方向性。与输入设备相关联的流称为输入流，与输出设备相关联的流称为输出流，统称输入/输出流，如图 14.2 所示。

图 14.2　输入/输出流

C++使用 iostream 类库实现流的输入和输出。iostream 类库是通过类的继承，以及类的成员函数的重载来实现的。iostream 类库使用统一的函数接口操作标准 I/O、文件、存储块等。同时，iostream 类库具有很好的扩展性，用户可通过重载对其进行扩展。

14.1.2　输入/输出流类层次

C++的输入/输出流类库是由 streambuf 和 ios 两个基类派生而来的，接下来对这两个类进行讲解。

1. streambuf 类

streambuf 类是带有缓冲区的流类库，其作用是提供物理设备的接口、缓冲区或处理流的通用方式。

2. ios 类

ios 类包含一个指向 streambuf 类的指针成员。它在 streambuf 类实现功能的基础上，增加了各种格式化的输入/输出控制方法。

ios 作为流类库中的基类，可以派生出许多类，这些类在实际的程序中应用非常频繁，如图 14.3 所示。

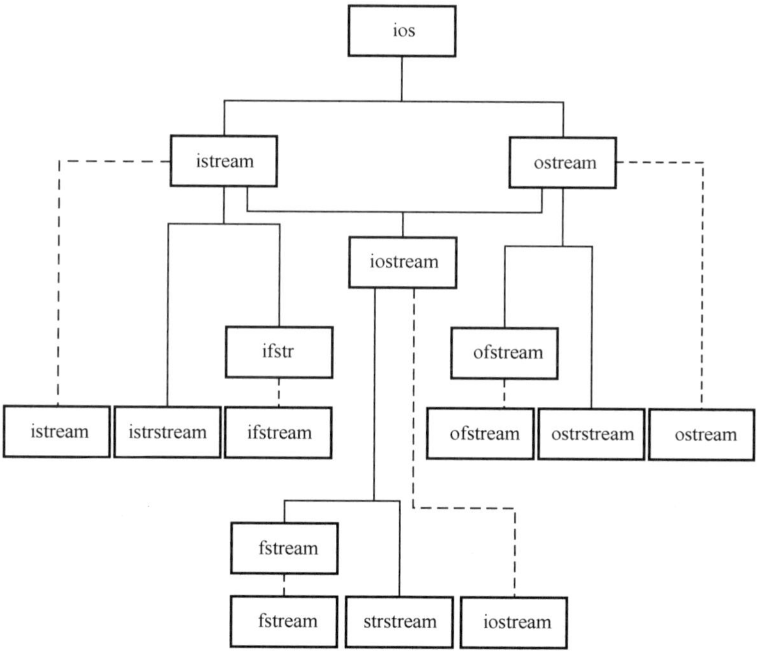

图 14.3　ios 流类库中的基类

C++中 iostream 输入/输出功能的基础由 ios、istream、ostream 和 streambuf 类构成。用户可以用 istream、ostream 等类声明流对象，声明对象 istm 和 ostm 的语法形式如下。

```
istream istm
ostream ostm
```

14.1.3 I/O 库头文件

I/O 库头文件是实现流文件的根本，C++语言编程中最重要的几个 I/O 库头文件如下。

- <iostream>定义了 cin、cout、cerr 和 clog 对象，分别对应于标准输入流、标准输出流、非缓冲标准错误流和缓冲标准错误流。
- <iomanip>通过所谓的参数化的流操纵器（如 setw 和 setprecision），来声明对执行标准化 I/O 有用的服务。
- <fstream> 为用户控制的文件处理声明服务。下面将在文件和流的相关章节中讨论它的细节。
- <strstream>可以同时支持 C 风格的串流的输入/输出操作，一般不推荐使用。

14.2 标准输入/输出流

C++将用于设备间数据传递的对象称为标准流对象。一些常用的流类对象，包括键盘输入、显示器输出、程序运行出错输出等。C++语言的标准流对象有四个，分别为 cout、cin、cerr 和 clog。

14.2.1 标准输出流对象

标准输出流对象 cout 是 iostream 类的一个实例。cout 对象与标准输出设备连接，将输出流数据通过输出设备显示出来。使用 cout 对象时要结合流输出运算符（<<，也称为流插入运算符）。

【示例 14-1】下面将程序中的文字“hello world”输出到屏幕上。

```
#include <iostream>
using namespace std;
int main()
{
    cout <<"hello world"<<endl;
    return 0;
}
```

运行程序，屏幕输出信息流，如图 14.4 所示。

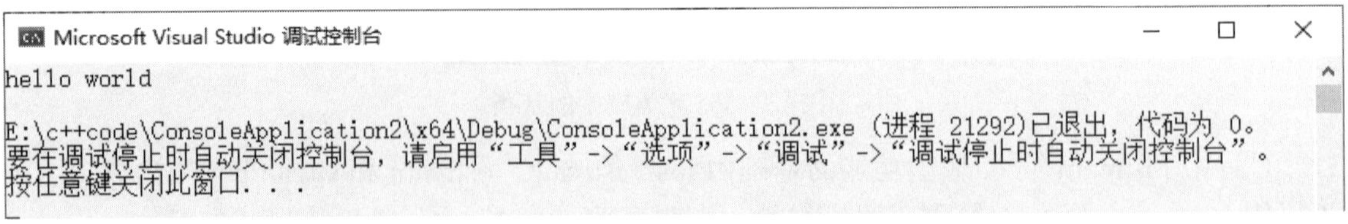

图 14.4 屏幕输出信息流

其中，endl 包含于类头文件<iostream>中，它主要搭配 iostream 对象来使用，如 cout、cerr 等。其英语意思是 end of line，即一行输出结束，然后输出下一行。使用 endl 就可以实现换行。

【示例 14-2】下面验证使用 endl 换行的功能。

```
#include <iostream>
using namespace std;
int main()
{
    cout << "hello world$$$$";
    cout <<"hello world"<<endl;
    cout << "hello world2";
    return 0;
}
```

程序运行结果如下。

```
hello world$$$$hello world
hello world2
```

从运行结果中可以看出，语句“cout << "hello world$$$$";”后没有添加 endl 关键字，所以该行输出后没有换行，后续的输出紧接着该行的输出。

14.2.2　标准输入流对象

cin 为标准输入流对象，用于从键盘读取数据，也可以从文件中读取数据。简单来说就是获取用户从键盘输入的信息。使用 cin 对象时要结合流输入运算符（>>，也称为流读取运算符）。

【示例 14-3】下面让用户根据提示从键盘输入内容。

```
#include <iostream>
using namespace std;
int main()
{
    string a;
    cout << "请输入你的名字" << endl;
    cin >> a;
    cout << "你输入的名字为：" << a << endl;
    return 0;
}
```

程序运行结果如下。

```
请输入你的名字
王五
你输入的名字为：王五
```

从运行结果中可以看出，用户输入的内容会在屏幕上输出。

14.2.3　标准错误流对象与标准日志流对象

cerr 是指标准错误流对象，该对象不经过缓冲而直接输出，一般用于迅速输出错误信息，是标准错误，通常写入与标准输出相同的设备，如计算机屏幕。

clog 是指带缓冲的标准错误流对象，属于 iostream 的对象，关联到标准错误。clog 通常用于报告程序的执行信息，存入一个日志文件中。

14.3　输入/输出格式控制

C++流可以实现有格式输入/输出与无格式输入/输出。

- 有格式输入/输出是指使用 C++标准流 iostream 对象 cout、cin 等对键盘、显示器、打印机及磁盘文件等对象的输入/输出格式进行控制。
- 无格式输入/输出是指使用流对象中专用的成员函数对磁盘文件进行无格式的输入/输出。

14.3.1　默认的输入/输出格式

在 C++语言中会对输入/输出流的格式进行默认的规定。通过对各种数据的输入/输出格式的规定，C++语言可以识别用户输入或输出的数据属于什么类型。例如，输入一个数字 5，那么会被认为输入的是整数类型数据。

1. 默认输入格式

简单理解，规定的默认输入格式就像对人的描述一样。人通过眼睛可以观察另外一个人的外表，然后与已知的规定进行比较，从而对另外一个人进行判断。例如，黄头发、蓝眼睛是外国人。头发和眼睛的颜色就是规则。

同理，规定默认的输入格式是为了让计算机能够通过规定认识用户输入的数据属于什么类型，然后能判断输入的数据是否指向对应的变量。

在 C++语言中，默认输入格式与数据类型有十分密切的关联，用户从键盘输入的数据可以通过 cin 对象进行识别，默认输入格式如表 14.1 所示。

表 14.1　默认输入格式

数 据 类 型	默认输入格式
short、int、long	与整型常量相同
float、double、long double	与浮点型常量相同
char	输入的第一个非空白字符
char *	从输入的第一个非空白字符开始到下一个空白字符
void *	无前缀的十六进制数
bool	输入的非 0 数字 1 识别为 1，其他输入均被认定为 false。该规则不同编译器有少许差别

【示例 14-4】下面依照默认输入格式输入一些数据，并进行输出。

```
#include <iostream>
using namespace std;
int main()

    int a;
    float b;
    char c;
    char d[30];
```

```
    bool e;

    cout << "请输入一个整数" << endl;
    cin >> a;
    cout << "请输入一个小数" << endl;
    cin >> b;
    cout << "请输入一个字符数" << endl;
    cin >> c;
    cout << "请输入一个字符串数" << endl;
    cin >> d;
    cout << "请输入一个布尔值" << endl;
    cin >> e;
    cout << e << endl;
    cout <<"整数为"<<a<< "浮点数为" << b << "字符为" << c<< "字符串为" << d << "布尔值为" << e<< endl;

    return 0;
}
```

程序运行结果如下。

```
请输入一个整数
50
请输入一个小数
5.5
请输入一个字符数
c
请输入一个字符串数
adad
请输入一个布尔值
5
1
整数为 50 浮点数为 5.5 字符为 c 字符串为 adad 布尔值为 1
```

如果输入的数据与指定变量的数据不符，或者不可以自动隐式转换，那么在输出时会出现错误。例如，当要求输入整数时输入了一个字符 c，则输出结果如下。

```
请输入一个整数
c
请输入一个小数
请输入一个字符数
请输入一个字符串数
请输入一个布尔值
204
整数为 0 浮点数为-1.07374e+08 字符为套址　镇　级　滴?04
```

从输出结果中可以看出，当要求输入一个整数而输入字符 c 时，输出的内容会出现乱码"套址　镇　级　滴?04"。

2. 默认输出格式

默认输出格式也会与数据类型相对应，使用 cout 对象对要输出的数据内容进行识别。默认输出格式如表 14.2 所示。

表 14.2　默认输出格式

数 据 类 型	默认输出格式
short、int、long	与一般整型数据相同，如果有负数，输出时会有负号
float、double、long double	使用浮点格式或指数格式输出
char	输出单个字符
char *	输出字符序列
void *	无前缀的十六进制数
bool	输出 1 或 0

【示例 14-5】下面输出常用类型的数据。

```
#include <iostream>
using namespace std;
int main()
{
    int a =10;
    float b=1.5;
    char c='a';
    char d[30] = {"abcdefg"};
    bool e = 1;
    cout << "a 的值为" << a << endl;
    cout << "b 的值为" << b << endl;
    cout << "c 的值为" << c << endl;
    cout << "d 的值为" << d << endl;
    cout << "e 的值为" << e << endl;
    cout << "a 的十六进制值为" << (void*)a << endl;
    return 0;
}
```

程序运行结果如下。

```
a 的值为 10
b 的值为 1.5
c 的值为 a
d 的值为 abcdefg
e 的值为 1
a 的十六进制值为 000000000000000A
```

14.3.2　使用格式标识进行格式控制

ios 流库根类提供一个数据成员的格式控制变量用于记录格式标识。通过格式标识可以控制输入/输出流的格式，如表 14.3 所示。

表 14.3　格式标识

格 式 标 识	用　　途
boolalpha	以 true 和 false 的形式读写 bool 类型变量
dec	以十进制的方式进行读写

续表

格 式 标 识	用　途
oct	以八进制的方式进行读写
hex	以十六进制的方式进行读写
internal	放在正负号或基数标识之后填入字符
left	左对齐
right	右对齐
fixed	以定点方式表示浮点数
scientific	用科学计数法表示浮点数
showbase	输出时显示基数
showpoint	必须显示小数点
showpos	对非负数显示+号
skipws	忽略空格
unitbuf	写操作完成后清扫所有的缓冲区
uppercase	用大写字母表示十六进制数
adjustfield	格式标识必须是 left、right 或 internal
basefield	格式标识必须是 dec、oct 或 hex
floatfield	格式标识必须是 scientific 或 fixed

【示例 14-6】下面使用格式标识控制数据输出的格式。

```
#include <iostream>

using namespace std;
int main()
{
    int a =10;
    float b=1.5;
    char c='a';
    bool e = 1;
    cout << oct<<"a 的值的八进制形式为：" << a << endl;
    cout << showpoint <<"b 的值显示出小数部分为：" << b << endl;
    cout << scientific<<"科学计数法输出 b 的值为：" << b << endl;
    cout <<boolalpha<< "布尔值 e 以 true 和 false 形式输出为：" << e << endl;
    return 0;
}
```

程序运行结果如下。

```
a 的值的八进制形式为：12
b 的值显示出小数部分为：1.50000
科学计数法输出 b 的值为：1.500000e+00
布尔值 e 以 true 和 false 形式输出为：true
```

在添加格式标识后，输出的数据会按照格式标识要求的格式进行输出。在设置一次格式标识后，如果没有再次对该类型的数据进行设置，则该类型的数据输入/输出会保持上次设置的格式。也就是一次设置格式，可以多次使用。当然，设置的格式生命周期为本程序的运行周期。

【示例 14-7】下面验证格式标识在多次同类型数据输入/输出中保持作用。

```
#include <iostream>

using namespace std;
int main()
{
    int a =10;
    int ax = 100;
    float b = 1.5;
    float bx = 10.5;
    bool e = 1;
    bool ex = 0;

    cout << oct<<"a 的值的八进制形式为：" << a << endl;
    cout << oct << "ax 的值为：" <<ax << endl;
    cout << showpoint <<"b 的值显示出小数部分为：" << b << endl;
    cout << "bx 的值为：" << bx << endl;
    cout << scientific<<"科学计数法输出 b 的值为：" << b << endl;
    cout <<   "bx 的值为：" << bx << endl;
    cout <<boolalpha<< "布尔值 e 以 true 和 false 形式输出为：" << e << endl;
    cout <<   "布尔值 ex 的值为：" << ex << endl;

    return 0;
}
```

程序运行结果如下。

```
a 的值的八进制形式为：12
ax 的值为：144
b 的值显示出小数部分为：1.50000
bx 的值为：10.5000
科学计数法输出 b 的值为：1.500000e+00
bx 的值为：1.050000e+01
布尔值 e 以 true 和 false 形式输出为：true
布尔值 ex 的值为：false
```

从运行结果中可以看出，当一种类型的数据设置了一种格式后，再次输出时，会按照上次设置的格式进行输出。如果为该类型数据设置另外一种格式，那么该类型数据输出时格式会发生相应变化。

14.3.3 使用格式控制函数进行格式控制

ios 类提供了几个用于控制输入/输出格式的成员函数，如表 14.4 所示。

表 14.4 格式控制函数

成 员 函 数	用 途
precision(n)	设置实数的精度为 n 位
width(n)	设置字段宽度为 n 位

续表

成 员 函 数	用　　途
fill(c)	设置空位的填充字符 c
setf(ios::格式标识)	设置输出格式状态，括号中给出格式标识
unsetf(ios::格式标识)	终止已设置的输出格式状态，在括号中指定格式标识

【示例 14-8】下面使用 precision(n)函数控制实数的输出精度为 5 位。

```
#include <iostream>
using namespace std;
int main()
{
    float f =3.1415926;
    cout << "默认精度为" << cout.precision() << endl;
    cout.precision(5);        //设置精确位数为 5
    cout <<"f 精确到 5 位输出为：" << f << endl;
    return 0;
}
```

程序运行结果如下。

```
默认精度为 6
f 精确到 5 位输出为：3.1416
```

从运行结果中可以看出，在调用了 precision(n)函数之后，浮点数输出的精确度就会发生改变。

width(n)函数用于设置输入/输出时的字段宽度，fill(c)函数用于使用指定符号填充字段中没有内容的空白部分。其中 width(n)函数只在本次输入/输出时有效，在下一次输出时宽度自动回归为 0。

【示例 14-9】下面设置实数宽度为 10，填充字符为井号（#）。

```
#include <iostream>
using namespace std;
int main()
{
    int a = 123456;
    cout << "字段默认宽度为：" << cout.width() << endl;
    cout.width(10);              //设置宽度为 10
    cout.fill('#');              //使用井号填充字段空白处
    cout << a <<endl;
    cout << "字段宽度为：" << cout.width() << endl;
    cout << a << endl;

    return 0;
}
```

程序运行结果如下。

```
字段默认宽度为：0
####123456
字段宽度为：0
123456
```

从运行结果中可以看出，width(n)函数设置宽度的效果只保持在本次输出，当下次输出时，宽度会恢复为 0。

注意： width(n)函数设置输入宽度时只能针对字符串的输入，并且参数 n 的值是包含字符串结束符“/0”的。

setf()函数中的参数可以填写格式标识，使用 unsetf()函数中的参数通过填写格式标识取消对应的格式。setf()函数指定的输入/输出格式会在本程序中一直保持，需要使用 unsetf()函数去解除对应格式。

【示例 14-10】使用 setf()函数设置格式，使用 unsetf()函数解除格式。

```
#include <iostream>
using namespace std;
int main()
{
    float a = 10.85;
    cout.width(50);
    cout.setf(ios::showpos);            //设置在正数前添加“+”
    cout.setf(ios::scientific);         //设置用科学计数法显示
    cout << a << endl;
    cout << a << endl;
    cout.unsetf(ios::showpos);          //取消在正数前添加“+”的格式
    cout << a << endl;

    return 0;
}
```

程序运行结果如下。

```
                                            +1.085000e+01
+1.085000e+01
1.085000e+01
```

从运行结果中可以看出，添加正号（+）格式会从 setf()函数开始，一直保持到调用函数 unsetf()结束。

14.3.4 使用格式控制符进行格式控制

C++提供了另外一种输入/输出格式的控制方法，即使用格式控制符。格式控制符可以直接在输入/输出语句中使用。

1. 预定义的格式控制符

预定义的格式控制符可以直接嵌入输入/输出语句中，对输入/输出的格式进行控制。C++预定义的格式控制符如表 14.5 所示。

表 14.5　预定义的格式控制符

格式控制符	功　能
dec	以十进制形式输入/输出整型数，用于输入或输出
hex	以十六进制形式输入/输出整型数，用于输入或输出

续表

格式控制符	功　能
oct	以八进制形式输入/输出整型数，用于输入或输出
ws	用于输入时跳过开头的空白符，仅用于输入
endl	插入一个换行符并刷新输出流，仅用于输出
ends	插入一个空字符，用来结束一个字符串，仅用于输出
flush	刷新一个输出流，仅用于输出
setbase(int n)	把转换基数设置为 n（n=0,8,10,16），默认值为 0（十进制）
resetiosflags(long f)	关闭由参数 f 指定的格式标识，用于输入或输出
setiosflags(long f)	设置由参数 f 指定的格式标识，用于输入或输出
setfill(int c)	设置 c 为填充字符，默认为空格，用于输入或输出
setprecision(int n)	设置保留位数，默认为 6 位，用于输入或输出
setw(int n)	设置域宽，用于输入或输出

其中，格式控制符 setiosflags(long f)和 resetiosflags(long f)中的格式标识与 ios 类中控制输入/输出格式的成员函数所用的标识基本相同。

2. 预定义格式控制符的使用

预定义格式控制符分为带参控制符和不带参控制符两种，如图 14.5 所示。

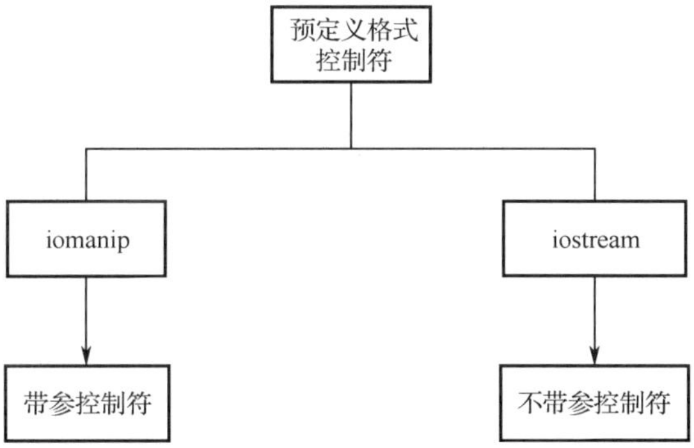

图 14.5　预定义格式控制符分类

在使用预定义格式控制符时，程序中应包含相应的头文件。格式控制符被嵌入输入/输出语句中控制输入/输出的格式，而不是执行输入/输出操作，接下来进行详细讲解。

（1）三种进制的输入/输出。

dec 表示十进制输入/输出，hex 表示十六进制输入/输出，oct 表示八进制输入/输出。

【示例 14-11】下面程序实现不同进制输出整数。

```
#include <iostream>
#include <iomanip>
using namespace std;
int main()
{
    int a=13;
    float f = 13.14;
```

```
    cout << hex << a << endl;    //十六进制输出
    cout << oct << a << endl;    //八进制输出
    cout << a << endl;           //仍然保持八进制
    cout << dec << a << endl;    //恢复使用十进制输出
    cout << hex << f << endl;    //十六进制输出
    return 0;
}
```

程序运行结果如下。

```
d
15
15
13
13.14
```

从运行结果中可以看出，格式控制符的设置也是一次设置多次使用，直到再次设置时会覆盖上次设置的格式。

另外，多种进制输出只支持整数类型。例如，代码“cout << hex << f << endl;”输出的内容为 13.14，而不是以十六进制进行输出。

（2）设置宽域、填充符号与保留位数。

输出格式的默认宽域为 6。开发人员可以使用 setw()函数设置宽域，使用 setfill()函数设置填充符号，使用 setprecision(int n)函数设置保留的位数。其中，setw()函数设置的宽域只能在本次输入/输出时生效。

【示例 14-12】下面实现设置宽域、填充符号及保留数位。

```
#include <iostream>
#include <iomanip>
using namespace std;
int main()
{
    float f = 13.5415926;
    cout << setw(20) <<f<< endl;                    //宽域为 20
    cout << setfill('c') << f << endl;              //使用字符 c 填充
    cout << setprecision(5) << f << endl;           //保留 5 位
    cout << setw(20) << setprecision(2) << setfill('c') << f << endl;
    return 0;
}
```

程序运行结果如下。

```
             13.1416
13.1416
13.14
13.14
cccccccccccccccccc14
```

从运行结果中可以看出，宽域的设置只能在当前输出中生效。填充符需要有空位。设置保留位数的格式会一直存在直到被覆盖，并且会做四舍五入的数据处理。

（3）设置和关闭指定格式。

setiosflags()设置由参数 f 指定的格式标识，resetiosflags()关闭由参数 f 指定的格式标识。

【示例 14-13】下面实现输出数据格式的设置与关闭。

```
#include <iostream>
#include <iomanip>
using namespace std;
int main()
{
    float f = 13.5415926;
    cout << "====================开启科学计数方式===========================" << endl;
    cout << setiosflags(ios::scientific) <<f<< endl;        //科学计数方式输出浮点数
    cout <<   f << endl;
    cout << 3.7 << endl;
    cout << 20.85 << endl;
    cout << 55 << endl;                                      //整数
    cout << "====================关闭科学计数方式===========================" << endl;
    cout << resetiosflags(ios::scientific) << f << endl;    //关闭科学计数方式输出浮点数
    cout << f << endl;
    cout << 3.7 << endl;
    cout << 20.85 << endl;
    cout << 55 << endl;                                      //整数
    return 0;
}
```

程序运行结果如下。

```
====================开启科学计数方式===========================
1.354159e+01
1.354159e+01
3.700000e+00
2.085000e+01
55
====================关闭科学计数方式===========================
13.5416
13.5416
3.7
20.85
55
```

从运行结果中可以看出，当设置浮点数以科学计数法输出时，所有的浮点数都会以科学计数法进行输出，一直到关闭该格式。并且，整数不会受到影响。

3. 自定义的格式控制符

除了上述系统预定义的格式控制符外，用户还可以将常用的格式自定义为格式控制符，当需要时直接插入即可。

输入流自定义格式控制符的语法形式如下。

```
 istream &格式控制符名(istream &stream)
{
 //自定义代码
 return stream;
}
```

输出流自定义格式控制符的语法形式如下。

```
ostream &格式控制符名(ostream &stream)
{
 //自定义代码
 return stream;
}
```

【示例 14-14】下面使用自定义的格式控制符实现输入/输出。

```
#include<iomanip>
#include <iostream>
using namespace std;
istream& ipt(istream& in)                          //输入自定义格式控制符
{
    cin >> hex;                                    //输入的数字以十六进制识别
    return in;
}
ostream& opt(ostream& out)                         //输出自定义格式控制符
{
    cout.setf(ios::right);
    cout << setw(10) << dec << setfill('*');       //域宽为 10，十进制输出空位用星号填充
    return out;
}
int main()
{
    int a;
    cout << "以十六进制输入整数" << endl;
    cin>> ipt >>a;                                 //使用输入自定义格式控制符
    cout << a << endl;
    cout << opt << a << endl;                      //使用输出自定义格式控制符
    return 0;
}
```

程序运行结果如下。

```
以十六进制输入整数
d
13
********13
```

从运行结果中可以看出，使用自定义的格式控制符也可以控制输入流和输出流的格式。

14.4 输入/输出流成员函数

在 C++中，输入/输出流还可以使用类 istream 和类 ostream 中进行非格式化抽取的成员函数实现，这些函数包括 get()、getline()、put()、read()、write()等。

14.4.1 get()函数

根据 get()函数具体应用范围的不同，通过函数重载可以实现不同的功能，具体功能如表 14.6 所示。

表 14.6　get()函数重载后的功能

重载函数	功　能
int get()	从流中抽取单个字符并返回
istream& get(char &)	从流中抽取单个字符并存入引用变量中
istream&get(streambuf &,char)	从流中取得字符存入 streambuf 对象，直到终止符或文件末尾
istream& get(char*,int,char)	从流中抽取字符直到终止符，或抽取字符达到第二个参数给定的数量，或已到文件末尾，将其存储在第一个参数指定的字符数组里

【示例 14-15】下面使用 get()函数获取输入的字符和字符串并输出。

```
#include<iomanip>
#include <iostream>
using namespace std;
int main()
{
    char a;
    char b[20];
    cout << "请输入一个字符" << endl;
    cin.get(a);                                  //使用 get 函数
    cout << "你输入的字符为：" << a<< endl;
    //当输入字符完成后会输入一个换行符，该语句就是用于获取换行符的。如果不获取，换行符会被 cin.get(b,20)捕获
    cin.get();
    cout << "请输入你的名字" << endl;
    cin.get(b,20);                               //使用 get()函数
    cout << "你输入的名字为：" << b << endl;
    return 0;
}
```

程序运行结果如下。

```
请输入一个字符
k
你输入的字符为：k
请输入你的名字
王小明
你输入的名字为：王小明
```

从运行结果中可以看出，使用 get()函数可以获取字符、字符串等多种形式的输入内容。

语句中 cin.get();必不可少，否则会在输入/输出结果上出现问题。如果删除该行代码，在输入 k 之后，需要按下键盘上的回车键，也就是 C++语言 ASCII 码值对应的换行符。此时如果没有用 cin.get();对该换行符进行捕获，那么就会被语句 cin.get(b,20)捕获，直接赋值给变量 b。

【示例 14-16】下面修改代码，验证缺少 cin.get();换行符会被 cin.get(a)捕获。

```
#include <iostream>
using namespace std;
int main()
{
    char a;
    char b[20];
```

```
        cout << "请输入一个字符"<<endl ;
        cin.get(a);                                 //使用 get()函数
        cout << "你输入的字符为：" << a << endl;
        cout << "请输入你的名字" <<endl;
        cin.get(b[1]);                              //使用 get()函数
        cout << "你输入的名字为：" << (int)b[1] << endl;
        return 0;
```

程序运行结果如下。

```
请输入一个字符
k
你输入的字符为：k
请输入的名字
你输入的名字为：10
```

从运行结果中可以看出，字符 b[1]中存放的是换行符对应的 ASCII 码值 10。这说明 cin.get(b[1]);对输入的换行符（回车键）进行了捕获。

注意：由于 cin.get(b,20)占用内存空间过多，具体值无法强制转换，所以在该实例中使用了 cin.get(b[1]);进行了替换，效果是相同的，都是捕获了换行符。

14.4.2 getline()函数

getline()函数可以实现一个字符串的获取，其定义的语法形式如下。

```
istream& getline(char*,int,char)
```

getline()函数可以实现从流中抽取字符直到终止符，或抽取字符达到参数给定的数量-1，或已到文件末尾，将其存储在第一个参数指定的字符数组里。在提取过程中如果碰到终止符，则只是读取并不将终止符提取到字符数组中。

【示例 14-17】下面使用 getline()函数获取输入的字符串，并将其存放至数组中。

```
#include <iostream>
using namespace std;
int main()
{
    char a[20];
    cout << "请输入你的名字" <<endl;
    cin.getline(a,10);                          //使用 getline()函数
    cout << "你输入的名字为：" << a << endl;
    return 0;
}
```

程序运行结果如下。

```
请输入你的名字
王小二
你输入的名字为：王小二
```

14.4.3 put()函数

put()函数用于输出单个字符，其参数可以为变量也可以为常量，其语法形式如下。

```
ostream & put(char c);
```

其调用语法形式如下。

```
cout.put(参数);
```

与输出符（<<）一样，一条语句中也可以连续调用 put()函数，其语法形式如下。

```
cout.put(参数) cout.put(参数) cout.put(参数);
```

【示例 14-18】下面使用 put()函数输出字符。

```
#include <iostream>
#include <string>
using namespace std;
int main() {
    string str = "abcdefghijklmn";
    for (int i = 0; i <= str.length() - 1; i++) {
        cout.put(str[i]);           //依次输出字符
        cout.put(' ');              //输出空格
    }
    cout.put('\n');                 //输出换行符
    return 0;
}
```

程序运行结果如下。

```
a b c d e f g h i j k l m n
```

14.4.4 read()和 write()函数

成员函数 read()、write()可实现无格式的输入和输出。read()函数可以将一定量的字符写入字符数组中。write()函数可以从数组中读取一定量的字符。成员函数 gcount()可以统计输入的字符个数。

【示例 14-19】下面使用成员函数 read()、write()实现字符的输入和输出。

```
#include <iostream>
using namespace std;
int main() {
    char a[50];
    cout << "请输入你的电话号码" << endl;
    cin.read(a,12);                         //读取输入的字符并保存到 a 数组中
    cout << "你输入的电话号码为：" ;
    cout.write(a, cin.gcount()) << endl;    //使用 gcount()函数确定 write()函数输出的字符个数
    return 0;
}
```

程序运行结果如下。

```
请输入你的电话号码
1234567890123456
你输入的电话号码为：123456789012
```

从运行结果中可以看出，使用 gcount()函数可以确定要求输入的字符个数，这样会更准确地输出字符。如果不使用 gcount()函数，就需要手动指定输出的字符个数。

14.4.5　其他成员函数

除以上的成员函数外，istream 类和 ostream 类中的其他成员函数还包括 ignore()、putback() 和 peek()，如表 14.7 所示。

表 14.7　其他成员函数

成员函数名称	功　能
putback()	将最后一次用 get()函数从输入流中提取的字符放回输入流中
ignore()	用于在需要时跳过流中指定数量的字符（默认个数是 1），或在遇到指定的分隔符时结束
peek()	返回值是一个 char 型的字符，其返回值是指针指向的当前字符，但它只是观测指针停留在当前位置并不后移

14.5　用户自定义数据类型的输入和输出

利用运算符重载的方式可以对运算符（<<）和（>>）进行重载，这样就能直接对用户自定义的数据类型进行输入或输出，从而极大地提高程序的灵活性。

14.5.1　重载输出运算符（<<）

输出运算符（<<）也称插入运算符。重载输出运算符（<<）可以用于对类的成员直接进行输出。定义重载输出运算符（<<）的语法形式如下。

```
ostream &operator<<(ostream &引用名,类名  &对象名)
{
//实现代码
return 引用名;
}
```

注意：重载输出运算符不能是成员函数，只能是普通函数或类的友元函数。

【示例 14-20】下面重载输出运算符。

```
#include <iostream>
using namespace std;
class A
{
public:
    int a;
    int b;
    A(int x, int y)
    {
        a = x;
        b = y;
    }
    friend ostream& operator<<(ostream& os, A &c);     //声明友元函数
};
```

```
ostream& operator<<(ostream& os, A c)                    //定义友元函数
{
    os << "x=" << c.a<<" "<<"y=" << c.b<<endl;
    return os;
}
int main() {
    A b(3, 3);
cout << b << endl;                                       //调用重载输出运算符
A c(5, 6);
cout << b << c << endl;                                  //连续调用重载输出运算符
    return 0;
}
```

程序运行结果如下。

```
x=3 y=3

x=3 y=3
x=5 y=6
```

14.5.2　重载输入运算符（>>）

输入运算符（>>）也称提取运算符。重载输入运算符（>>）可以用于对类的成员直接进行输入。定义重载输入运算符（>>）的语法形式如下。

```
istream &operator<<(istream &引用名,类名 &对象名)
{
//实现代码
return 引用名;
}
```

注意：重载输入运算符不能是成员函数，只能是普通函数或类的友元函数。

【示例 14-21】下面重载输入运算符。

```
#include <iostream>
using namespace std;
class A
{
public:
    int a;
    int b;
    A() {};
    A(int x, int y)
    {
        a = x;
        b = y;
    };
    friend ostream& operator<<(ostream& os, A &c);    //声明友元函数
    friend istream& operator>>(istream& od, A &d);    //声明友元函数
};
ostream& operator<<(ostream& os, A &c)                //定义友元函数
```

```
{
    os << "x=" << c.a<<" "<<"y=" << c.b<<endl;
    return os;
}
istream& operator>>(istream& od, A &d)                   //定义友元函数
{
    cout << "请输出 a 和 b 的值，用空格分隔，按回车键输出完毕" << endl;
    od >> d.a;
    od >> d.b;

    return od;
}
int main() {
    A b(3, 3);
    cout << b << endl;                                   //调用重载输入运算符
    A c;
    cin >> c;
    cout << c << endl;
    return 0;
}
```

程序运行结果如下。

```
x=3 y=3

请输出 a 和 b 的值，用空格分隔，按回车键输出完毕
55 66
x=55 y=66
```

14.6 命名空间

在不同类或不同函数中，在命名时常常会出现重名的情况。例如，在库 A 中的函数名为 a()，在库 B 中的函数也可以命名为 a()。此时两个函数的名称相同，容易混淆。为了解决这一问题，C++引入了命名空间的概念。通过命名空间，可以标识不同库中相同名称的函数、类及变量。

命名空间（namespace）解决问题的思路在日常生活中也常常遇到。例如，在一个班级中有两个同学都叫小明，此时如果不加区分，在点名或其他日常生活中就会存在很多困扰。

为了区分，老师可以在点名册标注学生的住址，比如标记住在花园小区的小明和住在幸福小区的小明以加以区分。

命名空间的实现思路与区分相同名字同学的思路相同，就是通过添加一些辅助信息以区别同名函数、类、变量等对象。

14.6.1 命名空间的定义

在 C++中，命名空间可以分为有名命名空间和无名（匿名）命名空间。有名命名空间的定义语法形式如下。

```
namespace 命名空间名
{
  声明和定义序列
}
```

无名（匿名）命名空间的定义语法形式如下。

```
namespace
{
  声明和定义序列
}
```

声明和定义序列内可以声明和定义命名空间的成员，称为内定义。对于成员函数也可以只在命名空间内声明，而在命名空间外定义，称为外部定义。

外部定义时需要使用作用域运算符（::），其语法形式如下。

```
类型名 命名空间名::成员名
```

在定义命名空间时要注意以下几点。

- 命名空间内可以嵌套定义子命名空间。定义时只能在命名空间内声明子命名空间，在命名空间外定义子命名空间。
- 不能直接使用“命名空间名::成员名”的定义方式为命名空间添加新成员，必须先在命名空间的定义中声明新成员。
- 命名空间必须定义在头文件中，而不能作为一个应用程序运行。

14.6.2　命名空间的使用

标准 C++给出了三种引用命名空间内成员的方法，接下来进行详细讲解。

1. 使用“命名空间名::成员名”的形式

【示例 14-22】下面定义两个命名空间并引用其成员。

```
#include <iostream>
using namespace std;
namespace M1
{
    void f()              //命名空间内定义成员
    {
        cout << "命名空间 M1" << endl;
    }
}
namespace M2
{
    void f();             //声明函数成员
    int a=5;              //定义变量成员
}
void M2::f()              //命名空间外定义成员
{
    cout << "命名空间 M2" << endl;
}
int main() {
```

```
        M1::f();
        M2::f();
        cout <<"M2 命名空间成员 a 的值" <<M2::a << endl;
        return 0;
}
```

程序运行结果如下。

```
命名空间 M1
命名空间 M2
M2 命名空间成员 a 的值 5
```

2. 使用“using namespace 命名空间名”的形式

使用 using namespace 指令，这样在使用命名空间的成员时就可以不用在前面加上命名空间的名称。

【示例 14-23】使用“using namespace 命名空间名”的形式使用命名空间的成员。

```
#include <iostream>
using namespace std;
namespace M1
{
    void f()                    //命名空间内定义成员
    {
        cout << "命名空间 M1" << endl;
    }
}
namespace M2
{
    void f();                   //声明函数成员
    int a=5;                    //定义变量成员
}
void M2::f()                    //命名空间外定义成员
{
    cout << "命名空间 M2" << endl;
}
using namespace M1;             //using namespace 指令

int main() {
    f();                        //直接使用命名空间函数
    return 0;
}
```

程序运行结果如下。

```
命名空间 M1
```

如果命名空间中的成员名完全相同（包括函数名、参数个数、参数类型都相同），则不适合使用 using namespace 引用多个命名空间，这样直接使用命名空间会出现引用重复的问题。

例如，示例 14-23 中的代码如果引用两个命名空间，会出现错误如图 14.6 所示。

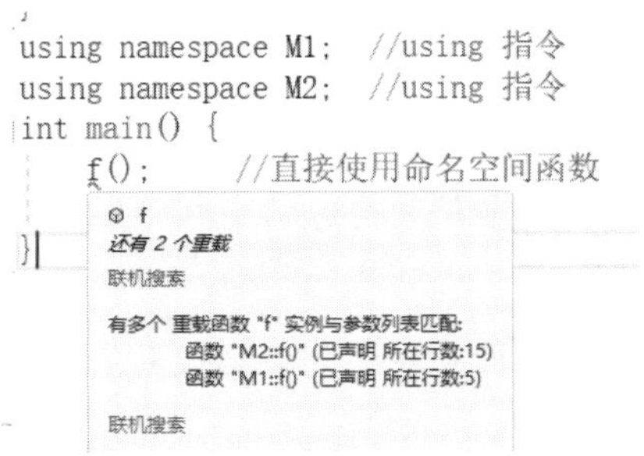

图 14.6 出现无法匹配的错误

3. 使用“using 命名空间名::成员名”的形式

使用 using 指令直接引用命名空间中的某个成员后，该成员可以在其引用范围内直接使用。

【示例 14-24】下面使用“using 命名空间名::成员名”的形式，直接使用命名空间中的成员函数。

```
#include <iostream>
using namespace std;
namespace M1
{
    void f1()                        //命名空间内定义成员
    {
        cout << "命名空间 M1 的 f1 成员函数" << endl;
    }
    void f2()                        //命名空间内定义成员
    {
        cout << "命名空间 M1 的 f2 成员函数" << endl;
    }
}

using   M1::f1;                      //使用 using 指令引用成员函数
int main() {
    f1();                            //直接使用命名空间成员函数
    M1::f2();                        //使用作用域运算符访问命名空间成员函数
    return 0;
}
```

程序运行结果如下。

```
命名空间 M1 的 f1 成员函数
命名空间 M1 的 f2 成员函数
```

14.6.3 命名空间的嵌套使用

命名空间可以嵌套，也就意味着可以在一个命名空间中定义另一个命名空间，语法形式如下。

```
namespace 命名空间名 1 {
    //声明和定义序列
    namespace 命名空间名 2 {
```

```
        //声明和定义序列
    }
}
```

使用作用域运算符（::）可以访问嵌套的命名空间中的成员，语法形式如下。

```
using namespace  命名空间名 1::命名空间名 2;
```

【示例 14-25】使用嵌套方式定义两个命名空间并访问它们的成员。

```
#include <iostream>
using namespace std;
namespace M1
{
    void f1()                          //命名空间内定义成员
    {
        cout << "命名空间 M1 的 f1 成员函数" << endl;
    }
    void f2()                          //命名空间内定义成员
    {
        cout << "命名空间 M1 的 f2 成员函数" << endl;
    }
    namespace M2
    {
        void f3()                      //命名空间内定义成员
        {
            cout << "命名空间 M2 的 f3 成员函数" << endl;
        }
        
        
    }
}

using namespace   M1::M2;              //使用 using  指令引用嵌套命名空间
using namespace   M1;                  //使用 using  指令引用命名空间
int main() {
    f3();                              //直接使用内层命名空间的成员函数
    f2();                              //直接使用外层命名空间的成员函数
    M1::f2();                          //使用作用域运算符访问外层命名空间的成员函数
    M2::f3();                          //使用作用域运算符访问内层命名空间的成员函数
    return 0;
}
```

程序运行结果如下。

```
命名空间 M2 的 f3 成员函数
命名空间 M1 的 f2 成员函数
命名空间 M1 的 f2 成员函数
命名空间 M2 的 f3 成员函数
```

14.7 小　　结

通过本章的学习，读者需要了解以下内容。

- ❑ 在 C++中，输入/输出功能是通过调用该操作系统的 I/O 库来实现的。
- ❑ 如果字节流从设备（如键盘、磁盘驱动器、网络连接等）流向内存，则称为输入操作；如果字节流从内存流向设备（如显示屏、打印机、磁盘驱动器、网络连接等），则称为输出操作。
- ❑ 标准输出流对象 cout 是 iostream 类的一个实例。
- ❑ C++语言的标准流对象有四个，分别为 cout、cin、cerr 和 clog。
- ❑ C++流可以实现有格式输入/输出与无格式输入/输出。
- ❑ 有格式输入/输出是指使用 C++标准流 iostream 对象 cout、cin 等对键盘、显示器、打印机及磁盘文件等对象的输入/输出格式进行控制。
- ❑ 无格式输入/输出是使用流对象中专用的成员函数对磁盘文件进行无格式的输入/输出。
- ❑ 输入/输出流成员函数包括 get()、getline()、put()、read()等。
- ❑ 命名空间就是通过添加一些辅助信息以区别同名函数、类、变量等对象。
- ❑ 重载输出运算符（<<）可以用于对类的成员直接进行输出。定义重载输出运算符（<<）的语法形式为 ostream &operator<<(ostream &引用名,类名 &对象名)。
- ❑ 重载输入运算符（>>）可以用于对类的成员直接进行输入。定义重载输入运算符（>>）的语法形式为 istream &operator<<(istream &引用名,类名 &对象名)。

14.8 习 题

一、填空题

1．在 C++中，命名空间可以分为_____和_____。

2．从键盘和文件中读取数据的流称为_____。

3．C++语言的标准流对象有_____、_____、cerr 和 clog 共四个。

4．重载输出运算符（<<）可以用于对_____的成员直接进行输出。

5．clog 是指带缓冲的标准错误流对象，属于_____类的对象，关联到标准错误。

6．在 C++中使用从类 istream 和类 ostream 中进行非格式化抽取的成员函数包括_____、_____、_____、read()等。

二、选择题

1．标准输出流对象 cout 是 iostream 类的一个实例，使用 cout 对象时需要与（ ）运算符结合使用。

A．<<　　B．>>　　C．*　　D．->

2．cerr 是指标准错误流对象，对该对象的描述正确的是（ ）。

A．该对象通常用于报告程序的执行信息，存入日志文件中

B．该对象通常用于报告程序的执行信息，输出到计算机屏幕上

C．该对象不经过缓冲而直接输出，输出到日志文件中

D．该对象不经过缓冲而直接输出，一般用于迅速输出错误信息

3．clog 是指带缓冲的标准错误流对象，属于（ ）的对象，关联到标准错误。

A．ostream　　B．iostream　　C．fstream　　D．streambuf

4．在 C++语言中，用户从键盘输入的数据可以通过（　　）对象进行识别。

A．cin　　B．cout　　C．cerr　　D．clog

5．以 true 和 false 的形式读写 bool 类型变量的格式标识为（　　）。

A．dec　　B．internal　　C．showpoint　　D．boolalpha

6．用科学计数法表示浮点数变量的格式标识为（　　）。

A．left　　B．scientific　　C．basefield　　D．fixed

7．设置实数的精度为 n 位的格式控制函数为（　　）。

A．width( )　　B．fill( )　　C．setf( )　　D．precision( )

8．下面代码的运行结果为（　　）。

```
int main()
{
    int a = 11;
    cout << hex << a << endl;
    cout << oct << a << endl;
    cout << a << endl;
    return 0;
}
```

A．b，13，13　　B．11，11，11　　C．b，13，11　　D．11，11，11

三、编程题

1．在下面画横线的地方填上适当的代码，实现输出指定格式的数据。

```
#include <iostream>
using namespace std;
int main()
{
    int a = 20;
    float b = 3.5;
    bool c = 0;
    cout <<____________ << a << endl;
    cout <<____________ << b << endl;
    cout <<____________ << b << endl;
    cout <<____________ << c << endl;
    return 0;
}
```

程序运行结果如下。

```
24
3.50000
3.500000e+00
False
```

2．在下面画横线的地方填上适当的代码，实现用百分号补全数据。

```
#include <iostream>
using namespace std;
int main()
{
    int a = 123456;
```

```
    cout.width(20);
    ____________ ;
    cout << a << endl;
    return 0;
}
```

程序运行结果如下。

```
%%%%%%%%%%%%%%123456
```

第 15 章　预处理和宏

在做任何事情之前我们都需要进行相关的准备工作。例如，在比赛前运动员都需要慢跑、拉伸做一些热身运动，从而才能更好地发挥自身的水平。使用 C++语言在编译程序前也可以做一些准备工作，这些准备工作称为预处理，预处理的对象称为宏。本章将讲解预处理和宏的相关内容。

15.1　预处理概述

编译器可以将源代码转换成汇编语言或机器指令。在编译源代码时，编译器并不是直接编译程序员写成的源文件，而是编译经预处理器处理后所产生的新的源文件。这些新的源文件经过编译器生成目标文件，再经过链接器生成最终的可执行程序。

编译器将源代码生成可执行文件的过程如图 15.1 所示。

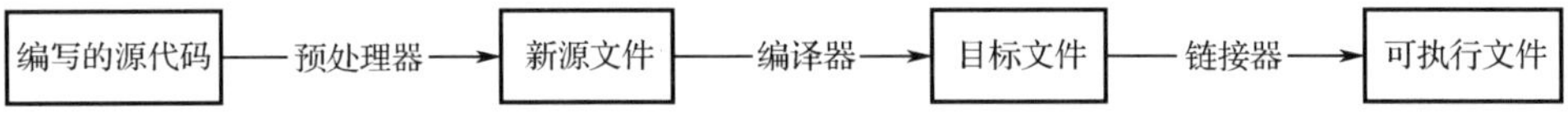

图 15.1　生成可执行文件的过程

其中，预处理器发出一些指令，指示编译器在实际编译之前所需完成的预处理。预处理器可以根据预处理指令生成新的源代码文件。在编译器运行之前，会先运行预处理器，查找所有的预处理指令。

所有的预处理器指令都以井号（#）开头，只有空格字符可以出现在预处理指令之前。预处理指令不是语句，所以不以分号（;）结尾。

我们之前所有的示例中都有#include 指令。这个宏用于把头文件包含到源文件中。C++还支持很多预处理指令，如#include、#define、#if、#else、#line 等。

15.2　宏

宏的作用就是使用指定的符号去替换指定的替换文本。宏是由#define 预处理指令创建的符号常量。其创建语法形式如下。

```
#define macro-name replacement-text
```

具体含义如下。

- #define 为关键字，表示预处理指令类型。
- macro-name 表示宏名，需要符合标识符命名规则。
- replacement-text 表示替换文本，是指宏要替换的具体内容。

在#define、宏名和替换文本之间用空格（制表符）分隔。

例如，定义一个宏 a，替换文本为 3，代码如下。

```
#define a 3
```

15.2.1 宏展开

宏展开就是宏替换。在程序的预编译期，预编译程序会解析源代码文本，执行替换源程序的动作，把宏引用的地方替换成定义处的文本。

【示例 15-1】下面定义一个宏并进行输出。

```
#include <iostream>
using namespace std;
#define A 3
int main() {

    cout << "宏 A 的值为" << A << endl;
    return 0;
}
```

程序运行结果如下。

```
宏 A 的值为 3
```

从运行结果中可以看出，宏 A 在预编译时会被替换为 3。代码“cout << "宏 A 的值为" << A << endl;”会被预编译为“cout << "宏 A 的值为" << 3 << endl;”。

15.2.2 替代常量

用宏的定义方式可以更好地处理复杂或过长的常量数据，让代码更加直观。例如，圆周率 π 是一个无限不循环小数。如果在数学计算中使用圆周率，默认使用符号 π，而不是 3.1415926…。这样不但方便计算，而且方便书写。

同理，如果用代码实现关于圆周率的计算，在代码中重复出现 3.1415926…的地方也需要使用宏定义去替代常量，这样不但能满足计算要求，还可以提高代码的可读性。

【示例 15-2】下面使用宏定义替换常量 3.1415926，用于计算圆的周长和面积。

```
#include <iostream>
using namespace std;
#define π 3.1415926
int main() {

    double s = 0;
    double c = 0;
    double r = 0;
    cout << "请输入圆的半径为几米" << endl;
    cin >> r;
    s = r * r * π;            //宏替换
    cout << "圆的面积约为：" << s << "平方米"<< endl;
    c = π * r * 2;            //宏替换
    cout << "圆的周长约为：" << c << "米"<< endl;
    return 0;
}
```

程序运行结果如下。

```
请输入圆的半径为几米
5
圆的面积约为：78.5398 平方米
圆的周长约为：31.4159 米
```

其中，代码“s = r * r * π;”被宏替换后为“s = r * r * 3.1415926;”。代码“c = π * r * 2;”被宏替换后为“c = 3.1415926 * r * 2;”。 可以看出，使用宏定义替换，代码的可读性更好，并且更不容易出现编写错误。

15.2.3 替代运算符

宏定义除可以替代字面常量外，还可以替换运算符，包括加、减、乘、除、逻辑与和逻辑非等，甚至包括函数和语句块的花括号。利用宏定义，可以编写出更加符合普通人读写习惯的代码，但是并不推荐。

【示例 15-3】使用宏定义将代码转换为符合普通人的读写习惯。

```
#include <iostream>
using namespace std;
#define π 3.1415926
#define 输出 cout
#define 输入 cin
#define 双精度 double
#define 乘 *
#define begin {
#define end     }
int main()
begin

    双精度 s = 0;
    双精度 c = 0;
    双精度 r = 0;
    输出 << "请输入圆的半径为几米" << endl;
    输入 >> r;
    s = r 乘 r 乘 π;              //宏替换
    输出 << "圆的面积约为：" << s << "平方米"<< endl;
    c = π 乘 r 乘 2;              //宏替换
    输出 << "圆的周长约为：" << c << "米"<< endl;
    return 0;
end
```

程序运行结果如下。

```
请输入圆的半径为几米
20
圆的面积约为：1256.64 平方米
圆的周长约为：125.664 米
```

从运行结果中可以看出，宏定义可以对数据类型、运算符、系统函数及大括号进行替换。替换后，虽然可以让普通人容易阅读，但是代码看起来十分繁杂。所以，宏定义的使用要视情况而定。

15.3　带参数的宏

宏定义也可以使用参数，也就是带参数的宏。宏定义可以像函数一样带参定义，并且可以展开为更加复杂的不同文本组合。使用带参数的宏定义可完成函数调用的功能，且能减少系统开销，提高运行效率。

15.3.1　定义带参数的宏

带参数宏的定义语法形式如下。

```
#define 宏名(参数 1,参数 2,…,参数 n)  替换文本
```

定义带参数的宏时，宏名与参数列表的左括号之间不能有空格（或制表符），否则就成了普通的宏定义，括号及其里面的内容也将会成为可替换文本的一部分。

替换文本可以分成多行进行编写，只需在每一行的末尾添加分行符号（\）即可。其语法形式如下。

```
#define 宏名(参数 1,参数 2, … ,参数 n）    替换文本 1\
                                        替换文本 2\
                                        …
                                        替换文本 n
```

注意：最后一行不需要加分行符号“\”。

就像函数定义的参数在函数体中可以使用一样，宏在括号中定义的参数也可以在替换文本中进行引用。例如，定义宏 A 有两个参数 a 和 b，代码如下。

```
#define A(a,b)   a*b
```

【示例 15-4】下面定义一个宏的替换文本为求和表达式，用于求两个数的和。

```
#include <iostream>
using namespace std;
#define sum(a,b)   a+b                                    //定义宏

int main()
{
    int x = 0;
    int y = 0;
    cout << "请输入两个数，用空格分隔" << endl;
    cin >> x >> y;
    cout << "两个数的和为：" <<sum(x,y)<< endl;          //宏替换
    return 0;
}
```

程序运行结果如下。

```
请输入两个数，用空格分隔
5 6
两个数的和为：11
```

其中，代码“sum(x,y)”会被宏替换为“a+b”。由于参数是 x 和 y，所以最终替换为 x+y。这样直接输出的就是 x+y 的值。

【示例 15-5】下面定义宏，根据输入的长和宽返回长方形的面积和周长。

```
#include <iostream>
using namespace std;
#define rectangle(a,b) int s; int c;c=(a+b)*2;\
                              cout<<"长方形的周长为"<<c<<endl;\
                              s=a*b; cout<<"长方形的面积为"<<s<<endl;
int main()
{
    int x = 0;
    int y = 0;
    cout << "请输入长方形的长和宽，用空格分隔" << endl;
    cin >> x >> y;
    rectangle(x,y)              //宏替换
    return 0;
}
```

程序运行结果如下。

```
请输入长方形的长和宽，用空格分隔
5 6
长方形的周长为 22
长方形的面积为 30
```

注意：语句“rectangle(x,y)”后不需要加分号，因为是宏替换，所以编译器只会检查替换后的文本语句是否缺少分号。

主函数进行宏替换后如下所示。

```
int main()
{
    int x = 0;
    int y = 0;
    cout << "请输入长方形的长和宽，用空格分隔" << endl;
    cin >> x >> y;
    int s; int c;
    c = (x + y) * 2;
    cout << "长方形的周长为" << c << endl;
    s = x * y;
    cout << "长方形的面积为" << s << endl;
    return 0;
}
```

从代码中可以看出，在定义宏时，参数列表右括号后的所有内容都是替换文体。在进行多行定义时需要添加分行符号（\），该符号在宏替换时不会被替换。

另外，在宏定义的替换文本中可以进行新的参数定义，该参数不进行值的传递只进行文本替换。在宏定义的替换文本中，如果替换文本为语句，需要在语句结尾处加分号，否则会出现错误，提示缺少分号，如图 15.2 所示。

图中由于在定义宏的替换文本时没有添加分号，这样替换到主函数后，会提示缺少分号。所以，在定义宏的替换文本时，如果为语句一定要加分号。

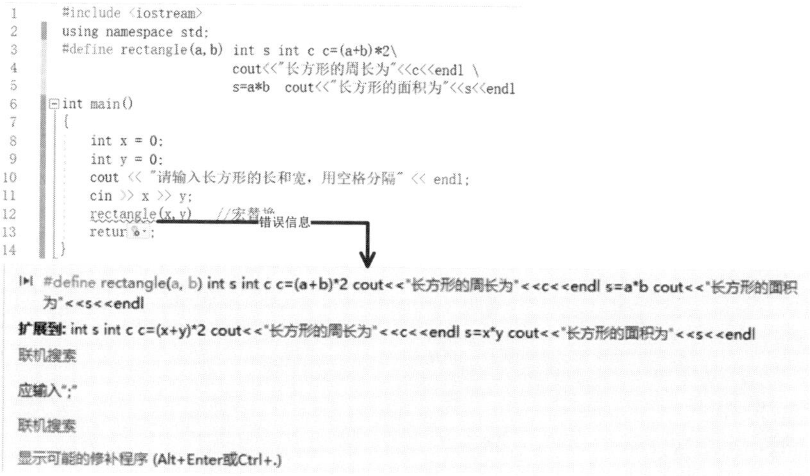

图 15.2　提示缺少分号

15.3.2　注意宏展开的结果

宏在替换时会进行完全替换，这里的完全是指在替换时不会出现“缺斤少两”的情况，也不会出现“画蛇添足”的现象。

【示例 15-6】下面定义宏 A，并对宏进行替换。

```
#include <iostream>
using namespace std;
#define A(a,b) a+b
int main()
{
    int x = 0;
    int y = 0;
    int z = 10;
    cout << "请输入两个数，用空格分隔" << endl;
    cin >> x >> y;
    cout << "最终值为：" << z * A(x, y)<<endl;        //宏替换
    return 0;
}
```

程序运行结果如下。

```
请输入两个数，用空格分隔
5 6
最终值为：56
```

从运行结果中可以看出，结果并不是我们想象的 110 而是 56。这是因为宏在替换时会“完全替换”，不会进行思考。而人是会思考的，在替换时潜意识认为会先计算 5+6，再计算 10*11，得出结果 110。宏实际上会将代码“z * A(x, y)”替换为“z*x+y”，也就是“10*5+6”，所以，会先运算乘法再运算加法，最终结果为 56。

因而，如果想要先运算加法，就需要在定义宏时添加一对小括号，用于保护加法优先运算的效果。修改后的代码如下。

```
#include <iostream>
using namespace std;
```

```
#define A(a,b) (a+b)                              //定义时添加小括号
int main()
{
    int x = 0;
    int y = 0;
    int z = 10;
    cout << "请输入两个数，用空格分隔" << endl;
    cin >> x >> y;
    cout << "最终值为：" << z * A(x, y)<<endl;    //宏替换
    return 0;
}
```

程序运行结果如下。

```
请输入两个数，用空格分隔
5 6
最终值为：110
```

从运行结果中可以看出，宏会将代码“z * A(x, y)”替换为“z*(x+y)”，也就是“10*(5+6)”，所以会先运算加法再运算乘法，最终结果为 110。

注意：在宏替换时，由于缺少括号导致计算出错的问题十分常见，所以大家一定要小心。特别是在读代码写结果时，特别容易出错。

15.3.3 带参数的宏与函数的比较

带参数的宏（简称带参宏）与带参函数在定义和使用方面十分相似，但是它们之间也有很多不同的地方，具体区别如表 15.1 所示。

表 15.1 带参函数与带参宏的区别

带 参 函 数	带 参 宏
函数在运行时依然存在	宏只存在于预编译期间
函数所占内存空间只有一份	宏被调用几次就占用几份内存空间
函数调用有时间和空间开销	宏没有时间和空间开销
函数接受参数的传递	宏接受参数的传递
函数的参数有类型信息	宏的参数没有类型信息
函数可以调试	宏不可以调试

15.4 条 件 编 译

使用指令有选择地对部分程序源代码进行编译的过程称为条件编译。常见的条件编译指令有#if、#elif、#else、#ifndef 等。它们主要用来在编译时进行选择，屏蔽一些代码。

15.4.1 宏指令

在 C++中，常见宏指令如表 15.2 所示。宏指令中包含了常用的条件编译指令。

表 15.2 常见宏指令

宏 指 令	功 能
#define	定义宏
#error	停止编译并显示错误信息
#include	包含一个源代码文件
#if	如果给定条件为真，则编译它与#endif 之间的代码，否则跳过这些代码
#else	如果#if 的条件为假，则执行它后面的代码
#elif	如果前面的条件为真，则执行后续代码
#endif	结束一个语句块
#ifdef	如果宏已经定义，则编译下面代码
#ifndef	如果宏没有定义，则编译下面代码
#undef	取消已定义的宏
#line	改变__LINE__与__FILE__的内容，它们是在编译程序中预先定义的标识符
#pragma	设定编译器的状态或指示编译器完成一些特定的动作

15.4.2 基础的条件编译指令

#if、#else、#elif 和#endif 都是条件编译命令。所谓条件编译，就是可以将源文件中的代码分成几个部分，有选择地编译各个部分。对于前三个宏，可以理解为 if、else 和 else if；而#endif 表示这个条件编译选择的结束。

【示例 15-7】下面定义一个宏表示分数，使用条件编译指令判断分数的等级。

```
#include <iostream>
using namespace std;
#define score   80
int main()
{
#if score>90            //if
      cout << "你的表现为优秀" << endl;
#elif score>60          //else if
      cout << "你的表现为及格" << endl;
#else                   //else
      cout << "你的表现为不及格" << endl;
#endif                  //语句结束
      return 0;
}
```

程序运行结果如下。

```
你的表现为及格
```

预处理后的代码如下。

```
int main()
{
if (80 > 90)
      cout << "你的表现为优秀" << endl;
```

```
    else if(80 > 60)
        cout << "你的表现为及格" << endl;
    else
        cout << "你的表现为不及格" << endl;
        return 0;
}
```

15.4.3 #ifdef 和#ifndef 指令

#ifdef 和#ifndef 指令也属于条件编译指令。它们会判断标识符是否被定义为宏。#ifdef 表示如果标识符被定义为了宏，就执行它后面的语句块；#ifndef 表示如果标识符没有被定义为宏，就执行它后面的语句块。

【示例 15-8】下面使用#ifdef 和#ifndef 判断标识符 A 和标识符 B 是否被定义为宏。

```
#include <iostream>
using namespace std;
#define A    80
int main()
{
#ifdef A
        cout << "标识符 A 被定义为了宏" << endl;
#endif          // A

#ifndef B
        cout << "标识符 B 没有被定义为宏" << endl;
#endif          // !B

        return 0;
}
```

程序运行结果如下。

```
标识符 A 被定义为了宏
标识符 B 没有被定义为宏
```

在代码中，#ifdef 与#endif、#ifndef 与#endif 都是成对出现的。

15.4.4 #error 指令

#error 指令可以强迫编译程序停止编译，用来在编译期间检查环境是否符合要求或与约束的条件发生了冲突，简单来说就是用于停止编译并显示错误信息。其语法形式如下。

```
#error taken-string
```

#error 为关键字，taken-string 表示要输出的字符串。

【示例 15-9】下面使用#error 指令指定错误提示。

```
#include <iostream>
using namespace std;
#define A    80
```

```
int main()
{
#ifdef A
        #error  标识符 A 被定义为宏
#endif          // A

#ifndef B
        #error  标识符 B 没有被定义为宏
#endif          // !B

        return 0;
}
```

程序运行结果会出现错误，使用#error 指定错误输出信息，如图 15.3 所示。

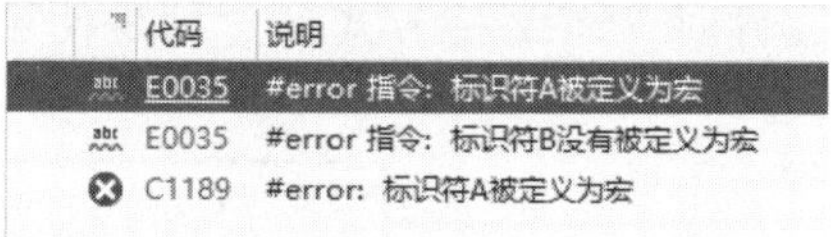

图 15.3　使用#error 指定错误输出信息

15.4.5　#undef 指令

#undef 指令用于取消已定义的宏 ，其语法形式如下。

```
#undef   宏名
```

【示例 15-10】下面定义一个宏，然后取消该宏。

```
#define   F 10.25
#include <iostream>
using namespace std;
int   main()
{
#ifdef F            //如果 F 为宏定义就执行下面的语句
        cout << F << endl;
#endif
#undef F            //取消宏定义 F
#ifdef F            //如果 F 为宏定义就执行下面的语句
        cout << F << endl;
#else               //否则执行下面的语句
        cout << "找不到 F 定义" << endl;
#endif
        return 0;
}
```

程序运行结果如下。

```
10.25
找不到 F 定义
```

代码中第一次做 if 判断时，宏 F 存在，所以输出了 F 定义的值。第二次做 if 判断时，F 宏定义已经被取消，所以输出了“找不到 F 定义”内容。

15.5 包含文件指令

包含文件指令是指使用# include 指令预处理一个源代码文件。这样就可以将要使用的系统自带的函数等预先加载，方便后续程序的编写。例如，预编译# include <string> 就可以方便对字符串的相关内容进行处理。

15.5.1 使用包含文件指令

在实际使用中，一般被包含的文件是头文件。头文件中一般是函数、类等的声明，包含到当前文件中后，就可以在当前文件中引用头文件中的函数、类等。

使用#include 指令包含头文件时，有两种方式，一种是使用双引号，一种是使用尖括号，如图 15.4 所示。

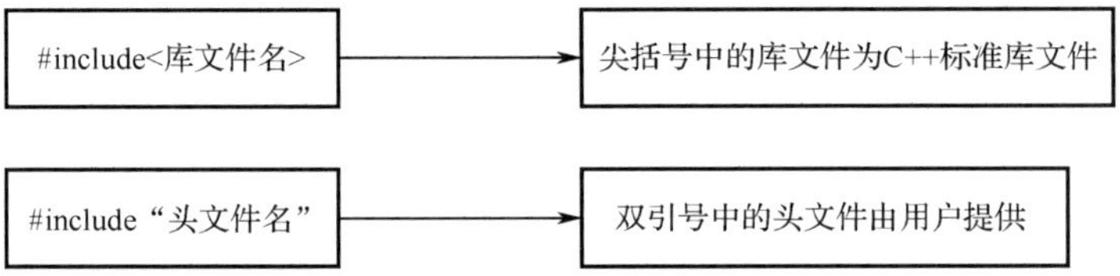

图 15.4 头文件的两种包含方式

如果文件名用尖括号括起来，表明这个文件是一个工程或 C++标准库头文件；如果文件名用一对引号括起来，则表明该文件是用户提供的头文件。

【示例 15-11】下面定义一个头文件 heard，然后使用# include 对其进行编译。实现步骤如下。

（1）在解决方案资源管理器中右击头文件，在弹出的快捷菜单中依次单击“添加”|“新建项”。

（2）在弹出的对话框中选择“头文件(.h)”，设置名称为“heard.h”，然后单击“添加”按钮，完成头文件的添加，如图 15.5 所示。

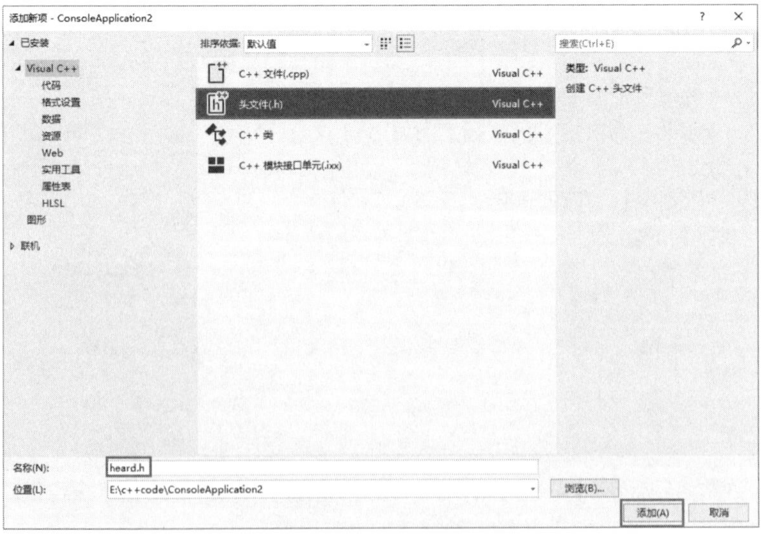

图 15.5 添加头文件

（3）头文件添加成功后，会在头文件下添加一个 heard.h 头文件，如图 15.6 所示。

图 15.6 头文件

（4）双击自动新建的头文件，打开头文件代码编写窗口，添加如下代码。

```
#pragma once
#include <iostream>
using namespace std;
void F()
{
	cout << "这是自定义头文件的函数 F()" << endl;
}
```

（5）在源文件中添加如下代码。

```
#include <iostream>
#include "heard.h"                    //预编译自定义头文件
using namespace std;
int main()
{
	string a;
	F();
	return 0;
}
```

程序运行结果如下。

```
这是自定义头文件的函数 F()
```

从运行结果中可以看出，当自定义头文件被引入后，可以直接调用头文件中的 F()函数。如果没有引入对应的头文件，那么就会出现错误提示，如图 15.7 所示。

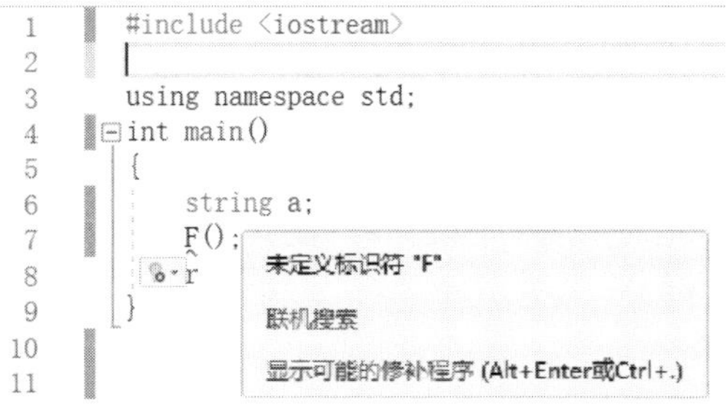

图 15.7 出现错误提示

15.5.2 头文件卫士

头文件中定义了父类后，如果要在另外的头文件中继承父类，就需要对父类所在的头文件进行引用。因此，当多个头文件中继承同一个头文件中的类时，子类所在的头文件都需要引用父类所在的头文件。如果在程序中引用了多个子类的头文件，就会重复引用父类所在的头文件，这样就会出现重复引用的问题，导致程序出错。

简单理解，一个父亲有多个儿子，当所有儿子在同一天结婚时，都会邀请父亲参加婚礼。此时父亲会接收到多次邀请，这样就会导致资源浪费和重复邀请。

例如，在头文件 father 中定义了一个类名为 A；在头文件 son1 中定义了一个类名为 B，继承自 A；在头文件 son2 中定义了一个类名为 C，继承自 A，如图 15.8 所示。

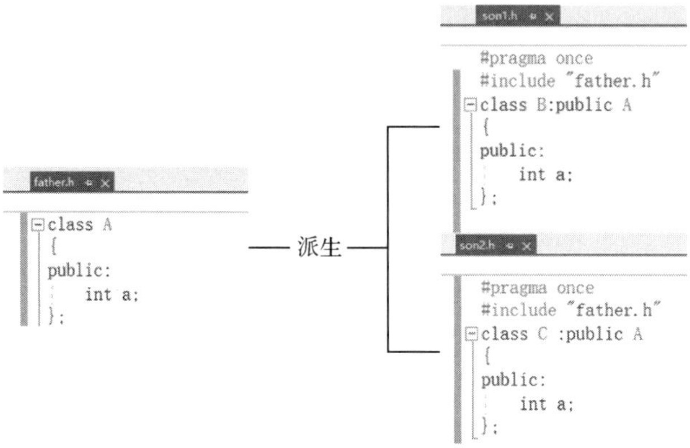

图 15.8　三个头文件

其中，头文件 son1 和 son2 中都引入了头文件 father。此时在程序中如果引入头文件 son1 和 son2，运行程序会提示类型重定义的错误，如图 15.9 所示。

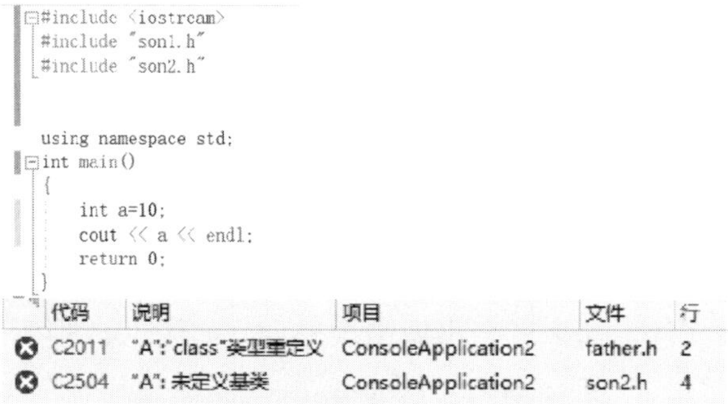

图 15.9　提示类型重定义的错误

为了避免因为重复包含头文件而重复定义类型，导致编译失败，就需要使用头文件卫士。头文件卫士就是用一组宏命令将头文件包起来，使其不会被重复包含，其语法形式如下。

```
#ifndef   ANIMAL_H
#define   ANIMAL_H

//头文件具体内容

#endif
```

#ifndef 是定义在头文件所有内容之前的，#endif 是定义在所有内容之后的，用预编译命令#ifndef 和#endif 将整个 father.h 头文件中的内容包含起来，这样便不会有编译错误了。

使用头文件卫士将头文件 father.h 重新定义后，代码如下。

```
#ifndef   ANIMAL_H
#define   ANIMAL_H
class A
{
public:
        int a;
};
#endif
```

程序代码如下。

```
#include <iostream>
#include "son1.h"
#include "son2.h"
using namespace std;
int main()
{
        int a=10;
        cout << a << endl;
        return 0;
}
```

此时再次运行程序，结果如下。

```
10
```

在代码运行时，首先预处理头文件 son1.h。此时，头文件卫士会判断 son1.h 中是否引入了 father.h 的内容，因为之前没有引入 father.h，所以现在会引入 father.h 的内容。

然后，预处理头文件 son2.h。此时，对 son2.h 中的 father.h 内容再次进行判断，判断主函数中是否引入了 father.h，由于预处理 son1.h 时已经引入了 father.h，所以，在预处理 son2.h 时不会再次引入 father.h。这样就避免了重复引用、重复定义的问题，程序可以成功运行。

15.6　预定义的宏

C++标准规定了一些预定义的宏。即这些宏不需要由开发者定义，而是由预编译器提供，开发者只要使用即可。表 15.3 列出了一些常用的预定义的宏。

表 15.3　常用的预定义的宏

预定义的宏	含　　义
__FILE__	代表当前源代码文件名的字符串文字
__LINE__	代表当前源代码中的行号的整数常量
__DATE__	进行预编译的日期（“Mmm dd yyyy”形式的字符串文字）
__TIME__	源文件预编译时间，格式为“hh: mm: ss”
__func__	当前所在函数名

上述预定义宏两侧都是两个下画线，而不是一个。其中，宏__LINE__表示该宏所在行的行号。这个行号可以用预处理命令#line 进行修改。

【示例 15-12】使用预定义的宏输出某些源代码的信息。

```
#include <cstdlib>
#include <iostream>
using namespace std;                         //使用名称空间 std

int main(int argc,char *argv[])              //主函数
{
      cout<<"--输出编译信息--"<<endl;
      cout<<"文件名:              "<<__FILE__<<endl;
      cout<<"行号:                "<<__LINE__<<endl;
      cout<<"预编译日期:          "<<__DATE__<<endl;
      cout<<"预编译时间:          "<<__TIME__<<endl;

     #line 100   "修改了文件名"
      cout<<"--修改文件名和行号--"<<endl;
      cout<<"文件名:              "<<__FILE__<<endl;
      cout<<"行号:                "<<__LINE__<<endl;

      return EXIT_SUCCESS;
}
```

程序运行结果如下。

```
--输出编译信息--
文件名:         E:\c++code\ConsoleApplication2\ConsoleApplication2.cpp
行号:           9
预编译日期:     Apr 11 2021
预编译时间:     09:59:58
--修改文件名和行号--
文件名:         E:\c++code\ConsoleApplication2\修改了文件名
行号:           102
```

程序通过使用预定义的宏，将源文件的文件名、行号、预编译日期和预编译时间进行了输出，然后又修改了文件名和行号。

15.7 小　　结

通过本章的学习，读者需要了解以下内容。

- 预处理器发出一些指令，指示编译器在实际编译之前所需完成的预处理。预处理器可以根据预处理指令生成新的源代码文件。
- 宏是由#define 预处理指令创建的符号常量，其作用就是使用指定的符号去替换指定的替换文本。
- 带参数的宏就是在宏定义时使用了参数。
- 条件编译就是使用指令有选择地对部分程序源代码进行编译的过程。常见的条件编译指令有#if、#elif、#else、#ifndef 等。
- 包含文件指令是指使用# include 指令预处理一个源代码文件。
- 在 C++标准中，规定了一些预定义的宏，包括__FILE__、__LINE__、__DATE__、__TIME__、__func__等。

15.8　习　　题

一、填空题

1．预处理器指令都以_____开头。预处理指令不是语句，所以不以_____结尾。

2．宏定义可以替代_____、_____及_____。

3．带参数的宏的_____与参数列表的左括号之间不能有空格，否则就成了普通的宏定义。

4．定义带参数的宏时替换文本可以分成多行进行编写，只需在每一行的末尾添加_____即可。

5．常见的条件编译指令有_____、_____、_____、#ifndef 等。

二、选择题

1．# undef 的作用是（　　）。

A．定义宏　　B．结束语句块　　C．包含源文件　　D．取消定义宏

2．下列代码输出的结果为（　　）。

```
#define A 5
using namespace std;
int   main()
{
      int x = 10;
      x = A;
      cout << x << endl;
      return 0;
}
```

A．10　　B．15　　C．5　　D．未知

3．下列代码输出的结果为（　　）。

```
#define score   40
int main()
{
#if score>90                    //if
      cout << "你的表现为 A" << endl;
#elif score>60                  //else if
      cout << "你的表现为 B" << endl;
#else
      cout << "你的表现为 C" << endl;
#endif
      return 0;
}
```

A．你的表现为 A　B．你的表现为 B　　C．你的表现为 C　　D．空

4．包含头文件使用的宏指令为（　　）。

A．#define　　B．#include　　C．#pragma　　D．#ifndef

5．有宏定义 #define A　(5+6)，那么，执行 int a = 5;a = a * A;后 a 的值为（　　）。

A．5　　B．11　　C．31　　D．55

第 16 章　标准模板库（STL）

C++的标准模板库（Standard Template Library，STL）是泛型程序设计最成功应用的实例。STL 包含了诸多在计算机科学领域中常用的基本数据结构和基本算法。本章将详细介绍 STL 相关知识。

16.1　标准模板库概述

C++语言的核心优势之一就是便于软件的重用。C++语言通过继承和多态机制及模板概念两个方面实现重用。

标准模板库 STL 是 C++标准函数库中的子集，它大约占据了 C++标准函数库的 80%。使用 STL 后，程序员就不必编写大多数常用的数据结构和算法了。STL 中存放的模板都是经过精心设计的，运行效率很高。

16.1.1　C++标准库

C++标准库大体可以分为标准函数库和面向对象类库两个部分，如图 16.1 所示。

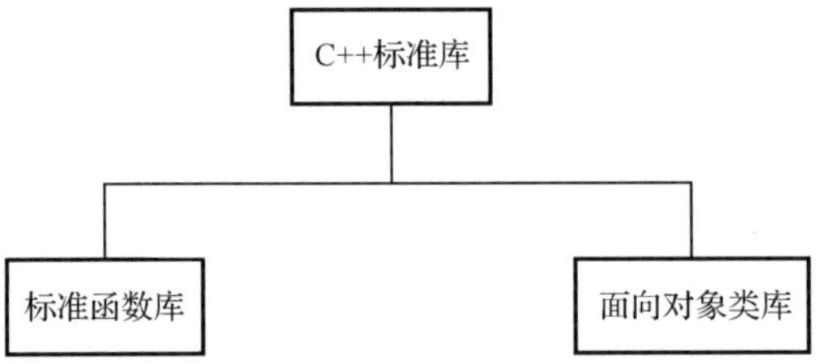

图 16.1　C++标准库分类

C++标准函数库包括输入/输出（I/O）、字符串、数值等，如图 16.2 所示。

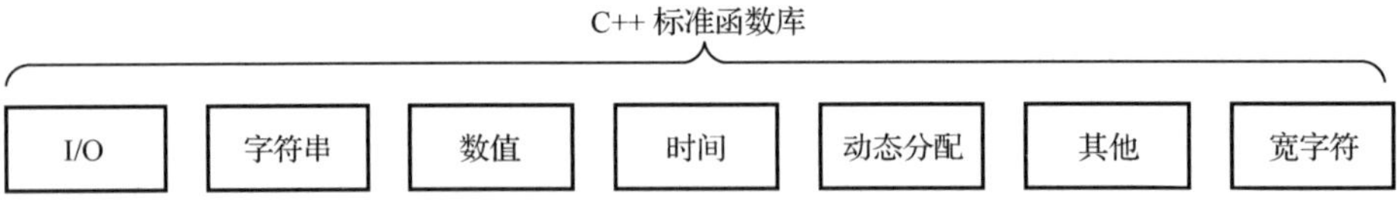

图 16.2　标准函数库

面向对象类库包括标准的 I/O 类、String 类等，如图 16.3 所示。

图 16.3　面向对象类库

16.1.2　STL 的发展历史

STL 是以模板为基础的一套标准库，是 C++标准库的一个组成部分。其形成经过了二三十年的发展，并拥有各种实现版本，STL 的发展历史如图 16.4 所示。

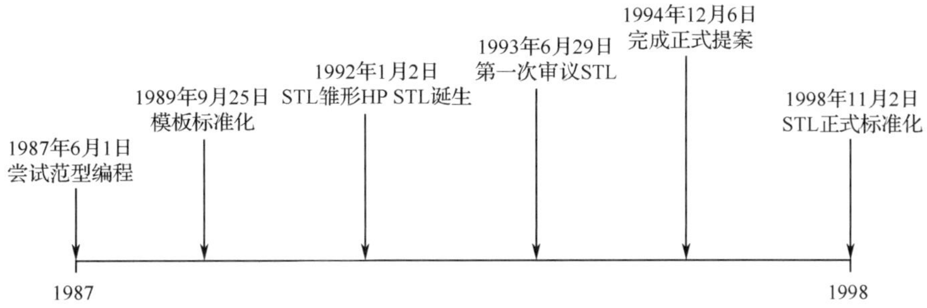

图 16.4　STL 的发展历史

16.1.3　STL 的组成

STL 以模板形式提供通用的模板类和函数。这些模板类和函数可以实现多种常用的算法和数据结构，如向量、链表、队列、栈。通过使用 STL，可以让开发人员将主要精力集中在程序的高层逻辑，而不是底层的操作上，从而提高程序的开发效率。一般来说，C++ 标准模板库的核心包括三个组件，如图 16.5 所示。

图 16.5　标准模板库的核心

三个核心组件的具体作用如下。

- 容器（containers）：容器是用来管理某一类对象的集合。C++提供了各种不同类型的容器，如 deque、list、vector、map 等。
- 算法（algorithms）：算法作用于容器。它们提供了执行各种操作的方式，包括对容器内容执行初始化、排序、搜索和转换等操作。
- 迭代器（iterators）：迭代器用于遍历对象集合的元素。这些集合可能是容器，也可能是容器的子集。

这三个组件都带有丰富的预定义函数，帮助我们通过简单的方式处理复杂的任务。在 C++标准中，STL 被组织为 13 个头文件，分别为<algorithm>、<deque>、<functional>、<iterator>、<vector>、<list>、<map>、<memory>、<numeric>、<queue>、<set>、<stack>和<utility>。

16.2　算　　法

算法是指解决一系列问题的清晰指令的集合。STL 为各种容器提供了约 100 种算法，其中 70 种为通用算法。在 STL 中，算法以函数模板的形式存在。每种容器都拥有多种算法，如插入、删除、查找、排序等。

一般来说，STL 中的算法部分主要由头文件<algorithm>、<numeric>和<functional>组成。其中，头文件<algorithm>由一大堆模板函数组成，常用的函数涉及比较、交换、查找等。

STL 包含了大量的常用算法。在需要时，程序员只需知道该算法实现函数在哪个头文件下，就可以直接调用。

算法可以处理容器，也可以处理普通的数组。有的算法会改变其所作用的容器。

【示例 16-1】下面使用算法函数实现数据的插入和排序。

```
#include <iostream>
#include <algorithm>
#include <functional>
#include <vector>
using namespace std;
class A
{
public:
    A(int a, int b) :first(a), second(b) { }
    int first;
    int second;
    bool operator < (const A& m)const
    {
        return first < m.first;
    }
};
bool less_second(const A& m1, const A& m2)
{
    return m1.second < m2.second;
}
int main()
{
    vector< A > vect;
    for (int i = 0; i < 3; i++)
    {
        A my(10 - i, i * 3);
        vect.push_back(my);       //将数据加入向量容器中
    }
    for (int i = 0; i < vect.size(); i++)
        cout <<   vect[i].first << "," << vect[i].second   << endl;
    sort(vect.begin(), vect.end());
    cout << "将第 1 个数字排序后结果如下所示:" << endl;
    for (int i = 0; i < vect.size(); i++)
        cout <<   vect[i].first << "," << vect[i].second << endl;

    cout << "将第 2 个数字排序后结果如下所示:" << endl;
    sort(vect.begin(), vect.end(), less_second);
    for (int i = 0; i < vect.size(); i++)
        cout <<   vect[i].first << "," << vect[i].second << endl;
    system("pause");
    return 0;
}
```

程序运行结果如下。

```
10,0
9,3
8,6
将第 1 个数字排序后结果如下所示:
8,6
9,3
10,0
将第 2 个数字排序后结果如下所示:
10,0
9,3
8,6
```

在代码中用到了插入函数、排序函数，这些都属于算法的具体实现方式；用到的向量容器将在后面进行讲解。

16.3 迭 代 器

迭代器（iterator）属于一种泛化指针。如果一个迭代器指向了容器中的某一成员，那么迭代器将可以通过自增自减来遍历容器中的所有成员。如果容器是一列火车，那么迭代器就是火车上的乘务员，乘务员可以通过移动检查火车上所有乘客的购票信息。

16.3.1 迭代器概述

在访问顺序容器和关联容器中的元素时，需要通过迭代器进行。迭代器是一个变量，相当于容器和操纵容器的算法之间的中介，如图 16.6 所示。迭代器可以指向容器中的某个元素，通过迭代器就可以读写它指向的元素。

图 16.6　迭代器的作用

STL 中的迭代器主要由头文件<utility>、<iterator>和<memory>组成，其作用如下。

- <utility>包括贯穿使用在 STL 中的几个模板的声明。
- <iterator>提供迭代器使用的许多方法。
- <memory>主要部分是模板类 allocator，它负责产生所有容器中的默认分配器。

16.3.2 迭代器的分类

迭代器按照定义方式分为以下四种。

（1）正向迭代器，定义语法如下。

```
容器类名::iterator　迭代器名;
```

（2）常量正向迭代器，定义语法如下。

```
容器类名::const_iterator　迭代器名;
```

（3）反向迭代器，定义语法如下。

```
容器类名::reverse_iterator　迭代器名;
```

（4）常量反向迭代器，定义语法如下。

```
容器类名::const_reverse_iterator   迭代器名;
```

通过迭代器，可以读取它指向的元素，使用星号（*）与迭代器名组合表示迭代器指向的元素，代码如下。

```
*迭代器名
```

迭代器是通过++运算实现移动的。反向迭代器和正向迭代器的区别在于：

- 对正向迭代器进行++操作时，迭代器会指向容器中的后一个元素。
- 而对反向迭代器进行++操作时，迭代器会指向容器中的前一个元素。

【示例 16-2】下面使用正向迭代器和反向迭代器访问向量容器中的值。

```
#include <iostream>
#include <vector>
using namespace std;
int main()
{
    vector<int> v;                          //声明向量容器 v
    for (int i = 0; i < 5; i++)
    {
        v.push_back(i);                     //push_back 成员函数在向量容器尾部添加一个元素
    }
    vector<int>::iterator i;                //定义正向迭代器
    cout << "正向输出向量容器的元素" << endl;
    for (i = v.begin(); i != v.end(); i++) //用迭代器遍历容器
    {
        cout << *i << endl;                 //*i 指向容器中的元素
    }
    vector<int>::reverse_iterator j;        //定义反向迭代器
    cout << "反向输出向量容器的元素" << endl;
    for (j = v.rbegin(); j != v.rend(); ++j)
        cout << *j << endl;
    return 0;
}
```

程序运行结果如下。

```
正向输出向量容器的元素
0
1
2
3
4
反向输出向量容器的元素
4
3
2
1
0
```

在程序中，由于正向迭代器和反向迭代器指向的元素位置不同，所以通过++运算后，元素输出的顺序会发生改变。

注意：向量容器可以看作一个存放元素的数组。

通过非常量迭代器还能修改其指向的元素。

【示例 16-3】修改容器中的元素值并输出。

```
#include <iostream>
#include <vector>
using namespace std;
int main()
{
    vector<int> v;                          //声明向量容器 v
    for (int i = 0; i < 5; i++)
    {
        v.push_back(i);                     //push_back 成员函数在向量容器尾部添加一个元素
    }
    vector<int>::iterator p;                //定义正向迭代器
    cout << "正向输出向量容器的元素" << endl;
    for (p = v.begin(); p != v.end(); p++)  //用迭代器遍历容器
    {
       cout<< *p<<endl ;                    //输出元素的值
    }
    for (p = v.begin(); p != v.end(); p++)  //用迭代器遍历容器
    {
        *p = *p * 2;                        //修改容器中的值
    }
    cout << "输出修改后的向量容器的元素" << endl;
    for (p = v.begin(); p != v.end(); p++)  //用迭代器遍历容器
    {
        cout << *p << endl;                 //输出元素的值
    }

    return 0;
}
```

程序运行结果如下。

```
正向输出向量容器的元素
0
1
2
3
4
输出修改后的向量容器的元素
0
2
4
6
8
```

16.3.3 迭代器的功能分类

不同容器的迭代器的功能强弱有所不同。容器的迭代器的功能强弱决定了该容器是否支持 STL 中的某种算法。例如，排序算法需要通过随机访问迭代器来访问容器中的元素，因此有的容器就不支持排序算法。

常用的迭代器按功能强弱分为正向、双向、随机访问三种。

- 正向迭代器：假设 p 是一个正向迭代器，则 p 支持的操作包括++p、p++、*p。此外，两个正向迭代器可以相互赋值，还可以用等号（==）和不等号（!=）运算符进行比较。
- 双向迭代器：双向迭代器具有正向迭代器的全部功能。除此之外，若 p 是一个双向迭代器，则--p 和 p--都是有定义的。--p 使得 p 朝着与++p 相反的方向移动。
- 随机访问迭代器：随机访问迭代器具有双向迭代器的全部功能。

不同容器的迭代器的功能如表 16.1 所示。

表 16.1　不同容器的迭代器的功能

容　　器	迭代器功能
vector	随机访问
deque	随机访问
list	双向
set/multiset	双向
map/multimap	双向
stack	不支持迭代器
queue	不支持迭代器
priority_queue	不支持迭代器

【示例 16-4】下面使用向量容器展示迭代器的多种使用功能。

```
#include <iostream>
#include <vector>
using namespace std;
int main()
{
    vector<int> v;                          //声明一个向量容器
    cout << v.size() << endl;               //输出向量的长度

    for (int i = 0; i < 10; i++)            //初始化容器
    {
        v.push_back(i+1);
    }
    for (int j = 0; j < v.size(); j++)      //size 返回元素个数
    {
        cout << v[j]<<",";                  //像普通数组一样输出元素
    }
    cout << endl;
```

```
        vector<int>::iterator p;                    //声明一个迭代器
        cout << "迭代器使用不等运算符判断结束条件输出元素：" << endl;
        for (p = v.begin(); p != v.end(); p++)      //用 != 比较两个迭代器是否相等
        {
            cout << *p << ",";                      //使用迭代器输出元素
        }
        cout << endl;
        cout << "迭代器使用比较运算符判断结束条件输出元素：" << endl;
        for (p = v.begin(); p < v.end(); p++)       //用 < 比较两个迭代器
        {
            cout << *p << ",";
        }
        cout << endl;
        p = v.begin();                              //迭代器指向开始
        cout << "迭代器使用加法运算间隔输出元素：" << endl;
        while (p < v.end())                         //间隔一个输出
        {
            cout << *p << ",";
            p += 2;                                 //迭代器向后移动两位
        }

        return 0;
}
```

程序运行结果如下。

```
0
1,2,3,4,5,6,7,8,9,10,
迭代器使用不等运算符判断结束条件输出元素：
1,2,3,4,5,6,7,8,9,10,
迭代器使用比较运算符判断结束条件输出元素：
1,2,3,4,5,6,7,8,9,10,
迭代器使用加法运算间隔输出元素：
1,3,5,7,9,
```

16.4 容　　器

容器中存放的是常用的数据类模板。各种算法或数据结构对应着不同类型的容器。

16.4.1 容器概述

容器（container）又称集合（collection），用于存放数据的类模板。在 STL 中，可变长数组、链表、平衡二叉树等数据结构都被实现为容器。

容器分为顺序容器、关联容器和容器适配器三类。在每类中又包含多种容器。每个容器都会对应一个头文件，开发者只需引入对应的头文件，就可以直接使用对应的容器。

容器与头文件对应关系如表 16.2 所示。

表 16.2　容器与头文件对应关系

数据结构	容器分类	描　述	头文件
向量（vector）	顺序容器	连续存储的元素	<vector>
列表（list）	顺序容器	由节点组成的双向链表，每个节点包含一个元素	<list>
双队列（deque）	顺序容器	连续存储的指向不同元素的指针所组成的数组	<deque>
集合（set）	关联容器	实现了红黑树的平衡二叉检索树的数据结构	<set>
多重集合（multiset）	关联容器	允许存在两个次序相等的元素的集合	<set>
栈（stack）	容器适配器	后进先出的值的排列	<stack>
队列（queue）	容器适配器	先进先出的值的排列	<queue>
优先队列（priority_queue）	容器适配器	可以设置优先元素的队列排列	<queue>
映射（map）	关联容器	由{键,值}对组成的集合，以某种作用于键对上的谓词排列	<map>
多重映射（multimap）	关联容器	允许键对有相等的次序的映射	<map>

16.4.2　向量容器

向量（vector）是一个封装了动态大小数组的顺序容器。它能够存放各种类型的对象。可以简单地认为，向量是一个能够存放任意类型数据的动态数组。所有 STL 容器中大约有一半是基于向量的。向量容器在使用时需要引入头文件< vector >，语法形式如下。

```
#include < vector>
using namespace std;
```

vector 包含多种函数，是基本数组的类模板，其内部定义了多个构造函数和多种成员函数。vector 的构造函数与成员函数的名称和功能如表 16.3 所示。

表 16.3　构造函数与成员函数的名称和功能

函数名称	语　法	功　能
构造函数	vector()	创建一个空 vector
	vector(int nSize)	创建一个 vector，元素个数为 nSize
	vector(int nSize,const t& t)	创建一个 vector，元素个数为 nSize，且值均为 t
	vector(const vector&)	复制构造函数
	vector(begin,end)	复制[begin,end)区间内另一个数组的元素到 vector 中
增加函数	void push_back(const T& x)	在向量尾部增加一个元素 x
	iterator insert(iterator it,const T& x)	在向量中迭代器指向元素前增加一个元素 x
	iterator insert(iterator it,int n,const T& x)	在向量中迭代器指向元素前增加 n 个相同的元素 x
	iterator insert(iterator it,const_iterator first,const_iterator last)	在向量中迭代器指向元素前插入另一个相同类型向量的[first,last)间的数据
删除函数	iterator erase(iterator it)	删除向量中迭代器指向元素
	iterator erase(iterator first,iterator last)	删除向量中[first,last)中元素

续表

函数名称	语　法	功　能
删除函数	void pop_back()	删除向量中最后一个元素
	void clear()	清空向量中所有元素
遍历函数	reference at(int pos)	返回 pos 位置元素的引用
	reference front()	返回首元素的引用
	reference back()	返回尾元素的引用
	iterator begin()	返回向量头指针，指向第一个元素
	iterator end()	返回向量尾指针，指向向量最后一个元素的下一个位置
	reverse_iterator rbegin()	反向迭代器，指向最后一个元素
	reverse_iterator rend()	反向迭代器，指向第一个元素之前的位置
判断函数	bool empty() const	判断向量是否为空，若为空，则向量中无元素
大小函数	int size() const	返回向量中元素的个数
	int capacity() const	返回当前向量所能容纳的最大元素值
	int max_size() const	返回最大可允许的 vector 元素数量值
其他函数	void swap(vector&)	交换两个同类型向量的数据
	void assign(int n,const T& x)	设置向量中前 n 个元素的值为 x
	void assign(const_iterator first,const_iterator last)	向量中[first,last)中元素设置成当前向量元素

【示例 16-5】下面声明一个向量容器，将字符串移到向量中并输出。

```
#include <iostream>
#include <vector>
using namespace std;
int  main()
{
    char a[] = "abcdef";
    vector <char> v;
    char* p = a;
    for (int i = 0; i < 5; i++)
    {
        v.push_back(*p);     //在尾端插入数据
        p++;
    }
    for (int i = 0; i < v.size(); i++)
    {
        cout<<v[i]<<endl;
    }
    return 0;
}
```

程序运行结果如下。

```
a
b
c
```

```
d
e
```

其中，语句“vector <char> v;”声明了一个向量 v。语句“v.push_back(*p);”表示在向量 v 的尾端插入*p 所指的数据。

【示例 16-6】下面删除向量中后四个元素。

```
#include <iostream>
#include <vector>
using namespace std;
int   main()
{
      char a[] = "abcdef";
      vector <char> v;
      char* p = a;
      for (int i = 0; i < 6; i++)
      {
            v.push_back(*p);
            p++;
      }
      for (int i = 0; i < 4; i++)                //去掉数组最后四个元素
      {
            v.pop_back();                        //删除数组最后一个元素
      }
      for (int i = 0; i < v.size(); i++)         //输出向量中的元素
      {
            cout<<v[i]<<endl;
      }
      return 0;
}
```

程序运行结果如下。

```
a
b
```

从运行结果中可以看出，向量中的后四个元素被删除，所以只输出了 a 和 b 两个元素。

【示例 16-7】下面清空向量中的所有元素。

```
#include <iostream>
#include <vector>
using namespace std;
int   main()
{
      char a[] = "abcdef";
      vector <char> v;
      char* p = a;
      for (int i = 0; i < 6; i++)
      {
            v.push_back(*p);
            p++;
      }
      v.clear();                           //清除向量中的所有元素
```

```
    for (int i = 0; i < v.size(); i++)        //输出向量中的元素
    {
        cout<<v[i]<<endl;
    }
    return 0;
}
```

运行程序后，因为清除了向量中的所有元素，所示输出的内容为空。

16.4.3　列表

列表（list）是顺序容器的一种。list 是一个双向链表。使用 list 需要包含头文件< list >。双向链表的每个元素中都有一个指针指向后一个元素，也有一个指针指向前一个元素，如图 16.7 所示。

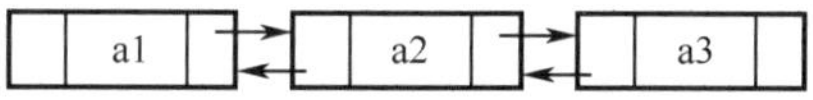

图 16.7　列表

list 容器存储的空间可以是不连续的。如果要向 list 中插入一个数据，只需将指针指向要插入的数据即可，如图 16.8 所示。

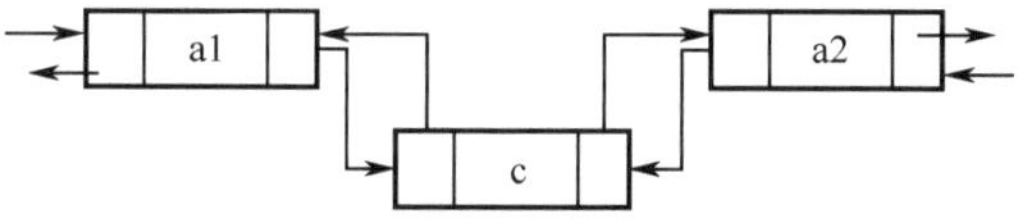

图 16.8　插入数据

列表的构造函数和许多成员函数的用法都与向量类似，列表独有的成员函数如表 16.4 所示。

表 16.4　列表独有的成员函数

成 员 函 数	功　能
void push_front(const T & val)	将 val 插入链表最前面
void pop_front()	删除链表最前面的元素
void sort()	将链表从小到大排序
void remove (const T & val)	删除和 val 相等的元素
remove_if	删除符合某种条件的元素
void unique()	删除所有和前一个元素相等的元素
void merge(list <T> & x)	将链表 x 合并进来并清空 x。要求链表自身和 x 都是有序的
void splice(iterator i, list <T> & x, iterator first, iterator last)	在位置 i 前面插入链表 x 中的区间（first, last)，并在链表 x 中删除该区间。链表自身和链表 x 可以是同一个链表，只要 i 不在（first, last）中即可

注意：list 容器引入了 sort()成员函数以完成排序，但是需要引入头文件<algorithm>。

【示例 16-8】下面将用户输入的数字存放到列表中，排序后删除用户输入的数字。

```
#include <iostream>
#include <list>
#include <algorithm>
using namespace std;
```

```
int  main()
{
    list <int> l;
    list <int>::iterator pl;                    //声明一个列表迭代器
    int a[20] ;
    int number = 0;
    cout << "请输入 5 个数字，用空格分隔" << endl;
    cin >> a[0] >> a[1] >> a[2] >> a[3] >> a[4];
    for (int i = 0; i < 5; i++)
    {
        l.push_back(a[i]);
    }
    l.sort();                                   //排序
    cout << "数字排序后输出列表的元素：" << endl;
    for (pl=l.begin();pl!=l.end(); pl++)        //输出列表中的元素
    {
        cout << *pl << endl;
    }
    cout << "请输入想要删除的数字" << endl;
    cin >> number;
    l.remove(number);                           //删除指定值
    cout << "删除指定数字后输出列表的元素：" << endl;
    for (pl = l.begin(); pl != l.end(); pl++)   //输出列表中的元素
    {
        cout << *pl << endl;
    }
    return 0;
}
```

运行结果如下。

```
请输入 5 个数字，用空格分隔
88 66 77 100 99
数字排序后输出列表的元素：
66
77
88
99
100
请输入想要删除的数字
77
删除指定数字后输出列表的元素：
66
88
99
100
```

在代码中实现了列表的内容添加、排序、删除及输出。在输出时，需要用到列表的迭代器 pl，其声明语句为“list <int>::iterator pl;”，表示声明了一个列表的迭代器。

16.4.4　集合

集合（set）是指已经为元素进行了排序的集合，属于关联容器。使用 set 需要包含头文件 <set>。在集合 set 中不能有重复的元素。

由于集合具有有序性，所以不能直接修改 set 容器中元素的值。直接修改元素后，容器并不会自动重新调整顺序，于是容器的有序性就会被破坏，会导致查找等操作得到错误结果。因此，如果要修改 set 容器中某个元素的值，正确的做法是先删除该元素，再插入新元素。

集合的成员函数如表 16.5 所示。

表 16.5　集合的成员函数

成 员 函 数	作　　用
iterator find (const T & val);	在容器中查找值为 val 的元素，返回其迭代器。如果找不到则返回 end()
pair<iterator, bool> insert(const T & val);	将 val 插入容器中并返回其迭代器
void insert(iterator first, iterator last);	将区间(first, last) 中的元素插入容器
int count(const T & val);	统计有多少个元素的值和 val 相等
iterator lower_bound(const T & val);	查找一个最大的位置 it，使得(begin(), it) 中所有的元素都比 val 小
iterator upper_bound(const T & val);	查找一个最小的位置 it，使得(it, end()) 中所有的元素都比 val 大
pair <iterator, iterator > equal_range (const T & val);	同时求得 lower_bound 和 upper_bound
iterator erase(iterator it);	删除 it 指向的元素，返回其后面的元素的迭代器
iterator erase(iterator first, iterator last);	删除区间(first, last)，返回 last

【示例 16-9】下面向集合中添加数字，并输出集合中的元素。

```
#include <iostream>
#include <set>
#include <algorithm>
using namespace std;
int   main()
{
      set<int> s;
      set <int>::iterator ps;                         //声明一个集合迭代器
      int a[20] ;
      int number = 0;
      cout << "请输入 5 个数字，用空格分隔" << endl;
      cin >> a[0] >> a[1] >> a[2] >> a[3] >> a[4];
      for (int i = 0; i < 5; i++)
      {
            s.insert(a[i]);
      }
      cout << "集合的元素为：" << endl;
      for (ps=s.begin();ps!=s.end(); ps++)      //输出集合中的元素
      {
            cout << *ps << endl;
      }
```

```
}
```

程序运行结果如下。

```
请输入 5 个数字，用空格分隔
50 60 5 6 8
集合的元素为：
5
6
8
50
60
```

从运行结果中可以看出，集合中的元素会自动排序，按照从小到大的顺序进行输出。

【示例 16-10】下面根据输入内容删除指定数字，并插入指定数字。

```
#include <iostream>
#include <set>
#include <algorithm>
using namespace std;
int    main()
{
        set<int> s;
        set <int>::iterator ps;                          //声明一个集合迭代器
        set <int>::iterator ps2;                         //存放返回的迭代器
        int a[20] ;
        int number = 30;
        cout << "请输入 5 个数字，用空格分隔" << endl;
        cin >> a[0] >> a[1] >> a[2] >> a[3] >> a[4];
        for (int i = 0; i < 5; i++)
        {
                s.insert(a[i]);
        }
        cout << "集合的元素为：" << endl;
        for (ps=s.begin();ps!=s.end(); ps++)             //输出集合中的元素
        {
                cout << *ps << endl;
        }
        cout << "请输入要删除的数字" << endl;
        cin >> number;
        ps2=s.find(number);                              //查找与 number 相等的元素位置
        s.erase(ps2);                                    //删除指定元素
        cout << "请输入要插入的数字" << endl;
        cin >> number;
        s.insert(number);                                //插入指定数字
        cout << "替换后集合的元素为：" << endl;
        for (ps = s.begin(); ps != s.end(); ps++)        //输出集合中的元素
        {
                cout << *ps << endl;
        }

}
```

程序运行结果如下。

```
请输入 5 个数字，用空格分隔
50 60 20 30 10
集合的元素为：
10
20
30
50
60
请输入要删除的数字
30
请输入要插入的数字
100
替换后集合的元素为：
10
20
50
60
100
```

从运行结果中可以看出，集合在删除元素并再次添加新的元素后，会自动再次进行排序。在删除指定元素时，需要使用 find()函数对指定元素进行查找，然后根据返回的迭代器去删除指定的元素。

16.4.5　队列

队列（queue）是先进先出的，与排队类似。就像在买票时谁排在前面，谁就先买票，队列的输入和输出如图 16.9 所示。

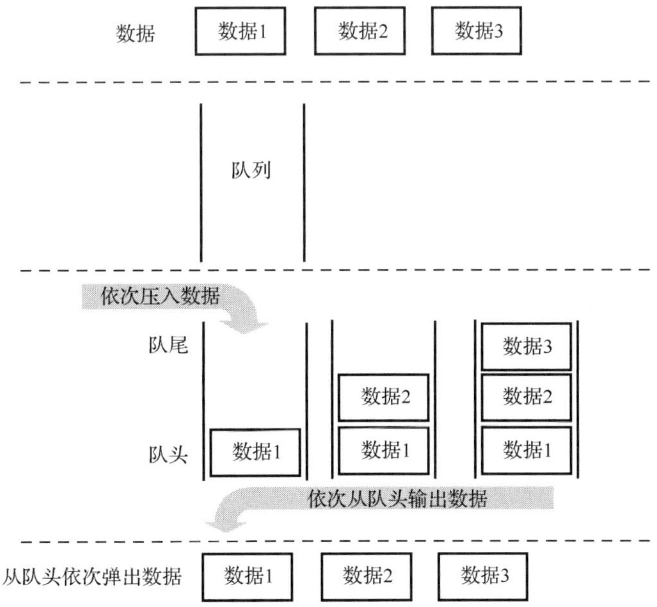

图 16.9　队列的输入和输出

队列的访问和删除操作只能在队头进行，添加操作只能在队尾进行。要使用队列需要包含< queue >头文件。queue 同样也有与 stack 类似的 push()、pop()、top()函数。区别在于，queue 的 push()发生在队尾，pop()和 top()发生在队头。

由于 queue 不能访问队列中的中间元素，所以 queue 不能声明迭代器。另外，queue 只能在队尾添加元素，所以不能使用 insert()函数。

【示例 16-11】下面将数据插入队列，并输出队列中的元素。

```
#include <iostream>
#include <queue>
using namespace std;
int   main()
{
    queue <int> s;                    //声明队列
    int a[20] ;
    cout << "请输入 5 个数字，用空格分隔" << endl;
    cin >> a[0] >> a[1] >> a[2] >> a[3] >> a[4];
    for (int i = 0; i < 5; i++)
    {
        s.push(a[i]);                 //在队尾插入元素
    }
    cout << "队列中的元素为：" << endl;
    for (int i = 0; i < 5;i++)        //输出队列中的元素
    {
        cout <<s.front() << endl;     //输出头节点的元素
        s.pop();                      //删除头节点的元素
    }

    return 0;
}
```

程序运行结果如下。

```
请输入 5 个数字，用空格分隔
50 60 70 80 30
队列中的元素为:
50
60
70
80
30
```

从运行结果中可以看出，在队列中依次加入的数据会以加入的顺序输出。队列只能从头部输出。所以，输出一个头元素后，删除头元素，第二个元素就变成了头元素，然后依次输出，依次删除头元素，输出完成后，队列变空。

16.4.6 栈

栈（stack）是一种后进先出的元素序列，访问和删除都只能对栈顶的元素（即最后一个被加入栈的元素）进行，并且元素也只能被添加到栈顶，栈的数据压入和弹出如图 16.10 所示。

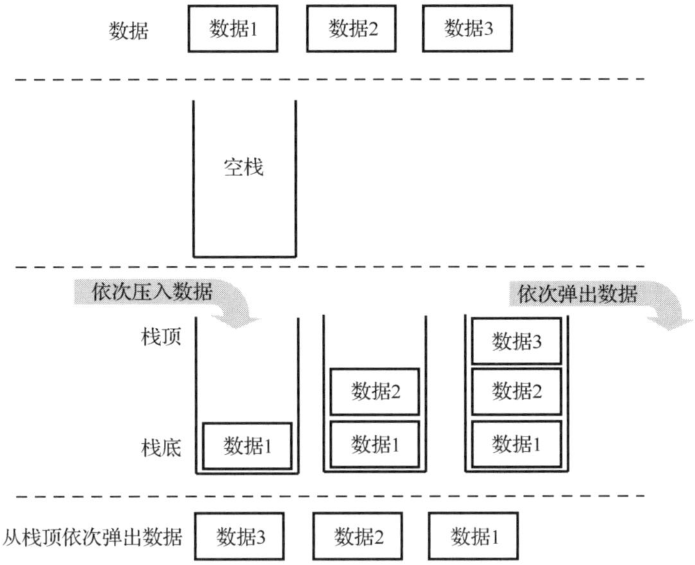

图 16.10　栈的数据压入和弹出

栈内的元素不能访问。如果一定要访问栈内的元素，只能将其上方的元素全部从栈中删除，使之变成栈顶元素才可以。

栈是容器适配器的一种。要使用栈，必须包含头文件<stack>。虽然栈使用顺序容器实现，但它不提供顺序容器具有的成员函数。除了 size()、empty()这两个所有容器都有的成员函数外，栈还有以下三个成员函数，如表 16.6 所示。

表 16.6　栈的成员函数

成员函数	功　能
void pop();	弹出（即删除）栈顶元素
T & top();	返回栈顶元素的引用。通过此函数可以读取栈顶元素的值，也可以修改栈顶元素
void push (const T & x);	将 x 压入栈顶

【示例 16-12】下面实现栈的数据压入和弹出。

```
#include <iostream>
#include <stack>
using namespace std;
int  main()
{
    stack <int> s;                              //声明栈
    int a[20];
    int number = 30;
    cout << "请输入 5 个数字，用空格分隔" << endl;
    cin >> a[0] >> a[1] >> a[2] >> a[3] >> a[4];
    for (int i = 0; i < 5; i++)
    {
        s.push(a[i]);                           //将元素压入栈顶
    }
    cout << "栈中的元素为：" << endl;
```

```
    for (int i = 0; i < 5; i++)                    //输出栈中的元素
    {
        cout << s.top() << endl;                   //输出栈顶的头元素
        s.pop();                                   //删除头节点元素
    }
    return 0;
}
```

程序运行结果如下。

```
请输入 5 个数字，用空格分隔
80 62 30 100 52
栈中的元素为:
52
100
30
62
80
```

从运行结果中可以看出，先压入栈的数据会后输出，后压入栈的数据会先输出，这就是栈的特点。

16.4.7 多重映射

多重映射（multimap）是关联容器的一种，多重映射的每个元素都分为关键字和值两部分，容器中的元素是按关键字排序的，并且允许有多个元素的关键字相同。使用 multimap 必须包含头文件< map >。

多重映射不能直接修改容器中的关键字。因为元素是按照关键字排序的，当关键字被修改后，容器不会自动重新调整顺序，容器的有序性会受到破坏，查找对应结果时会导致错误。

多重映射中的元素都是 pair 模板类的对象。元素的 first 成员变量也叫“关键字”，second 成员变量也叫“值”。

默认情况下，元素的关键字用 less <关键字> 比较大小，也就是用运算符小于号“<”比较大小。多重映射的常用成员函数如表 16.7 所示。

表 16.7 多重映射的常用成员函数

成员函数	功能
iterator find(const Key & val);	在容器中查找关键字等于 val 的元素，返回其迭代器；如果找不到，则返回 end()
iterator insert (pair <Key, T> const &p);	将 pair 对象 p 插入容器中并返回其迭代器
void insert(iterator first, iterator last);	将区间(first, last)插入容器
int count(const Key & val);	统计有多少个元素的关键字和 val 相等
iterator lower_bound(const Key & val);	查找一个最大的位置 it，使得(begin( ), it) 中所有的元素的关键字都比 val 小
iterator upper_bound(const Key & val);	查找一个最小的位置 it，使得(it, end()) 中所有的元素的关键字都比 val 大
pair < iterator, iterator > equal_range (const Key & val);	同时求得 lower_bound 和 upper_bound
iterator erase(iterator it);	删除 it 指向的元素，返回其后面的元素的迭代器
iterator erase(iterator first, iterator last);	删除区间 [first, last)，返回 last

【示例 16-13】下面实现多重映射值的插入和输出。

```
#include <iostream>
#include <map>
#include <algorithm>

using namespace std;
int   main()
{
        multimap<int,string> m;
        multimap <int, string>::iterator pm;                    //声明一个集合迭代器
        int a[20];
        string b[20];
        cout << "请输入 5 个数字，用空格分隔" << endl;
        cin >> a[0] >> a[1] >> a[2] >> a[3] >> a[4];
        cout << "请输入 5 个名字，用空格分隔" << endl;
        cin >> b[0] >> b[1] >> b[2] >> b[3] >> b[4];
        for (int i = 0; i < 5; i++)
        {
                m.insert(pair<int, string>(a[i],b[i]));          //将数组中的值加入多重映射中
        }
        cout << "多重映射的元素为：" << endl;
        for (pm = m.begin(); pm != m.end(); pm++)              //输出多重映射中的元素
        {
                cout << pm->first << " "<<pm->second<<endl;
        }

}
```

程序运行结果如下。

```
请输入 5 个数字，用空格分隔
5 6 8 3 1
请输入 5 个名字，用空格分隔
王五 六六 张三 李四 周五
多重映射的元素为：
1 周五
3 李四
5 王五
6 六六
8 张三
```

如果在输入时输入的元素相同，也是可以进行正常输出的，排序会以关键字为准。如果关键字相同，则以输入的顺序为排序顺序，程序运行结果如下。

```
请输入 5 个数字，用空格分隔
5 6 5 4 3
请输入 5 个名字，用空格分隔
王五 六六 张琪 隆和 王五
多重映射的元素为：
3 王五
4 隆和
```

```
5 王五
5 张琪
6 六六
```

16.4.8 映射

映射（map）是关联容器的一种，map 的每个元素都分为关键字和值两部分，容器中的元素是按关键字排序的，并且不允许有多个元素的关键字相同。要使用 map，必须包含头文件<map>。

映射不能直接修改容器中的关键字。因为元素是按照关键字排序的，当关键字被修改后，容器不会自动重新调整顺序，容器的有序性会受到破坏，查找对应结果时会导致错误。

map 和 multimap 十分类似，区别在于 map 容器中元素的关键字不能重复。multimap 有的成员函数 map 都有。此外，map 还有成员函数 operator[]()，表示 map 可以使用下标进行访问，成员函数 operator[]()如下所示。

```
T & operator[] (Key k);
```

该成员函数返回 first 值为 k 的元素的 second 部分的引用。如果容器中没有元素的 first 值等于 k，则自动添加一个 first 值为 k 的元素。如果该元素的 second 成员变量是一个对象，则用无参构造函数对其进行初始化。

【示例 16-14】下面实现映射值的插入和输出。

```
#include <iostream>
#include <map>
#include <algorithm>

using namespace std;
int   main()
{
    map<int,string> m;
    map <int, string>::iterator pm;                    //声明一个集合迭代器
    int a[20];
    string b[20];
    cout << "请输入 5 个数字，用空格分隔" << endl;
    cin >> a[0] >> a[1] >> a[2] >> a[3] >> a[4];
    cout << "请输入 5 个名字，用空格分隔" << endl;
    cin >> b[0] >> b[1] >> b[2] >> b[3] >> b[4];
    for (int i = 0; i < 5; i++)
    {
        m[a[i]] = b[i];                                //使用下标运算符插入值
    }
    cout << "映射的元素为：" << endl;
    for (pm = m.begin(); pm != m.end(); pm++)          //输出多重映射中的元素
    {
        cout << pm->first << " "<<pm->second<<endl;
    }

}
```

程序运行结果如下。

```
请输入5个数字，用空格分隔
5 4 3 2 1
请输入5个名字，用空格分隔
王五 张三 李四 六六 周五
映射的元素为：
1 周五
2 六六
3 李四
4 张三
5 王五
```

由于映射不允许有相同的关键字，所以如果出现相同的关键字，则只会保留一个关键字及对应的元素。当运行程序输入的关键字有重复时，程序运行结果如下。

```
请输入5个数字，用空格分隔
5 6 5 4 3
请输入5个名字，用空格分隔
王一 六二 三七 四九 王一
映射的元素为：
3 王一
4 四九
5 三七
6 六二
```

从运行结果中可以看出，出现了两次关键字“5”，所以只保留了一个对应元素。

16.5 小　结

通过本章的学习，读者需要了解以下内容。

- 标准模板库 STL 是 C++标准函数库中的子集，它大约占据了 C++标准函数库的80%，使用 STL 程序员就不必编写大多数常用的数据结构和算法了。
- 算法是指解决一系列问题的清晰指令的集合。STL 为各种容器提供了约 100 种算法，这些算法部分主要由头文件<algorithm>、<numeric>和<functional>组成。
- 迭代器是一个变量，相当于容器和操纵容器的算法之间的中介，它可以指向容器中的某个元素，通过迭代器就可以读写它指向的元素。
- 容器（container）又称集合（collection），用于存放数据的类模板。容器分为顺序容器、关联容器和容器适配器三类。
- 列表（list）是一个双向链表。双向链表的每个元素中都有一个指针指向后一个元素，也有一个指针指向前一个元素。
- 队列（queue）是一种先进先出的元素序列。
- 栈（stack）是一种后进先出的元素序列。
- 多重映射（multimap）是关联容器的一种，多重映射的每个元素都分为关键字和值两部分，容器中的元素是按关键字排序的，并且允许有多个元素的关键字相同。
- 映射（map）是关联容器的一种，map 的每个元素都分为关键字和值两部分，容器中的元素是按关键字排序的，并且不允许有多个元素的关键字相同。

16.6 习　　题

一、填空题

1．解决一系列问题的清晰指令的集合称为______。

2．STL 为各种容器提供了约 100 种算法，主要由头文件______、______和______组成。

3．迭代器按照定义方式分为______、______、______、______四种。

4．常用的迭代器按功能强弱分为______、______、______三种。

二、选择题

1．向量是一个封装了动态大小数组的顺序容器，它能够存放（　　）种类型的对象。

A．1　　B．2　　C．3　　D．多

2．列表容器属于（　　）类型容器。

A．顺序　　B．关联　　C．容器适配器　　D．都不是

3．队列的访问和删除操作只能在（　　）进行，添加操作只能在队尾进行。

A．队头　　B．栈顶　　C．栈底　　D．队尾

4．栈的访问和删除都只能在（　　）进行。

A．栈顶　　B．栈底　　C．队尾　　D．队头

5．映射容器中的元素是按（　　）排序的，并且不允许有多个元素的关键字相同。

A．关键字　　B．添加顺序　　C．元素大小　　D．随机

三、编程题

1．根据代码写出程序运行结果。

```
int  main()
{
    set<int> s;
    set <int>::iterator ps;                    //声明一个集合迭代器
    int a[20] = { 50, 30, 1, 100, 3 };
    int number = 0;

    for (int i = 0; i < 5; i++)
    {
        s.insert(a[i]);
    }
    cout << "集合的元素为：" ;
    for (ps = s.begin(); ps != s.end(); ps++)     //输出集合中的元素
    {
        cout << *ps << ",";
    }
}
```

程序运行结果为______________________________。

2．根据代码写出程序运行结果。

```
int  main()
```

```
{
    list <int> l;
    list <int>::iterator pl;                    //声明一个列表迭代器
    int a[20] = {1,3,4,5,2,4};
    int number = 0;
    for (int i = 0; i < 5; i++)
    {
        l.push_back(a[i]);
    }
    l.sort();
    number = 2;
    l.remove(number);
    number = 5;
    l.remove(number);
    for (pl = l.begin(); pl != l.end(); pl++)   //输出列表中的元素
    {
        cout << *pl <<",";
    }
    return 0;
}
```

程序运行结果为____________。

第 17 章　程序错误与异常处理

在编写程序的过程中，或多或少都会出现一些错误。并且，程序的项目越复杂，出现错误的概率越高，错误的复杂度也越高。因此，C++语言引入了专门处理错误的方式，即异常处理机制，它可以帮助用户快速地找到程序中的错误并加以改正。本章将讲解程序错误与异常处理的相关内容。

17.1　程 序 错 误

“计算机是不会出错的，如果出错了一定是人犯错了”，记得这句话是一位老师告诉我的，虽然出处不可考证，但是却道出了程序错误的根本原因。如果在编程时出现错误，肯定是编程人员在语法规则或逻辑处理方面出现了错误，而不是计算机或编译器出现了问题。

在编程中大体可以将程序的错误分为编译错误、逻辑错误及运行错误三类。

17.1.1　编译错误

编译错误也称语法错误，是指在编写的代码中出现了语法错误。这样的错误通常会被编译器发现，并进行提示。

C++语言从本质上来说也属于一种语言，只要是语言就会有自己的语法。学习 C++语言最基础的部分就是学习 C++语言的语法。例如，语句后需要加英文分号“;”，表示是一个语句。

在编写代码时要严格按照 C++的语法进行编写，需要加标识符或符号的地方必须加，不需要加的地方一定不能加，否则编译器就会发现错误并进行警告。

语法错误是初学者最容易犯的一种错误。因为初学者不熟悉 C++语法，所以难免会在编写代码时多用或少用一些关键的符号或标识符。

【示例 17-1】下面演示代码编写时常见的一些语法错误，其错误提示如图 17.1 所示。

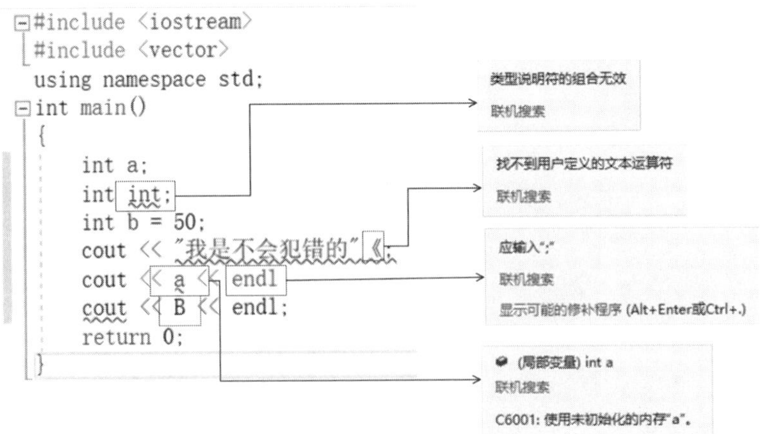

图 17.1　错误提示

如果在编写代码时出现语法错误，一般都会在对应的代码下方出现红色波浪线进行提示，当鼠标移到对应代码下会弹出具体错误的原因。如果运行该代码，会在编译器的错误列表中详细输出具体的错误信息，如表 17.1 所示。

表 17.1　错误信息

严 重 性	代　　码	说　　明	文　　件	行
错误（活动）	E0084	类型说明符的组合无效	E:\ ConsoleApplication2.cpp	7
错误（活动）	E2486	找不到用户定义的文本运算符	E:\ ConsoleApplication2.cpp	9
错误（活动）	E0065	应输入“;”	E:\ ConsoleApplication2.cpp	11
警告	C6001	使用未初始化的内存“a”	E:\ ConsoleApplication2.cpp	8
错误	C2632	“int”后面的“int”非法	E:\ ConsoleApplication2.cpp	7
警告	C4091	“”：没有声明变量时忽略“int”的左侧	E:\ ConsoleApplication2.cpp	7
错误	C3873	“0x300a”：不允许将此字符作为标识符的第一个字符	E:\ ConsoleApplication2.cpp	9
错误	C3688	文本后缀“《”无效；未找到文本运算符或文本运算符模板“operator """"《”	E:\ ConsoleApplication2.cpp	9
错误	C2146	语法错误：缺少“;”(在标识符“cout”的前面)	E:\ ConsoleApplication2.cpp	11
错误	C2065	“B”：未声明的标识符	E:\ ConsoleApplication2.cpp	11

常见的语法错误一般为标识符编写错误、忘记初始化变量、语句缺少英文分号、忘记区分大小写等。如果是新手，一定要注意这些问题。在编写程序时，要时刻清楚自己编写的某行代码的具体含义是什么，编写的是变量、语句还是其他结构，这样能最大限度地避免语法错误。

在 C++语言中定义任何对象都是有固定的语法形式的，所以一定要按照固定的格式进行定义，不要异想天开或自由发挥，以减少这类低级的语法错误。

17.1.2　逻辑错误

逻辑错误是指程序存在逻辑上的缺陷，引起程序运行后得不到所期望的结果。逻辑错误是编译器无法发现的，因为编写的代码完全符合 C++语法。

简单理解，就像发送快递，如果你在填写地址和电话时，地址无法查到，电话只写了 10 位，则快递公司会发现地址和电话的错误，当时就会提醒你，地址和电话错误，无法发送，这属于 C++中的语法错误。

如果你本身给小 A 发送快递，结果却填写了小 B 的地址和电话，则这种错误快递公司是无法发现的。这就属于逻辑错误。这种错误是完全超出正常逻辑的，但是却又符合填写快递信息的“语法”规则。

所以，逻辑错误是十分难以发现的，需要根据运行结果具体的偏差去逐行检查代码，查看逻辑错误具体出现的地方，然后加以更正。

【示例 17-2】下面编写一段有逻辑错误的代码，本意要输出奇数，最后却输出了偶数。

```
#include <iostream>
using namespace std;
int main()
```

```
{
    int a=0;
    cout << "100 以内的奇数为：" << endl;
    for (int i = 1; i <= 100; i++)
    {
        if(i%2==0)
          cout << i << ",";
    }
    cout << endl;
    return 0;
}
```

程序运行结果如下。

```
100 以内的奇数为：
2,4,6,8,10,12,14,16,18,20,22,24,26,28,30,32,34,36,38,40,42,44,46,48,50,52,54,56,58,60,62,64,66,68,70,72,74,
76,78,80,82,84,86,88,90,92,94,96,98,100,
```

从运行结果中可以看出，虽然可以正常输出结果，但是并没有输出 100 以内的奇数，而是输出了 100 以内的偶数。这种情况就属于逻辑错误，需要找到判读奇偶数的主要代码“if(i%2==0)”，这里出现了逻辑错误，需要改为代码“if(i%2!=0)”即可输出奇数。修改后再次运行代码，结果如下。

```
100 以内的奇数为：
1,3,5,7,9,11,13,15,17,19,21,23,25,27,29,31,33,35,37,39,41,43,45,47,49,51,53,55,57,59,61,63,65,67,69,71,73,7
5,77,79,81,83,85,87,89,91,93,95,97,99,
```

对于逻辑错误，最直接的方法是从运行结果分析逻辑出错的关键点，然后找到对应代码即可解决。

17.1.3 运行错误

运行错误属于逻辑错误的一种，一般是指代码可以编译，但是在运行过程中出现错误，如除数为 0、内存分配失败、数组越界、文件不存在等。C++异常（Exception）机制就是为解决运行时错误而引入的。

【示例 17-3】下面代码输出两个值的商。

```
#include <iostream>
using namespace std;
int main()
{
    int a = 0;
    int b = 0;
    cout << "请输出两个数" << endl;
    cin >> a >> b;
    cout << "两个数的商为：" << a/ b << endl;
    cout << endl;
    return 0;
}
```

运行程序后，当在命令行窗口中输入的第 2 个数字为 0 时，就会出现错误提示，如图 17.2 所示。

图 17.2　错误提示

这是因为在除法运算中除数不能为 0，如果为 0 就会出现异常错误，这种错误就属于运行错误。代码在编译时没有问题，在运行时会出现问题。

针对这种异常可以使用断言函数（assert()）实现对应错误的输出。assert 是标准 C++中的宏，assert 宏的原型定义在<assert.h>中，其语法形式如下。

```
assert(expression);
```

执行时先测试逻辑表达式 expression，若 expression 的值为 0，则中断执行并打印一段说明消息，否则执行 assert 后面的语句。

添加断言函数 assert()后，代码如下。

```
#include <iostream>
#include <assert.h>
using namespace std;
int main()
{
    int a = 0;
    int b = 0;
    cout << "请输出两个数" << endl;
    cin >> a >> b;
    assert(b != 0);
    cout << "两个数的商为：" << a / b << endl;
    cout << endl;
    return 0;
}
```

程序运行结果如下。

```
请输出两个数
5 0
Assertion failed: b != 0, file E:\c++code\ConsoleApplication2\ConsoleApplication2.cpp, line 10
```

17.2　异常处理

异常是指程序在运行过程中，由于使用环境的变化及用户的操作而产生的错误，因此异常可以认为是错误的狭义概念。异常处理是在程序设计过程中，针对可预测的异常编制相应的预防代码或处理代码，以防异常发生后造成严重后果。

17.2.1 基本思想

异常是在程序运行过程中遇到的。例如，我们在玩游戏的时候，有时会遇到游戏闪退；在使用一些日常软件时会遇到程序无响应，在使用计算机时有时会遇到蓝屏现象，这些都是程序在运行过程中出现了异常。

异常的出现往往不在程序员的预料范围之内，所以，为了尽可能避免异常的出现，一方面程序员需要在编写代码时，尽可能完善代码的功能，避免有漏洞；另一方面要对容易出现错误的地方做一些预防处理，就算无法解决异常也会通过消息告知用户或程序员，程序出现了异常，需要重启或发送邮件进行反馈。

例如，处理除数为 0 的问题，可以使用上面的断言函数 assert()输出异常，也可以通过完善代码避免异常。

【示例 17-4】下面通过完善代码，减少程序漏洞错误。

```
#include <iostream>
using namespace std;
int main()
{
    double a = 0;
    double b = 0;
    do                              //增加判断
    {
        cout << "请输出两个数，第 2 个数不可以为 0" << endl;
        cin >> a >> b;
        if (b == 0)
        {
            cout << "第 2 个数不可以为 0，请重新输入" << endl;
        }
    } while (b == 0);               //如果输入的第 2 个数为 0，需要重新输入

    cout << "两个数的商为：" << a/b << endl;
    cout << endl;
    return 0;
}
```

程序运行结果如下。

```
请输出两个数，第 2 个数不可以为 0
5 0
第 2 个数不可以为 0，请重新输入
请输出两个数，第 2 个数不可以为 0
5.5 6.5
两个数的商为：0.846154
```

代码中完善了对输入数据的判断，这样就避免了在输入时因为数据不符导致的运行错误。在实际开发中也常常会考虑对异常的预防。

例如，为了密码安全，避免因为密码过于简单导致数据丢失的问题，官方会要求你输入的密码包括大写字母、特殊符号、数字三种内容。如果输入的密码不符合这三个条件，就需要不断重新输入。这样，强制使用复杂的密码形式，提高了密码安全，从而便于程序员对后台的维护及提高客户数据的安全性。

对于可以预见的错误或功能缺陷，程序员可以通过完善代码来处理。但是对于一些无法预见，但是在运行中可能会因为运行环境或用户操作导致的问题，就需要使用系统关键字进行预防。

C++异常处理机制会涉及 try、catch、throw 三个关键字，在恰当的位置添加对应的关键字，可以将程序运行时出现的异常信息告知用户或程序员。

17.2.2　抛出异常

异常的处理流程是抛出（throw）→检测（try）→捕获（catch）。因此遇到异常首先要实现抛出，并且必须是显式地抛出，才能被检测和捕获到。如果没有显式地抛出，即使有异常也检测不到。

在 C++中，使用 throw 关键字来显式地抛出异常，其语法形式如下。

```
throw exceptionData;
```

其中，exceptionData 是“异常数据”的意思，它可以包含任意的信息，完全由程序员决定。

【示例 17-5】使用 throw 关键字输出指定的异常信息。

```
#include <iostream>
#include <string>
using namespace std;
int information()
{
    cout << "字母只有 26 个，你输入的数字超出了范围" << endl;
    return 0;
}
int main() {
    string str = "abcdefghijklmnopqrstuvwxyz";
    int i=0 ,j= 0;
    while(j<3)
    {
        cout << "输入想要输出 26 个字母中的第几个字母" << endl;
        cin >> i;
        if (i > 26 || i < 1)
        {
            throw information();    //输出异常信息
        }
        char ch1 = str[i];
        cout <<"26 个字母中第"<<i<<"个字母为：" <<ch1 << endl;
    }
    return 0;
}
```

程序运行结果如下。

```
输入想要输出 26 个字母中的第几个字母
5
26 个字母中第 5 个字母为：e
输入想要输出 26 个字母中的第几个字母
6
26 个字母中第 6 个字母为：f
输入想要输出 26 个字母中的第几个字母
55
字母只有 26 个，你输入的数字超出了范围
```

在输入 55 时，命令行窗口输出了指定的错误信息，并且编译器也会抛出异常信息，如图 17.3 所示。

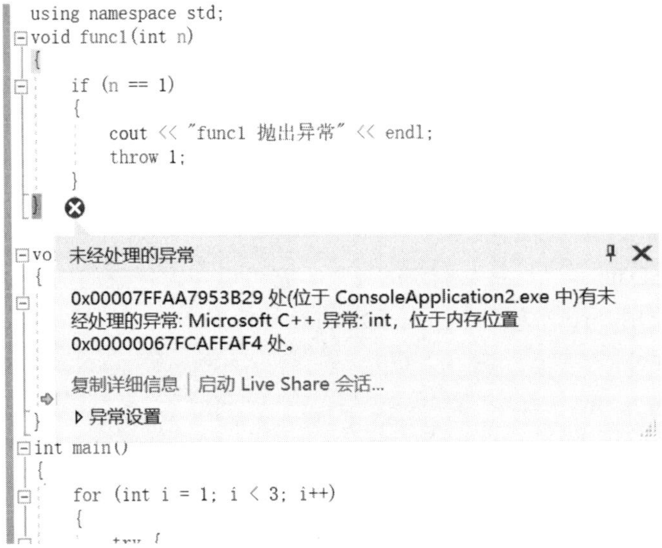

图 17.3　错误信息

17.2.3　捕获异常

如果一个函数抛出一个异常，它必须假定该异常能被捕获和处理。正如前面提到的，允许将一个问题集中在一处解决，这也正是 C++语言异常处理的一个优点。

在 C++中，提供了语句 try…catch 来捕获异常，其语法形式如下。

```
try{
    //可能抛出异常的语句
}catch(exceptionType variable){
    //处理异常的语句
}
```

try 和 catch 都是 C++中的关键字，后跟语句块，不能省略花括号（{}）。try 语句块包含可能会抛出异常的语句，一旦有异常抛出就会被后面的 catch 捕获。catch 关键字后面的 exceptionType variable 指明了当前 catch 可以处理的异常类型，以及具体的出错信息。

try 可以检测语句块有没有异常，如果没有发生异常，就检测不到。catch 用来捕获并处

理 try 检测到的异常；如果 try 语句块没有检测到异常，那么就不会执行 catch 中的语句。

exceptionType 是异常类型，它指明了当前的 catch 可以处理什么类型的异常；variable 是一个变量，用来接收异常信息。

在 C++语言中，异常类型可以是 int、char、float、bool 等基本类型，也可以是指针、数组、字符串、结构体、类等聚合类型。

exceptionType variable 和函数的形参非常类似，当异常发生后，会将异常数据传递给 variable，与函数传参的过程类似。

【示例 17-6】下面实现捕获对应异常并抛出对应异常。

```
#include <iostream>
using namespace std;
void func1(int n)
{
    if (n == 1)
    {
        cout << "func1 抛出异常" << endl;
        throw 1;
    }
}

void func2(int n)
{
    if (n == 2)
    {
        cout << "func2 抛出异常" << endl;
        throw 2;
    }
}
int main()
{
    for (int i = 1; i < 3; i++)
    {
        try {
            func1(i);
            func2(i);
        }
        catch (int)
        {
            cout << "捕捉到 int 类型的异常" << endl;
        }
    }
 return 0;
}
```

程序运行结果如下。

```
func1 抛出异常
捕捉到 int 类型的异常
```

```
func2 抛出异常
捕捉到 int 类型的异常
```

从运行结果中可以看出，当抛出异常被捕获到时，程序会对异常进行处理。如果返回的异常类型不符，只会抛出异常。由于抛出异常后没有对异常进行处理，所以从抛出异常的代码处开始，后续代码不会继续运行，只能关闭程序。下面对代码进行修改，如下所示。

```
#include <iostream>
using namespace std;
void func1(int n)
{
    if (n == 1)
    {
        cout << "func1  抛出异常" << endl;
        throw 1;
    }
}

void func2(int n)
{
    if (n == 2)
    {
        cout << "func2  抛出异常" << endl;
        throw 2;
    }
}
int main()
{
    for (int i = 1; i < 3; i++)
    {
        try {
            func1(i);
            func2(i);
        }
        catch (char)
        {
            cout << "捕捉到 int 类型的异常" << endl;
        }
    }
 return 0;
}
```

程序运行结果如下。

```
func1  抛出异常
```

运行结果抛出了异常，但是没有被捕获。所以，编译器会直接抛出一个 int 异常，然后需要关闭程序。抛出异常的后续代码没有被执行，如图 17.4 所示。

图 17.4　抛出异常程序中断

17.2.4　多级 catch

一个 try 语句可以对应多个 catch 语句，其语法形式如下。

```
try{
    //可能抛出异常的语句
}catch (exception_type_1 e){
    //处理异常的语句
}catch (exception_type_2 e){
    //处理异常的语句
}
//其他的 catch
catch (exception_type_n e){
    //处理异常的语句
}
```

当异常发生时，程序会按照从上到下的顺序，将异常类型和 catch 所能接收的类型逐个匹配。一旦找到类型匹配的，就停止检索，并将异常交给当前的 catch 处理（其他的 catch 不会被执行）。如果最终也没有找到匹配的 catch，就只能交给系统处理，终止程序的运行。

【示例 17-7】下面根据抛出的异常类型不同，选择对应的捕获方式。

```
#include <iostream>
using namespace std;
void func1(int n)
{
    if (n == 1)
    {
        cout << "func1  抛出异常" << endl;
        throw 1;
```

```
        }
    }
    void func2(int n)
    {
        if (n == 2)
        {
            cout << "func2  抛出异常" << endl;
            throw 2.5;
        }
    }
    int main()
    {
        for (int i = 1; i < 3; i++)
        {
            try {
                func1(i);
                func2(i);
            }
            catch (int)
            {
                cout << "捕获到 int 类型的异常" << endl;
            }
            catch (double)
            {
                cout << "捕获到 double 类型的异常" << endl;
            }
        }
     return 0;
    }
```

程序运行结果如下。

```
func1  抛出异常
捕获到 int 类型的异常
func2  抛出异常
捕获到 double 类型的异常
```

从运行结果中可以看出，根据抛出异常的异常类型，捕获异常的 catch 会做出对应的处理。捕获到 int 类型的，就执行 int 异常类型对应的语句；捕获到 double 类型的，就执行 double 类型对应的语句。

17.2.5 C++标准异常的基类 exception 类

C++语言本身或标准库抛出的异常都是 exception 的子类，称为标准异常（Standard Exception）。该类的继承关系如图 17.5 所示。

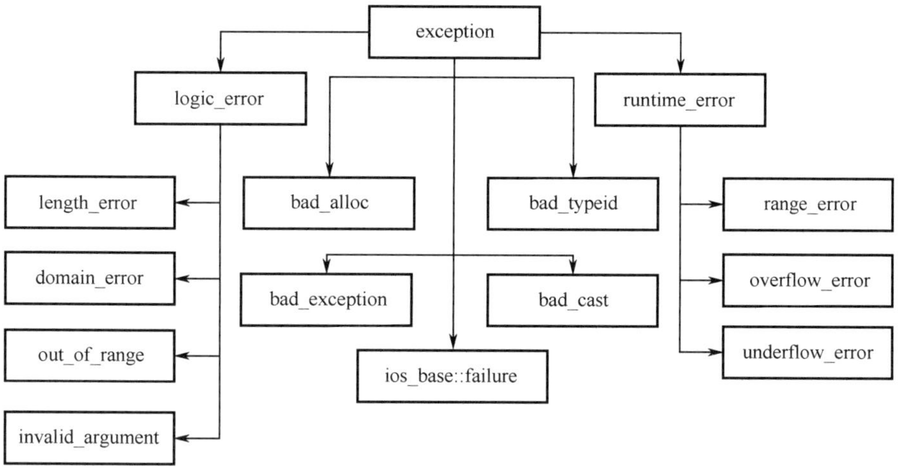

图 17.5　exception 类的继承关系

exception 的直接派生类如表 17.2 所示。

表 17.2　exception的直接派生类

类　名	功　能
logic_error	逻辑错误
runtime_error	运行时错误
bad_alloc	使用 new 或 new[ ]分配内存失败时抛出的异常
bad_typeid	使用 typeid 操作一个 NULL 指针，而且该指针是带有虚函数的类，这时抛出 bad_typeid 异常
bad_cast	使用 dynamic_cast 转换失败时抛出的异常
ios_base::failure	io 过程中出现的异常
bad_exception	这是个特殊的异常。当函数的异常列表里声明了 bad_exception 异常，并且函数内部抛出了异常列表中没有的异常时，调用的 unexpected()函数抛出的异常都会被替换为 bad_exception 类型

logic_error 派生类如表 17.3 所示。

表 17.3　logic_error派生类

类　名	功　能
length_error	试图生成一个超出该类型最大长度的对象时抛出该异常
domain_error	参数的值域错误，主要用在数学函数中
out_of_range	超出有效范围
invalid_argument	参数不合适。当利用 string 对象构造 bitset，而 string 中的字符不是 0 或 1 时，抛出该异常

runtime_error 派生类如表 17.4 所示。

图 17.4　runtime_error派生类

类　名	功　能
range_error	计算结果超出了有意义的值域范围
overflow_error	算术计算上溢
underflow_error	算术计算下溢

使用 try…catch 语句可以捕获所有标准异常，语法形式如下。

```
try{
    //可能抛出异常的语句
}catch(exception &e){
    //处理异常的语句
}
```

【示例 17-8】下面实现抛出异常为 exception 类的对象。

```
#include <iostream>
#include <exception>
using namespace std;
void func (int n)
{
    exception e;
    if (n == 1)
    {
        cout << "func  抛出异常" << endl;
        throw e;
    }
}
int main()
{
    for (int i = 1; i < 3; i++)
    {
        try {
            func(i);
        }
        catch (exception & e) {
            cout << "处理异常" << endl;
        }
    }
    return 0;
}
```

程序运行结果如下。

```
func  抛出异常
处理异常
```

从运行结果中可以看出，当抛出的异常为类的对象时，就会被 catch 捕获。

17.3 小　　结

通过本章的学习，读者需要了解以下内容。

- 程序的错误分为编译错误、逻辑错误及运行错误三类。
- 编译错误也称语法错误，是指在编写的代码中出现了语法错误，这样的错误通常会被编译器发现，出现提示信息。
- 逻辑错误是指程序存在逻辑上的缺陷，引起程序运行后得不到所期望的结果。逻辑错误是编译器无法发现的。

- 运行错误属于逻辑错误的一种，一般是指代码可以编译，但是在运行过程中出现错误。
- 异常是指程序在运行过程中，由于使用环境的变化及用户的操作而产生的错误。
- 异常处理是在程序设计过程中，针对可预测的异常编制相应的预防代码或处理代码，以防异常发生后造成严重后果。
- C++语言本身或标准库抛出的异常都是 exception 的子类，称为标准异常（Standard Exception）。
- 异常的处理流程是抛出（throw）→检测（try）→捕获（catch）。
- 异常类型可以是 int、char、float、bool 等基本类型，也可以是指针、数组、字符串、结构体、类等聚合类型。

17.4 习　　题

一、填空题

1. 编程中大体可以将程序的错误分为_____、_____和_____。
2. 编译错误也称_____，这样的错误通常会被编译器发现，出现提示信息。
3. 异常的处理流程是_____→_____→_____。

二、选择题

1. 捕获异常使用关键字（　　）。
   A. try　　B. catch　　C. float　　D. variable
2. 抛出异常使用关键字（　　）。
   A. try　　B. float　　C. throw　　D. assert
3. 检测异常使用关键字（　　）。
   A. try　　B. catch　　C. float　　D. variable

第 18 章 文 件

文件就是在计算机硬盘中存放的数据。这些数据包括下载的电影、音乐、文本文档、电子书、图片、安装软件时产生的文件及系统的文件等。本章将详细讲解 C++语言对文件的处理。

18.1 文件概述

内存中的数据只是临时数据，处理完成后就会消失，所以需要将数据存放在硬盘中。这些存放在硬盘中的数据就是文件，可以实现数据的长时间保存。在 C++中，把数据看作一连串的字符流或二进制流，从而形成的文件称为流式文件。

18.1.1 文件数据处理过程

文件是独立存储的数据，每一个文件都有自己的名字。文件以文本形式或二进制形式存放在硬盘中。当打开对应的文件时，文件会被系统直接读取到内存中，然后再被依次转入寄存器，由 CPU 进行处理。处理完成后的数据再返回内存，最后永久存储在硬盘中，如图 18.1 所示。

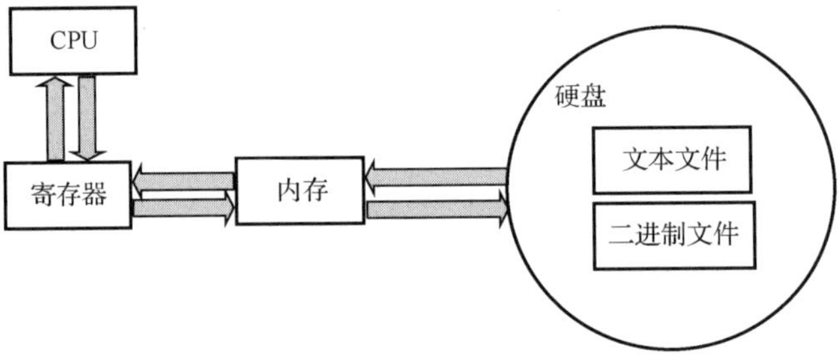

图 18.1 文件数据处理过程

在使用 C++语言对文件进行处理时，也需要遵循这样的过程。C++处理文件数据过程如图 18.2 所示。

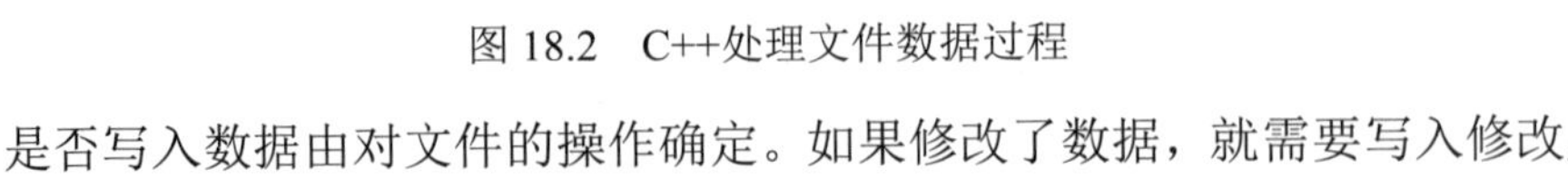

图 18.2 C++处理文件数据过程

其中，是否写入数据由对文件的操作确定。如果修改了数据，就需要写入修改后的数据；如果只是读取数据，就不需要对文件进行写入。

在编写代码打开指定文件时，需要对是否成功打开文件进行判断，因为我们无法确定文件是否真的存在，是否存在异常。使用 C++代码处理文件数据的流程图如图 18.3 所示。

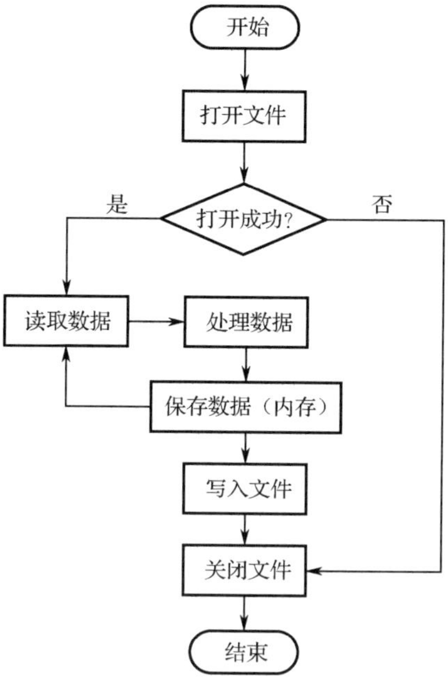

图 18.3　文件数据处理流程图

18.1.2　文件分类

按照文件的功能，可以将文件分为文本文件、视频文件、音频文件、图像文件、可执行文件等多种类别。按照数据存储方式，可以将文件分为文本文件和二进制文件。

文本文件是按照各种文本码值进行编码的文件，可以用字处理软件建立和修改，并且以纯文本的方式进行保存，后缀名为.txt，如图 18.4 所示。

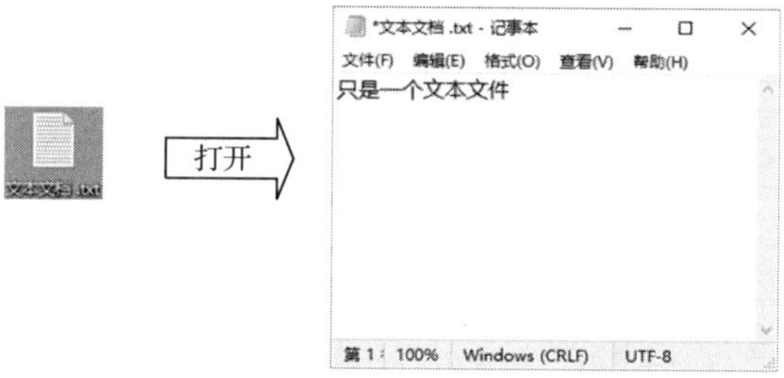

图 18.4　文本文件

除文本文件外，所有的文件都会以二进制形式进行保存，从而形成二进制文件。这类文件在计算机进行数据处理时不需要转换，直接可以被内存读取然后进行处理。以二进制方式存放文件，不但方便内存读取，而且在处理数据时速度更快，节约大量存储空间。

例如，图片以二进制形式存放在计算机中。打开一个图片文件，图片会以二进制形式在内存中处理，然后通过计算机的屏幕显示打开的图片。如果用记事本打开一张图片，则会看到一堆乱码，如图 18.5 所示。

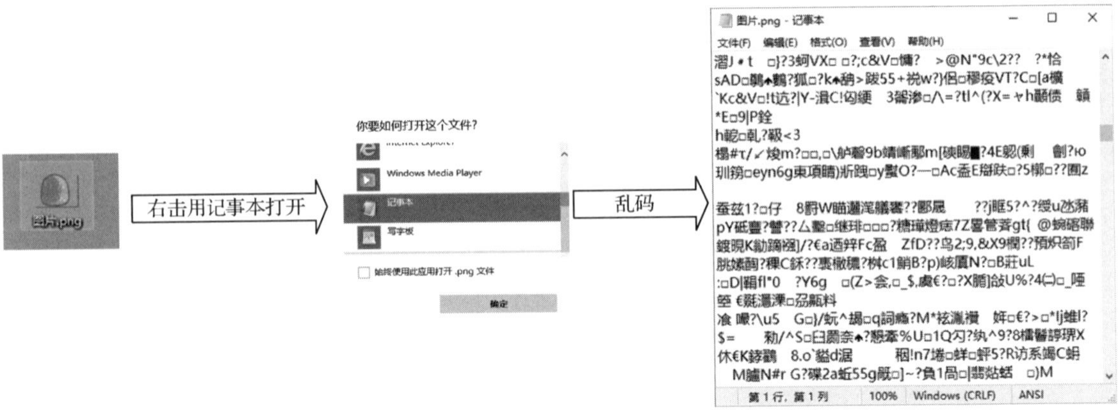

图 18.5　用记事本打开图片

18.1.3　文件存取方式

文件存取方式是指文件数据存储与获取的方式。存储文件数据称为存储文件，获取文件数据称为读取文件。文件的存取方式包含以下两种。

1. 顺序存取

顺序存取是指打开文件后，从文件头开始，依次按照顺序对文件进行读取或写入操作。也就是说，使用顺序存取方式对文件进行操作时必须找到文件头，然后依照顺序对数据进行访问。这种方式访问的文件中的数据结点只在逻辑上相连。例如，链表结构的数据顺序存取如图 18.6 所示。

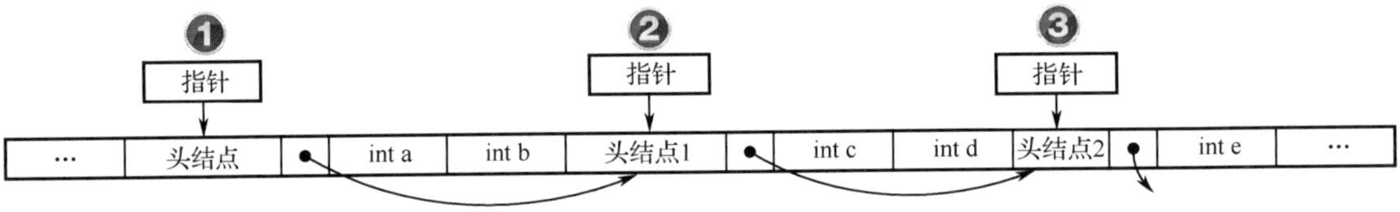

图 18.6　顺序存取

2. 直接存取

直接存取又称随机存取，是指直接指定存取文件的具体结点位置，无须访问其他结点。这种方式访问的文件中的数据结点在物理上相连。例如，数组型的数据直接存取如图 18.7 所示。

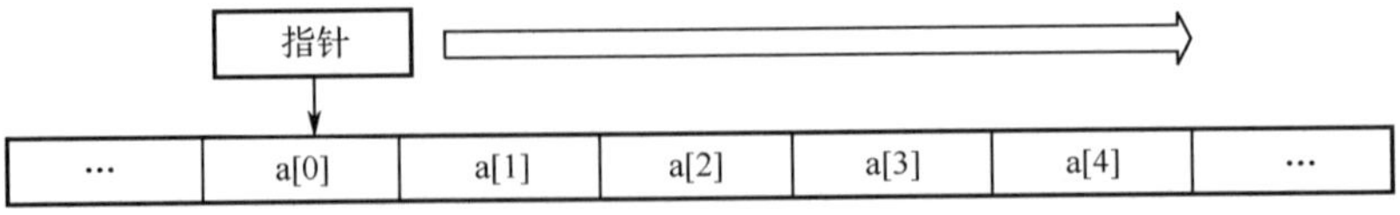

图 18.7　直接存取

18.1.4　处理文件流的类

C++语言标准库中还专门提供了以下三个文件流类用于对文件进行操作。

- ❑ ifstream：专门用于从文件中读取数据。
- ❑ ofstream：专门用于向文件中写入数据。
- ❑ fstream：既可用于从文件中读取数据，又可用于向文件中写入数据。

三个文件流类都位于<fstream>头文件中，在使用它们之前，应先引入此头文件。三个文件流类的继承关系如图 18.8 所示。

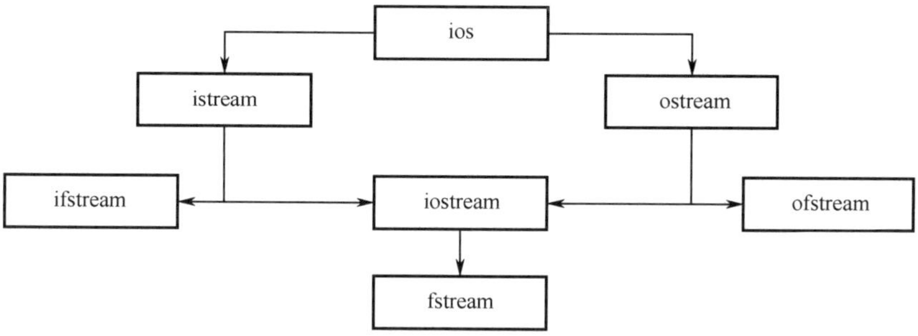

图 18.8 三个文件流类的继承关系

fstream 类拥有 ifstream 和 ofstream 类中所有的成员方法。fstream 类中常用的成员函数如表 18.1 所示。

表 18.1 fstream类中常用的成员函数

成员方法名	适用类对象	功 能
open()	fstream、ifstream、ofstream	打开指定文件，使其与文件流对象相关联
is_open()		检查指定文件是否已打开
close()		关闭文件，切断和文件流对象的关联
swap()		交换两个文件流对象
operator>>	fstream、ifstream	重载>>运算符，用于从指定文件中读取数据
gcount()		返回上次从文件流提取出的字符个数。该函数常和 get()、getline()、ignore()、peek()、read()、readsome()、putback()和 unget()联用
get()		从文件流中读取一个字符，同时该字符会从输入流中消失
getline(str,n,ch)		从文件流中接收 n-1 个字符给 str 变量，当遇到指定 ch 字符时会停止读取，默认情况下 ch 为“\0”
ignore(n,ch)		从文件流中逐个提取字符，但提取出的字符被忽略，不使用，直至提取出 n 个字符，或者当前读取的字符为 ch
peek()		返回文件流中的第一个字符，但并不是提取该字符
putback(c)		将字符“c”置入文件流（缓冲区）
operator<<	fstream、ofstream	重载<<运算符，用于向文件中写入指定数据
put()		向指定文件流中写入单个字符
write()		向指定文件中写入字符串
tellp()		用于获取当前文件输出流指针的位置
seekp()		设置输出文件输出流指针的位置
flush()		刷新文件输出流缓冲区

续表

成员方法名	适用类对象	功　　能
good()	fstream、ofstream、ifstream	操作成功，没有发生任何错误
eof()		到达输入末尾或文件尾

18.2　文件的打开与关闭

在 C++中，要进行文件的输入/输出，必须先创建一个流，再把这个流与文件相关联，即打开文件。打开文件需要使用 open()函数。完成输入/输出操作后，还要关闭文件。关闭文件要使用 close()函数。

18.2.1　文件的关闭

文件使用后，必须将其关闭，否则可能导致数据的丢失。关闭文件就是将文件与流的联系断开，用函数 close()完成。该函数也是流类中的成员函数，没有参数，没有返回值，其语法形式如下。

```
close();
```

该函数的调用语法如下。

```
对象名.close();
```

注意： 文件在打开后必须关闭。

18.2.2　文件的打开

在对文件进行读写操作之前，先要打开文件。打开文件时需要建立文件与文件流对象的关联，并且要指明文件的使用方式。使用方式有只读、只写、既读又写、在文件末尾添加数据、以文本方式使用、以二进制方式使用等多种。

打开文件有以下两种方式。

1．使用 open()函数打开文件

open()函数为三个文件流的成员函数，其调用语法如下。

```
void open(const char*   FileName, int mode)
```

其中，FileName 是指向文件名的指针名，mode 是文件的打开模式标记。文件的打开模式标记代表文件的使用方式，这些标记可以单独使用，也可以组合使用。常用的模式标记如表 18.2 所示。

表 18.2　常用的模式标记

模 式 标 记	适 用 对 象	功　　能
os::in	ifstream、fstream	打开文件用于读取数据。如果文件不存在，则打开出错
ios::out	ofstream、fstream	打开文件用于写入数据。如果文件不存在，则新建该文件；如果文件原来就存在，则打开时清除原来的内容

续表

模式标记	适用对象	功　能
ios::app	ofstream、fstream	打开文件，用于在其尾部添加数据。如果文件不存在，则新建该文件
ios::ate	ifstream	打开一个已有的文件，并将文件读指针指向文件末尾。如果文件不存在，则打开出错
ios:: trunc	ofstream	打开文件时会清空内部存储的所有数据，单独使用时与 ios::out 相同
ios::binary	ifstream、ofstream、fstream	以二进制方式打开文件。若不指定此模式，则以文本模式打开
ios::in | ios::out	fstream	打开已存在的文件，既可读取其内容，又可向其写入数据。文件刚打开时，原有内容保持不变。如果文件不存在，则打开出错
ios::in | ios::out	ofstream	打开已存在的文件，可以向其写入数据。文件刚打开时，原有内容保持不变。如果文件不存在，则打开出错
ios::in | ios::out | ios::trunc	fstream	打开文件，既可读取其内容，又可向其写入数据。如果文件本来就存在，则打开时清除原来的内容；如果文件不存在，则新建该文件

在流对象上执行 open()成员函数，给出文件名和打开模式，就可以打开文件。判断文件打开是否成功，可以判断“对象名”这个表达式的值是否为 true。如果为 true，则表示文件打开成功。

【示例 18-1】下面使用不同的类，打开指定的文件。

```
#include <iostream>
#include <fstream>
using namespace std;
int main()
{
    ifstream inFile;                        //创建流对象
    inFile.open("E:\\01.txt", ios::in);     //以只读方式打开文件
    if (inFile)                             //条件成立，则说明文件打开成功
    {
        cout << "文件打开成功" << endl;
        inFile.close();
    }
    else
    {
        cout << "文件不存在" << endl;
    }
    return 0;
}
```

程序运行结果如下。

```
文件打开成功
```

从运行结果中可以看出，在 E 盘的根目录中成功打开了 01.txt 文件，然后使用语句“inFile.close();”关闭该文件。

【示例 18-2】下面使用 ios::out 模式打开并不存在的 02.txt 文件。

```
#include <iostream>
#include <fstream>
using namespace std;
```

```
int main()
{
    ifstream inFile;                            //创建流对象
    inFile.open("E:\\02.txt", ios::in);         //以只读方式打开文件
    if (inFile)                                 //条件成立，则说明文件打开成功
    {
        cout << "文件打开成功" << endl;
        inFile.close();
    }
    else
    {
        cout << "文件不存在" << endl;
    }
    ofstream outFile;
    outFile.open("E:\\02.txt", ios::out);       //以 out 方式打开文件
    if (outFile)                                //条件成立，则说明文件打开成功
    {
        cout << "文件打开成功" << endl;
        outFile.close();
    }
    else
    {
        cout << "文件不存在" << endl;
    }
    return 0;
}
```

程序运行结果如下。

```
文件不存在
文件打开成功
```

本身在 E 盘的根目录下是没有 02.txt 文件的，所以使用语句“inFile.open("E:\\02.txt", ios::in);”打开文件失败。然后语句“outFile.open("E:\\02.txt", ios::out);”表示使用 ofstream 类的 ios::out 模式打开指定文件后，会创建一个 02.txt 文件，所以打开成功。

【示例 18-3】下面使用 ios::in | ios::out | ios::trunc 混合模式打开文件 E 盘根文件 01.txt。01.txt 文件中的内容为“01 文本文档”。

```
#include <iostream>
#include <fstream>
using namespace std;
int main()
{
    fstream tFile;                                              //创建流对象
    tFile.open("E:\\01.txt", ios::in | ios::out | ios::trunc);  //以混合方式打开文件
    if (tFile)                                                  //条件成立，则说明文件打开成功
    {
        cout << "文件打开成功" << endl;
        tFile.close();
    }
```

```
    else
    {
        cout << "文件不存在" << endl;
    }

    return 0;
}
```

程序运行结果如下。

```
文件打开成功
```

因为 fstream 类的混合模式 ios::in | ios::out | ios::trunc 首先会寻找指定文件 01.txt，因为该文件存在，所以不会创建，但是会清除文件中的内容后再打开。所以，程序运行后 01.txt 文件中的内容为空，如图 18.9 所示。

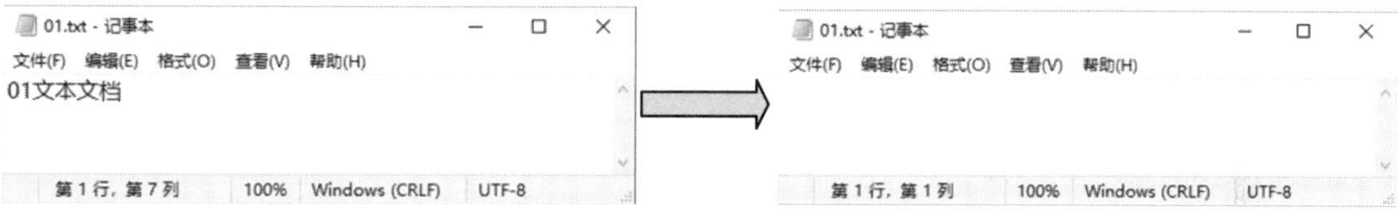

图 18.9 01.txt 文件

2. 使用流类的构造函数打开文件

定义流对象时，在构造函数中给出文件名和打开模式也可以打开文件。其语法形式如下。

```
类名(文件路径,模式,int)
```

其中，第三个参数是整型的，也有默认值，一般极少使用。

【示例 18-4】下面在定义流对象时使用文件名打开指定文件。

```
#include <iostream>
#include <fstream>
using namespace std;
int main()
{
    ifstream inFile("E:\\01.txt", ios::in);
    if (inFile)
    {
        cout << "文件打开成功" << endl;
        inFile.close();
    }
    else
        cout << "文件打开失败" << endl;

    return 0;
}
```

程序运行结果如下。

```
文件打开成功
```

注意：虽然在定义流对象时直接打开指定文件，但是也需要关闭指定文件。

18.3 文件的顺序读/写

文件的读/写方式主要包括顺序读/写和随机读/写两种。顺序读/写文件方式又可以细分为文本形式读/写文件和二进制形式读/写文件。下面依次讲解这两种方式。

18.3.1 文本文件的读/写

读/写文本文件需要使用输入流运算符（>>）和输出流运算符（<<）。fstream 或 ifstream 类负责对文件的读取，它们内部对输入流运算符（>>）做了重载。当 fstream 或 ifstream 类对象打开文件之后，就可以直接使用输入流运算符（>>）读取文件中存储的字符（或字符串）。

读取文件是指将从文件中读取的数据写入变量中，所以使用的是输入流运算符。

【示例 18-5】下面使用输入流运算符读取文件，并打印到屏幕中。

```
#include <iostream>
#include <fstream>
using namespace std;
int main()
{
    char ch[20];
    fstream inFile("E:\\01.txt", ios::in);        //以只读方式打开文件
    if (inFile)
    {
        cout << "文件打开成功" << endl;
    }
    else
    {
        cout << "文件打开失败" << endl;
    }
    inFile >> ch;                                 //读取文件中字符串到字符数组 ch
    cout << ch << endl;                           //打印 ch 到屏幕上
    inFile.close();                               //关闭文件
    return 0;
}
```

程序运行结果如下。

```
文件打开成功
abcdef
```

fstream 和 ofstream 类还负责实现对文件的写入，它们对输出流运算符（<<）做了重载。当 fstream 或 ofstream 类对象打开文件后，可以直接使用输出流运算符（<<）向文件中写入字符（或字符串）。

写入文件是指将数据输出到文件中，所以使用的是输出流运算符。

【示例 18-6】下面使用输出流运算符向文件写入数据，并输出数据到屏幕上。

```
#include <iostream>
#include <fstream>
#include <string>
```

```
using namespace std;
int main()
{
    string s = {"helloworld！ "};
    int a = 10;
    char b = 'H';
    fstream outFile("E:\\01.txt",ios::out);          //以写入方式打开文件
    if (!outFile)                                     //返回值为 false 表示打开文件失败
    {
        cout << "文件打开失败" << endl;
    }
    outFile << a<<b<<s;                               //写入文件
    outFile.close();                                  //关闭文件
    fstream inFile("E:\\01.txt", ios::in);            //以只读方式打开文件
    int c ;
    char d;
    string v;
    if (!inFile)                                      //返回值为 false 表示打开文件失败
    {
        cout << "文件打开失败" << endl;
    }
    inFile >> c;
    inFile >> d;
    inFile >> v;
    cout << c << "    " << d << "    " <<v<< endl;
    inFile.close();                                   //关闭文件
    return 0;
}
```

程序运行结果如下。

```
10   H   helloworld！
```

在代码中分别使用了输出流运算符（<<）和输入流运算符（>>）实现数据的写入和读取。

18.3.2 二进制文件的读/写

二进制文件的优点是可以根据数据的大小占用对应的空间，这样可以提高空间的利用率。要实现以二进制形式读/写文件，需要使用 C++标准库专门提供的 read()和 write()成员函数。read()函数用于以二进制形式从文件中读取数据，write()函数用于以二进制形式向文件写入数据。

read()函数是 ifstream 类和 fstream 类的成员函数，都继承自 istream 类。该函数可以从文件中读取 n 字节的数据到 buffer 指向的变量、对象等，其语法形式如下。

```
istream & read(char* buffer, int n);
```

其中，buffer 用于指定读取字节的起始位置；n 指定读取的字节数。该函数也会返回一个调用该函数的对象的引用。

read()函数从文件读指针指向的位置开始读取若干字节。所谓文件读指针，可以理解为是 ifstream 或 fstream 对象内部维护的一个变量。

文件刚打开时，文件读指针指向文件的开头或文件末尾，具体由打开方式决定。用 read()函数读取 n 字节，读指针指向的位置就向后移动 n 字节。因此，打开一个文件后连续调用 read()函数，就能将整个文件的内容读取出来，如图 18.10 所示。

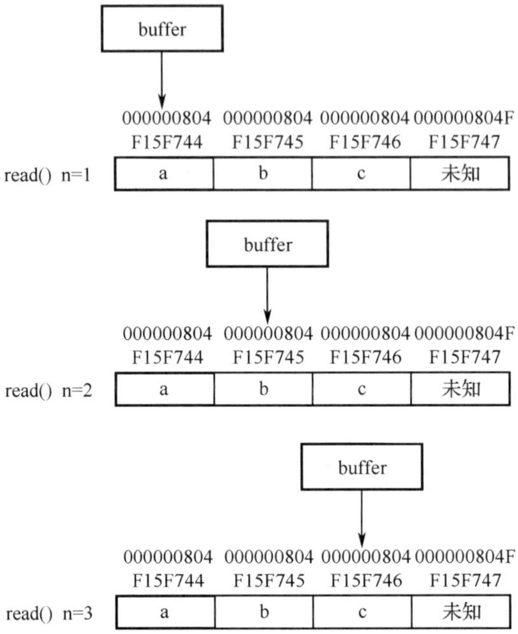

图 18.10 根据 n 的值读取指定内容

write ()函数也是 ofstream 类和 fstream 类的成员函数，都继承自 ostream 类。该函数可以将内存中指针指向的 n 字节数据写入文件中，其语法形式如下。

```
istream & read(char* buffer, int n);
```

其中，buffer 用于指定读取字节的起始位置；n 指定读取的字节数。该函数也会返回一个调用该函数的对象的引用。

write()函数从文件读指针指向的位置开始读取若干字节。所谓文件读指针可以理解为是 ifstream 或 fstream 对象内部维护的一个变量。

文件刚打开时，文件写指针指向文件的开头（如果以 ios::app 方式打开，则指向文件末尾），用 write()函数将 n 字节的内容写入文件中。其移动方式与 read()函数类似，只是功能不同。

【示例 18-7】下面将指定的字符串写入文件 01.dat 中，然后读取文件中的内容并打印在屏幕上。

```
#include <iostream>
#include <fstream>
using namespace std;
int main()
{
    char n[] = "这是一个字符串数据";
    char s[20];

    ofstream    outFile("E:\\01.dat", ios::out | ios::binary);        //以二进制写入的方式打开文件
    if (!outFile)                                                     //返回值为 false 表示打开文件失败
    {
```

```
        cout << "文件打开失败" << endl;
    }
    //将写指针指向 n 的头部，将 sizeof(n)字节的数据写入文件 01.dat 中
    outFile.write((char*)&n, sizeof(n));
    outFile.close();                                    //关闭文件

    ifstream  inFile("E:\\01.dat", ios::in | ios::binary);    //以只读二进制方式打开文件
    if (!inFile)                                        //返回值为 false 表示打开文件失败
    {
        cout << "文件打开失败" << endl;
    }
    //将写指针指向文件的头部，将 sizeof(s)字节的数据读取到变量 s 中
    inFile.read((char*)&s, sizeof(s));
    cout << s << endl;                                  //输出读取到的数据
    inFile.close();                                     //关闭文件
}
```

程序运行结果如下。

```
这是一个字符串数据
```

在代码中使用“outFile.write((char*)&n, sizeof(n));”将字符数组写入 01.dat 文件中，然后又使用代码“inFile.read((char*)&s, sizeof(s));”将读取到的 01.dat 文件中的数据存放到变量 s 中，最后在屏幕上输出读取到的内容“这是一个字符串数据”。在 E 盘以记事本方式打开 01.dat 文件，如图 18.11 所示。

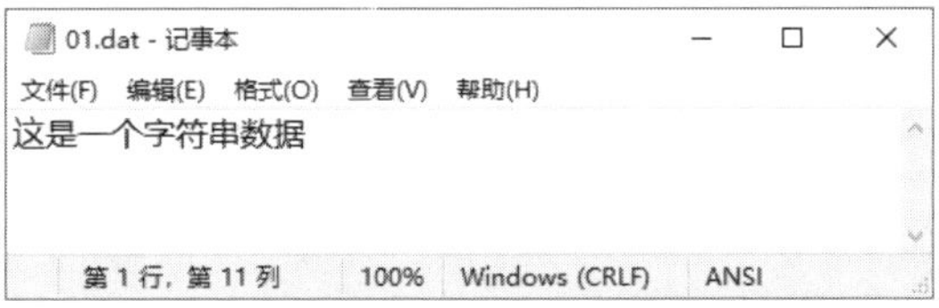

图 18.11　01.dat 文件

18.4　文件的随机读/写

随机读/写也叫直接读/写，通过使用输入或输出流中与随机移动文件指针相关的成员函数，移动文件指针而达到随机访问指定数据的效果。移动文件指针的成员函数主要有 seekg()和 seekp()。

在读/写文件时，有时希望直接跳到文件中的某处开始读/写，这就需要先将文件的读/写指针指向该处，然后再进行读/写。

seekg ()函数为 ifstream 类和 fstream 类的成员函数，可以设置文件读指针的位置，其语法形式如下。

```
istream & seekg (streamoff offset, seek_dir origin);
```

seekp ()函数为 ofstream 类和 fstream 类的成员函数，可以设置文件写指针的位置，其语法形式如下。

```
ostream & seekp (streamoff offset, seek_dir origin);
```

其中，offset 是指位移量，即距离文件头有多少字节，文件开头的起始位置为 0；seek_dir

是系统定义的枚举名；origin 代表文件读/写指针的设置模式，有以下三种选项。

- ios::beg：让文件读指针或写指针指向从文件开始向后的 offset 字节处。offset 等于 0 即代表文件开头。在此情况下，offset 只能是非负数。
- ios::cur：在此情况下，offset 为负数则表示将读指针（或写指针）从当前位置朝文件开头方向移动 offset 字节。此时，值为正数则表示将读指针（或写指针）从当前位置向文件尾部移动 offset 字节，为 0 则表示不移动。
- ios::end：让文件读指针（或写指针）指向从文件结尾往前的 offset 的绝对值字节处。在此情况下，offset 只能为 0 或负数。

位移量 offset 的类型是 streamoff，该类型为一个 long 型数据，它在头文件 iostream.h 中的定义如下。

```
typedef streamoff long
```

由于指针会跟着代码移动，所以需要知道指针的具体位置，此时需要使用两个成员函数获取指针的当前位置，这两个函数如下。

- tellg()函数是 ifstream 类和 fstream 类的成员函数，能够返回文件读指针的位置，成员函数代码如下。

```
streampos tellg();
```

- tellp()函数是 ofstream 类和 fstream 类的成员函数，能够返回文件写指针的位置。成员函数代码如下。

```
streampos tellp();
```

【示例 18-8】下面在文件的指定位置写入数据，并在文件的指定位置输出文件中的数据。

```
#include <iostream>
#include <fstream>
using namespace std;
int main()
{
    char n[] = "abcdefg";
    char s[20];

    fstream outFile("E:\\01.txt", ios::out | ios::binary);        //以二进制写入的方式打开文件
    if (!outFile)                                                  //返回值为 false 表示打开文件失败
    {
        cout << "文件打开失败" << endl;
    }
    outFile.seekp(2, ios::beg);                                    //让指针指向文件的第 3 个字节
    //将 sizeof(n)字节的数据以头文件向后 2 字节的位置写入文件 01.txt 中
    outFile.write((char*)&n, sizeof(n));
outFile.close();                                                   //关闭文件

    fstream inFile("E:\\01.txt", ios::in | ios::binary);          //以二进制写入的方式打开文件
    if (!outFile)                                                  //返回值为 false 表示打开文件失败
    {
        cout << "文件打开失败" << endl;
    }
                                                                   //将读文件指针指向文件中的第 6 个字节处
```

```
    inFile.seekg( 5,ios::beg);
    //从文件中的第 6 个字节处开始读取字符，并将字符读取到变量 s 中
    inFile.read((char*)&s, sizeof(s));
    cout << s << endl;

    inFile.close();                                    //关闭文件


    return 0;
}
```

程序运行结果如下。

```
defg
```

其中，代码“outFile.seekp(2, ios::beg);”让文件写指针指向文件的第 3 个字节，如图 18.12 所示。

图 18.12 移动文件写指针

代码“outFile.write((char*)&n, sizeof(n));”实现从文件的第 3 个字节开始写入数据，如图 18.13 所示。

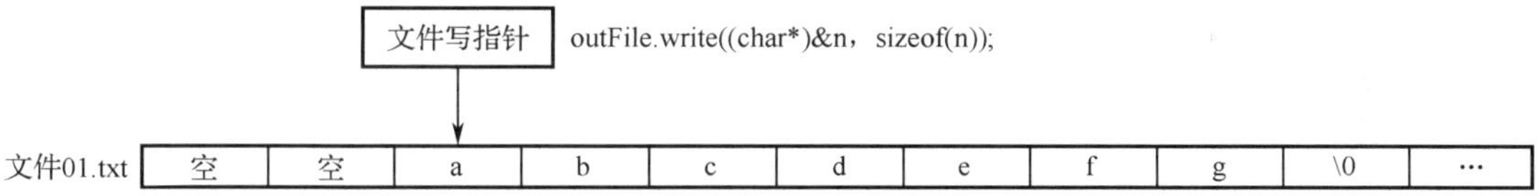

图 18.13 写入数据

代码“inFile.seekg(5,ios::beg);”将文件读指针指向文件中的第 6 个字节处，如图 18.14 所示。

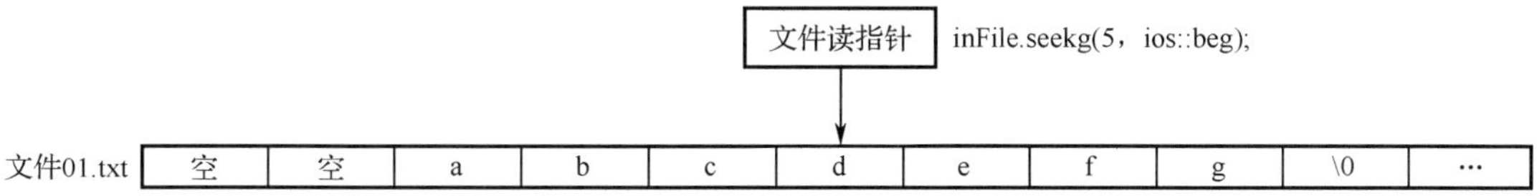

图 18.14 文件读指针移到第 6 个字节处

然后使用代码“inFile.read((char*)&s, sizeof(s));”从第 6 个字节开始读取数据到变量 s 中，最后输出到屏幕。

利用 seekg()函数将文件读指针定位到文件尾部，再用 tellg()函数获取文件读指针的位置，即可获取文件长度。

【示例 18-9】下面使用 tellg()函数获取文件数据的长度并输出。

```
#include <iostream>
#include <fstream>
```

```
using namespace std;
int main()
{
    char n[] = "abcdefg";
    char s[20];

    fstream     outFile("E:\\01.txt", ios::out | ios::binary);     //以二进制写入的方式打开文件
    if (!outFile)                                                  //返回值为 false 表示打开文件失败
    {
        cout << "文件打开失败" << endl;
    }
    //将 sizeof(n)字节的数据写入文件 01.txt 中
    outFile.write((char*)&n, sizeof(n));
    outFile.close();                                               //关闭文件

    fstream     inFile("E:\\01.txt", ios::in | ios::binary);       //以二进制写入的方式打开文件
    if (!inFile)                                                   //返回值为 false 表示打开文件失败
    {
        cout << "文件打开失败" << endl;
    }
    //将读文件指针指向文件中内容的末尾
    inFile.seekg( 0,ios::end);
    int a=inFile.tellg();                                          //获取文件内容的长度
    cout << "文件长度为："<<a << endl;                              //输出长度
    inFile.close();                                                //关闭文件

    return 0;
}
```

程序运行结果如下。

```
文件长度为：8
```

因为文件中存放的是字符串，所以会在尾端有一个字符串结束符“\0”。此时，文件中的数据长度为 7，由于位移量是从 0 开始的，所以还需要减 1 才是文件数据的真实长度，如图 18.15 所示。

位移量	0	1	2	3	4	5	6	7	8	9	
文件01.txt	a	b	c	d	e	f	g	\0	未知	未知	…

图 18.15　字符串真实长度为 7

18.5　逐个字符读/写文件

在一些情况下需要逐个读取文件中存储的字符，或者逐个将字符存储到文件中，如输入密码。这种情况下，就可以使用 get()和 put()成员函数来实现。

put()函数是 fstream 和 ofstream 类的成员函数。当 fstream 和 ofstream 文件流对象调用 put()函数时，可以实现向指定文件中写入单个字符。put()函数的语法形式如下。

```
ostream& put (char c);
```

其中，c 用于指定要写入文件的字符。该方法会返回一个调用该方法的对象的引用形式。

【示例 18-10】下面将键盘输入的字符保存到文件 01.txt 中。

```
#include <iostream>
#include <fstream>
using namespace std;
int main()
{
    char c;
    ofstream outFile("E:\\01.txt", ios::out | ios::binary);        //以二进制形式打开文件
    if (!outFile)
    {
        cout << "error" << endl;
        return 0;
    }
    cout << "请输入字符，输入 ctrl+z 表示输入结束" << endl;
    while (cin >> c)                                                //输入非字符后跳出
    {
        outFile.put(c);                                             //将字符 c 写入 out.txt 文件
    }
    outFile.close();
    return 0;
}
```

程序运行结果如下。

```
请输入字符，输入 ctrl+z 表示输入结束
hellworld!hellC++
^Z
```

注意：Windows 下的 Ctrl+Z 用来作为结束输入/输出流的标值，控制台读入字符^Z，只有另起一行放在行首才会起作用，否则表示结束本行。

运行程序后，由键盘输入的字符都写入文件中，如图 18.16 所示。

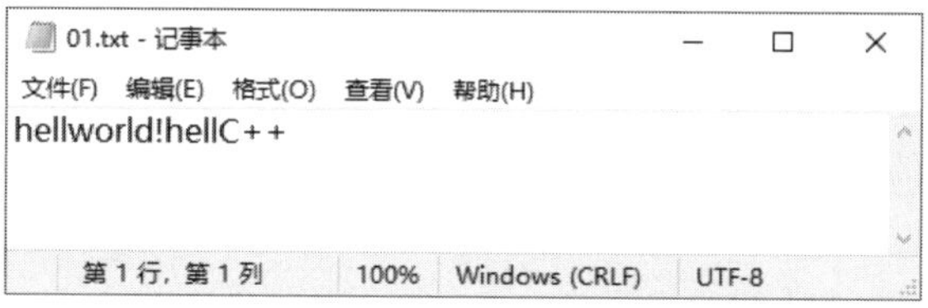

图 18.16 由键盘输入的字符都写入文件中

get()函数是 fstream 和 ifstream 类的成员函数。使用 fstream 和 ifstream 文件流对象调用 get()函数时，可以实现从指定文件中读取单个字符（还可以读取指定长度的字符串）。在调用 get()函数时需要传递一个字符变量，get()函数会自行将读取到的字符赋值给这个变量。get()函数的语法形式如下。

```
istream& get (char& c);
```

【示例 18-11】下面使用 get()函数读取文件 01.txt 中的数据。

```
#include <iostream>
#include <fstream>
using namespace std;
```

```
int main()
{
    char c='x';
    fstream inFile("E:\\01.txt", ios::in | ios::binary);        //以二进制形式打开文件
    if (!inFile)
    {
        cout << "文件打开失败" << endl;
        return 0;
    }
    while (c != EOF)                                            //c 为文件结束符
    {
        //将字符 c 写入 out.txt 文件
        c= inFile.get();
        cout << c <<" ";
    }
    inFile.close();
    return 0;
}
```

程序运行结果如下。

```
h e l l w o r l d ! h e l l C + +
```

如果返回的值赋值的变量为 int 类型，那么输出的字符为其对应的 ASCII 码，代码修改如下。

```
#include <iostream>
#include <fstream>
using namespace std;
int main()
{
    int c=0;
    fstream inFile("E:\\01.txt", ios::in | ios::binary);        //以二进制形式打开文件
    if (!inFile)
    {
        cout << "文件打开失败" << endl;
        return 0;
    }
    while (c != EOF)                                            //c 为文件结束符
    {
        //将字符 c 写入 out.txt 文件
        c= inFile.get();
        cout << c << " ";
    }
    inFile.close();
    return 0;
}
```

程序运行结果如下。

```
104 101 108 108 119 111 114 108 100 33 104 101 108 108 67 43 43 -1
```

18.6 从文件中读取一行字符串

getline()函数适用于读取指定文件中的一行数据。getline()函数是 fstream 和 ifstream 类的成员函数。当文件流对象调用 getline()函数时，可以实现从指定文件中读取一行字符串。其语法形式有两种。

（1）第一种语法形式如下。

```
istream & getline(char* buf, int bufSize);
```

其中，该函数用于从文件输入流缓冲区中读取 bufSize-1 个字符到 buf，或遇到\n 为止。该函数会自动在 buf 中读入数据的结尾添加“\0”。

【示例 18-12】下面使用 getline()函数读取一行字符串。

```
#include <iostream>
#include <fstream>
using namespace std;
int main()
{
    char c[20];
    ifstream inFile("E:\\01.txt", ios::in | ios::binary);      //以二进制形式打开 01.txt 文件
    if (!inFile) {                                             //判断文件是否正常打开
        cout << "error" << endl;
        return 0;
    }
    //从 01.txt 文件中读取一行字符串，最多不超过 19 个
    inFile.getline(c, 20);
    cout << c;
    inFile.close();
    return 0;
}
```

程序运行结果如下。

```
hellworld!hellC++
```

（2）第二种语法形式如下。

```
istream & getline(char* buf, int bufSize, char delim);
```

该函数读到 delim 字符为止。“\n”或 delim 都不会被读入 buf，但会被从文件输入流缓冲区中取走。

注意：如果文件输入流中“\n”或 delim 之前的字符个数达到或超过 bufSize，就会导致读取失败。

【示例 18-13】下面读取文件中的一行字符串，当遇到字符 C 后停止读取。

```
#include <iostream>
#include <fstream>
using namespace std;
int main()
{
    char c[20];
    ifstream inFile("E:\\01.txt", ios::in | ios::binary);      //以二进制形式打开 01.txt 文件
```

```
    if (!inFile) {                                          //判断文件是否正常打开
        cout << "文件打开失败" << endl;
        return 0;
    }
    //从 01.txt 文件中读取一行字符串，遇到字符 C 停止读取//
    inFile.getline(c, 20,'C');
    cout << c;
    inFile.close();
    return 0;
}
```

程序运行结果如下。

```
hellworld!hell
```

从运行结果中可以看出，当读取到字符 C 之后会停止读取，然后只会输出 C 之前的字符。

18.7 小　　结

通过本章的学习，读者需要了解以下内容。

- 文件就是在计算机硬盘中存放的数据。
- 文件按照数据存储分类，可以分为文本文件和二进制文件。
- 读写文本文件需要使用输入流运算符（>>）和输出流运算符（<<）。
- 读写二进制文件需要使用 read()和 write()成员函数。
- 获取文件数据称为读取文件。文件的存取方式分为顺序存取和直接存取两种。
- 随机移动文件指针相关的成员函数主要有 seekg()函数和 seekp()函数。
- C++语言标准库中提供三个文件流类用于实现文件操作，分别为 ifstream、ofstream、fstream。
- 在 C++中，打开文件需要使用 open()函数才能进行输入/输出操作，然后使用 close()函数关闭文件。
- 文件的读/写主要包括顺序读/写和随机读/写两种方式，顺序读/写文件可以细分为文本形式读/写文件和二进制形式读/写文件。
- 逐个读/写字符到文件中可以使用 get()和 put()成员函数实现。

18.8 习　　题

一、填空题

1．打开指定文件使其与文件流对象相关联的函数为_____函数。

2．文件按照数据存储分类，可以分为_____和_____。

3．文件的存取方式分为_____和_____两种。

4．专门用于从文件中读取数据的头文件为_____。专门用于向文件中写入数据的头文件为_____。

5．读取文件使用_____运算符是指将从文件中读取的数据写入变量中。

二、选择题

1．读取二进制文件的函数为（ ）。

A．read() B．write() C．put() D．open()

2．读取文本文件的运算符为（ ）。

A．<< B．>> C．* D．::

3．下面代码的作用是（ ）。

```
ofstream outFile("E:\\01.txt", ios::out | ios::binary);
if (!outFile)
{
    cout << "error" << endl;
    return 0;
}
outFile.put(ddd);
outFile.close();
return 0;
```

A．写入一个字符串 ddd B．读取一个字符串 ddd

C．打开文件 D．代码错误

4．使用 open()函数以只读方式打开文件的模式为（ ）。

A．ios::out B．ios::ate () C．os::in D．ios::app

5．将字符 a 写入文件 01.txt 中，在横线处应输入代码（ ）。

```
ofstream outFile("E:\\01.txt", ios::out | ios::binary);
if (!outFile)
{
    cout << "error" << endl;
    return 0;
}
___________;
outFile.close();
return 0;
```

A．outFile.put(‘a’) B．put(‘a’) C．outFile(‘a’) D．outFile.put(a)

6．使用 open()函数以读/写方式打开文件的模式为（ ）。

A．ios::out B．ios::in | ios::out C．os::in D．ios::app

三、编程题

1．在横线处填入关键代码，实现以只读方式打开和关闭文件 01.txt。

```
int main()
{
    ifstream inFile;                                //创建流对象
    ____________ ("E:\\01.txt", ____________);     //以只读方式打开文件
    if (inFile)                                     //条件成立，则说明文件打开成功
    {
        cout << "文件打开成功" << endl;
        ____________;
    }
```

```
    return 0;
}
```

2．在横线处填入关键代码，实现读取 01.dat 文件的数据并输出到屏幕上。

```
int main()
{
    char s[20];
    ifstream   inFile("E:\\01.dat",   ____________);       //以只读二进制方式打开文件
    if (!inFile)                                            //返回值为 false 表示打开文件失败
    {
        cout << "文件打开失败" << endl;
    }
    //将写指针指向文件的头部，将 sizeof(s)字节的数据读取到变量 s 中
    ____________;
    cout << s << endl;                                      //输出读取到的数据
    inFile.close();                                         //关闭文件
}
```

第四篇 实 战 篇

第 19 章 员工信息管理系统

在公司中，我们都需要使用员工信息管理系统。该系统会保存所有员工的工号、姓名、电话等信息。通过员工信息管理系统，管理者可以快速地对公司的员工信息进行添加、删除、查找、修改操作。本章将使用 C++语言实现一个简单的员工信息管理系统。

19.1 管理系统设计

对于公司来说，员工越多，对于员工信息的管理就越复杂。使用信息管理系统对员工的信息进行管理将大大提高员工管理的效率。例如，在遇到紧急情况时，可以通过员工管理系统快速找到员工的电话，将重要消息通知到指定员工。

员工信息管理系统会登记员工的工号、姓名、性别、年龄及电话等数据，如图 19.1 所示。

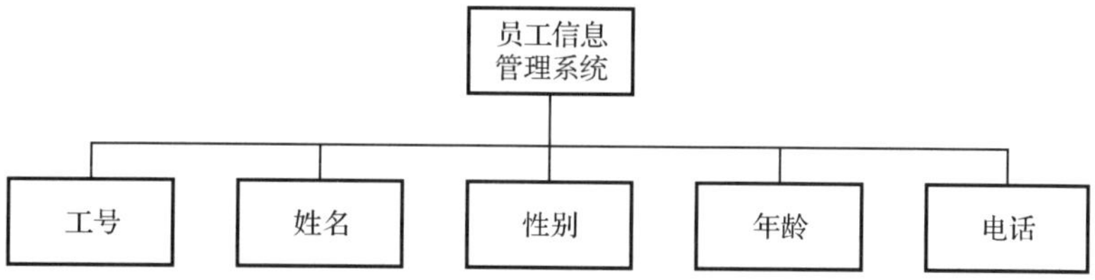

图 19.1 员工信息管理系统

由于每个员工都有这几个属性，并且每个属性的类型不同，所以选择结构体或类来定义，代码如下。

```
class Staff2
{
public:
    // 定义属性
    int jobnumber;
    string name;
    char sex;
    int age;
    string phone;
    //构造函数
    Staff2()
    {
        jobnumber = 0;
        name = "";
        sex = 'W';
```

```
            age = 0;
            phone = "";
        }
        //构造函数
        Staff2(int a,string b,char c,int d,string e)
        {
            jobnumber = a;
            name = b;
            sex = c;
            age = d;
            phone = e;
        }
    };
```

使用该类可以实例化对象，每个对象都是一个员工信息。为了方便管理直接实例化一个对象数组，代码如下。

```
    Staff2 N[50] = { Staff2(1, "周一", 'M',20, "12345678901"),Staff2(2, "吴二", 'W', 30, "12345678902"),Staff2(3,
"张三", 'W', 50, "12345678905"),
    Staff2(4, "李四", 'M', 25, "12345678906"),Staff2(5, "王五", 'W', 22, "12345678903"),Staff2(6, "刘柳", 'W', 21,
"12345678904"),
    Staff2(7, "小明", 'M', 31, "12345678909"),Staff2(8, "郑服", 'M', 33, "12345678911"),Staff2(9, "陆远", 'M', 45,
"12345678921"),
    Staff2(10, "刘红", 'W', 42, "12345678907"),Staff2(11, "未来", 'W', 38, "12345678931"),};
```

19.1.1 主界面

主界面是系统的开始界面，在该界面中会展示系统可以操作的功能，主要代码如下。

```
    cout << "------------------欢迎进入员工信息管理系统      ------------------ " << endl;
    cout << "*****************************************************************" << endl;
    cout << "1.添加员工信息模块     " << endl;
    cout << "2.查找员工信息模块     " << endl;
    cout << "3.修改员工信息模块     " << endl;
    cout << "4.删除员工信息模块     " << endl;
    cout << "5.退出  " << endl;
    cout << "*****************************************************************" << endl;
    cout << "输入要进入的系统模块:" << endl;
```

在该界面根据用户输入的数字选择要进行的操作。

19.1.2 添加员工信息

添加员工信息是第一个模块，用于添加一个新的员工信息，并且工号需要依次排列，不可以随便插入，主要代码如下。

```
    cout << "请输入员工的信息、依次为工号、姓名、性别（男 M/女 W）、年龄、电话。每输入一个项目
后按回车键" << endl;
    cin >> N[i];                    //输入运算符在类中进行了运算符重载，所以可以直接添加对象的值
    if (N[i].jobnumber == i+1)
```

```
{
    Sput();                //输出所有员工信息
}
else
    {
        cout << "请从工作编号" << i +1<< "开始输入" << endl;
    }
```

19.1.3　查找员工信息

查找员工信息模块可以根据用户输入的工号、姓名、电话号码这些唯一的信息进行查询，主要代码如下。

```
cout << "输入要查找员工的方式" << endl;
cout << "1.通过工号查找" << endl;
cout << "2.通过姓名查找" << endl;
cout << "3.通过电话号码查找" << endl;
cout << "4.返回主界面" << endl;
```

代码会根据用户的选择，使用对应的方式进行查询。

19.1.4　删除员工信息

当员工离职之后，可以删除对应的员工信息。删除员工信息模块的主要代码如下。

```
x:do
{
cout << "请输入要删除的员工的工号" << endl;
    cin >> n;
    cout << N[n - 1];
    cout << "请确认是否删除该员工的信息，确认输入 Y，重新输入按 N" << endl;
    cin >> c;
} while (c == 'n' || c == 'N');
//通过覆盖前一位工号的信息的方式删除对应员工信息
for (i = n; i < 50; i++)
{
    N[i - 1] = N[i];
    N[i - 1].jobnumber -= 1;
}
```

19.1.5　修改员工信息

当员工的信息发生变化时，可以对员工的信息进行对应修改，如员工的电话发生了改变、该员工岗位被新员工顶替等。修改员工信息模块的主要代码如下。

```
x:do
    {
        cout << "请输入修改员工的工号" << endl;
        cin >> n;
```

```
            cout << N[n - 1];
            cout << "请确认是否修改该员工的信息，确认输入 Y，重新输入按 N" << endl;
            cin >> c;
        } while (c == 'n' || c == 'N');
            cout << "请输入要修改的项目" << endl;
            cout << "1.姓名  " << endl;
            cout << "2.年龄  " << endl;
            cout << "3.电话号码   " << endl;
            cout << "4.全部信息" << endl;
```

代码中会根据工号输出对应员工的信息，然后让用户确定是否要修改对应信息，最后选择具体要修改的项目。

19.2 管理系统实现

本节将使用代码分别对员工信息管理系统的各种功能进行实现。

19.2.1 主界面实现

main.cpp 文件实现程序的主界面，代码如下。

```
#include <iostream>
using namespace std;

#include "Addto.h"
#include "Del.h"
#include "Lookup.h"
#include "Modify.h"
#include "Sort.h"
#include "staff2.h"

int main()
{
    int     m = 0;
loop:do
{
    cout << "------------------欢迎进入员工信息管理系统      ------------------ " << endl;
    cout << "******************************************************************" << endl;
    cout << "1.添加员工信息模块      " << endl;
    cout << "2.查找员工信息模块      " << endl;
    cout << "3.修改员工信息模块      " << endl;
    cout << "4.删除员工信息模块      " << endl;
    cout << "5.退出  " << endl;
    cout << "******************************************************************" << endl;
    cout << "输入要进入的系统模块:" << endl;
    cin >> m;
    if (m > 5 || m < 1)
    {
```

```
            cout << "输入有误，请输入 1～5 之间的数字" << endl;
        }
        switch (m)
        {
        case  1:add();                  //添加
            break;
        case  2:lookup();               //查找
            break;
        case  3:modify();               //修改
            break;
        case  4:del();                  //删除
            break;
        case  5:exit(1);
        }
    } while (m > 5 || m < 1);
    goto loop;

        return 0;
    }
```

程序运行结果如下。

```
-----------------欢迎进入员工信息管理系统    ------------------
**************************************************************
1.添加员工信息模块
2.查找员工信息模块
3.修改员工信息模块
4.删除员工信息模块
5.退出
**************************************************************输入要进入的系统模块:
```

在命令行窗口输入数字 5，退出系统，如下所示。

```
5
E:\c++code\staff\Debug\staff.exe (进程 21180)已退出，代码为 1。
要在调试停止时自动关闭控制台，请启用“工具”->“选项”->“调试”->“调试停止时自动关闭控制台”。
```

此时，按任意键关闭此窗口。

19.2.2 建立员工信息数据

staff2.h 头文件中会实现对员工信息类的定义，并且会对流运算符进行重载，最后实例化一个对象数组用于保持员工的信息，代码如下。

```
#pragma once
class Staff2
{
public:
    // 定义属性
    int jobnumber;
    string name;
```

```
        char sex;
        int age;
        string phone;
        //构造函数
        Staff2()
        {
            jobnumber = 0;
            name = "";
            sex = 'W';
            age = 0;
            phone = "";
        }
        //构造函数
        Staff2(int a,string b,char c,int d,string e)
        {
            jobnumber = a;
            name = b;
            sex = c;
            age = d;
            phone = e;
        }
        friend istream& operator >>(istream& is, Staff2& a)        //重载流输入运算符
        {
            is >> a.jobnumber >> a.name >> a.sex >> a.age >> a.phone;
            return is;
        }
        friend ostream& operator <<(ostream& os, Staff2& f)        //重载流输出运算符
        {
            os << "工号：";
            os.width(2);
            os << f.jobnumber;
            os<< " " << "姓名：" << f.name << " " << "性别：" << f.sex << " "<< "年龄：" << f.age << "
"<<"电话：" << f.phone << " "<<endl;
            return os;
        }
    };
    //实例化对象数组
    Staff2 N[50] = { Staff2(1, "周一", 'M',20, "12345678901"),Staff2(2, "吴二", 'W', 30, "12345678902"),Staff2(3,
"张三", 'W', 50, "12345678905"),
    Staff2(4, "李四", 'M', 25, "12345678906"),Staff2(5, "王五", 'W', 22, "12345678903"),Staff2(6, "刘柳", 'W', 21,
"12345678904"),
    Staff2(7, "小明", 'M', 31, "12345678909"),Staff2(8, "郑服", 'M', 33, "12345678911"),Staff2(9, "陆远", 'M', 45,
"12345678921"),
    Staff2(10, "刘红", 'W', 42, "12345678907"),Staff2(11, "未来", 'W', 38, "12345678931"),};
```

19.2.3 实现员工信息的添加功能

addto.h 头文件中需要实现员工信息的添加，代码如下。

```
#pragma once
#include "staff2.h"
```

```
#include "put.h"
int  add()
{
        int i= Sput();
        char c;
        do
        {
                cout << "请输入员工的信息、依次为工号、姓名、性别（男 M/女 W）、年龄、电话。每输入一个项目后按回车键" << endl;
                cin >> N[i];       //输入运算符在类中进行了运算符重载，所以可以直接添加对象的值
                if (N[i].jobnumber == i+1)
                {
                        Sput();     //输出所有员工信息
                }
                else
                {
                        cout << "请从工作编号" << i +1<< "开始输入" << endl;
                }
        } while (N[i].jobnumber != i+1);
        cout << "是否继续添加员工信息？继续输入 Y，结束输入 N" << endl;
        cin >> c;
        if (c == 'Y' || c == 'y')
        {
                add();
        }
        return 0;
}
```

程序运行结果如下。

（1）在主界面输入 1，进入员工信息添加界面。此时显示已有的员工信息。

```
1
工号： 1 姓名：周一 性别：M 年龄：20 电话：12345678901
工号： 2 姓名：吴二 性别：W 年龄：30 电话：12345678902
工号： 3 姓名：张三 性别：W 年龄：50 电话：12345678905
工号： 4 姓名：李四 性别：M 年龄：25 电话：12345678906
工号： 5 姓名：王五 性别：W 年龄：22 电话：12345678903
工号： 6 姓名：刘柳 性别：W 年龄：21 电话：12345678904
工号： 7 姓名：小明 性别：M 年龄：31 电话：12345678909
工号： 8 姓名：郑服 性别：M 年龄：33 电话：12345678911
工号： 9 姓名：陆远 性别：M 年龄：45 电话：12345678921
工号：10 姓名：刘红 性别：W 年龄：42 电话：12345678907
工号：11 姓名：未来 性别：W 年龄：38 电话：12345678931
请输入员工的信息，依次为工号，姓名，性别（男 M/女 W），年龄，电话。每输入一个项目按回车键
```

（2）按照提示依次输入工号、姓名、性别、年龄、电话信息。由于信息之间需要分隔，需要在每输入一项信息后按一次回车键。

```
15
王洋
M
```

```
34
12345678901
请从工作编号 12 开始输入
```

（3）由于系统中最后一位员工的编号为 11，所以添加员工信息需要从 12 开始。上面由于输入的编号不是 12，而是 15，所以系统提示重新输入，需要从编号 12 开始。

```
请输入员工的信息，依次为工号、姓名、性别（男 M/女 W）、年龄、电话。每输入一个项目后按回车键
12
王洋
M
34
12345678901
工号： 1 姓名：周一 性别：M 年龄：20 电话：12345678901
工号： 2 姓名：吴二 性别：W 年龄：30 电话：12345678902
工号： 3 姓名：张三 性别：W 年龄：50 电话：12345678905
工号： 4 姓名：李四 性别：M 年龄：25 电话：12345678906
工号： 5 姓名：王五 性别：W 年龄：22 电话：12345678903
工号： 6 姓名：刘柳 性别：W 年龄：21 电话：12345678904
工号： 7 姓名：小明 性别：M 年龄：31 电话：12345678909
工号： 8 姓名：郑服 性别：M 年龄：33 电话：12345678911
工号： 9 姓名：陆远 性别：M 年龄：45 电话：12345678921
工号：10 姓名：刘红 性别：W 年龄：42 电话：12345678907
工号：11 姓名：未来 性别：W 年龄：38 电话：12345678931
工号：12 姓名：王洋 性别：M 年龄：34 电话：12345678901
是否继续添加员工信息？继续输入 Y，结束输入 N
```

成功添加新员工信息后，会自动输出所有员工信息，可以看到 12 号员工信息已被添加。然后，系统会提示是否继续添加员工信息。

（4）输入“Y”，表示继续添加信息，系统会再次展示所有员工的信息，然后可以根据提示继续添加新员工的信息。

```
Y
工号： 1 姓名：周一 性别：M 年龄：20 电话：12345678901
工号： 2 姓名：吴二 性别：W 年龄：30 电话：12345678902
工号： 3 姓名：张三 性别：W 年龄：50 电话：12345678905
工号： 4 姓名：李四 性别：M 年龄：25 电话：12345678906
工号： 5 姓名：王五 性别：W 年龄：22 电话：12345678903
工号： 6 姓名：刘柳 性别：W 年龄：21 电话：12345678904
工号： 7 姓名：小明 性别：M 年龄：31 电话：12345678909
工号： 8 姓名：郑服 性别：M 年龄：33 电话：12345678911
工号： 9 姓名：陆远 性别：M 年龄：45 电话：12345678921
工号：10 姓名：刘红 性别：W 年龄：42 电话：12345678907
工号：11 姓名：未来 性别：W 年龄：38 电话：12345678931
工号：12 姓名：王洋 性别：M 年龄：34 电话：12345678901
请输入员工的信息，依次为工号、姓名、性别（男 M/女 W）、年龄、电话。每输入一个项目后按回车键
13
恒饼
M
33
```

```
12312312312
工号：  1 姓名：周一 性别：M 年龄：20 电话：12345678901
工号：  2 姓名：吴二 性别：W 年龄：30 电话：12345678902
工号：  3 姓名：张三 性别：W 年龄：50 电话：12345678905
工号：  4 姓名：李四 性别：M 年龄：25 电话：12345678906
工号：  5 姓名：王五 性别：W 年龄：22 电话：12345678903
工号：  6 姓名：刘柳 性别：W 年龄：21 电话：12345678904
工号：  7 姓名：小明 性别：M 年龄：31 电话：12345678909
工号：  8 姓名：郑服 性别：M 年龄：33 电话：12345678911
工号：  9 姓名：陆远 性别：M 年龄：45 电话：12345678921
工号：10 姓名：刘红 性别：W 年龄：42 电话：12345678907
工号：11 姓名：未来 性别：W 年龄：38 电话：12345678931
工号：12 姓名：王洋 性别：M 年龄：34 电话：12345678901
工号：13 姓名：恒饼 性别：M 年龄：33 电话：12312312312
是否继续添加员工信息？继续输入 Y，结束输入 N
```

这里添加一个编号为 13 的新员工信息，系统会提问是否继续添加。如果不想继续添加输入“N”，返回主界面。

```
N
-----------------欢迎进入员工信息管理系统  -----------------
****************************************************************
1.添加员工信息模块
2.查找员工信息模块
3.修改员工信息模块
4.删除员工信息模块
5.退出
****************************************************************
输入要进入的系统模块:
```

19.2.4　实现员工信息的输出功能

put.h 头文件实现输出员工的所有信息，代码如下。

```
#pragma once
#include "staff2.h"
int Sput()
{
    int i = 0;
    int n = 0;
    for (i = 0;i < 50 ; i++)             //依次读取所有对象
    {
        if (N[i].jobnumber <1)           //对象的工号小于 1 说明未添加员工信息
        {

            n=i;                         //获取最后一名员工的对象数组下标

            break;
```

```
            }
            cout << N[i];                    //输出对象数组的成员
        }

        return n;

}
```

19.2.5 实现员工信息的查找功能

lookup.h 头文件用于实现查找员工信息模块，代码如下。

```
#pragma once
#include <iostream>
using namespace std;
void name();
void jobnumber();
void name();
void phone();
void Clookup(void a());
void lookup()
{
        int n;
        do
        {
                cout << "输入要查找员工的方式" << endl;
                cout << "1.通过工号查找" << endl;
                cout << "2.通过姓名查找" << endl;
                cout << "3.通过电话号码查找" << endl;
                cout << "4.返回主界面" << endl;
                cin >> n;
                if (n > 4 || n < 1)
                {
                        cout << "输入有误，请输入 1~4 之间的数字" << endl;
                }
        } while (n > 5 || n < 1);
        switch (n)
        {
        case  1:jobnumber();
                break;
        case  2:name();
                break;
        case  3:phone();
                break;
        case  4:
                break;
        }
}
```

```
void jobnumber()
{
    int Ju = 0;
    int i;
    cout << "请输入要查找的员工工号" << endl;
    cin>>Ju;
    for (i = 0; i < 50; i++)
    {
        if (N[i].jobnumber ==Ju)
        {
          cout << N[i];
        }
    }
    Clookup(jobnumber);                //是否继续查找
}
void name()
{
    string Jn;
    int i;
    cout << "请输入要查找的员工名字" << endl;
    cin >> Jn;
    for (i = 0; i < 50; i++)
    {
        if (N[i].name == Jn)
        {
            cout << N[i];
        }
    }
    Clookup(name);                     //是否继续查找
}

void phone()
{
    string Jp;
    int i;
    cout << "请输入要查找的员工电话" << endl;
    cin >> Jp;
    for (i = 0; i < 50; i++)
    {
        if (N[i].phone ==Jp)
        {
            cout << N[i];
        }

    }
    Clookup(phone);
}
void Clookup(void a())
```

```
{
    char c;
    cout << "是否继续查找员工信息？继续输入 Y，返回上一层输入 N" << endl;
    cin >> c;
    if (c == 'Y' || c == 'y')
    {
        a();
    }
    else
    {
        lookup();
    }
}
```

程序运行结果如下。

（1）首先进入主界面。

```
------------------欢迎进入员工信息管理系统 ------------------
*****************************************************************
1.添加员工信息模块
2.查找员工信息模块
3.修改员工信息模块
4.删除员工信息模块
5.退出
*****************************************************************
输入要进入的系统模块:
```

（2）输入数字 2 进入员工信息查询界面。

```
2
输入要查找员工的方式
1.通过工号查找
2.通过姓名查找
3.通过电话号码查找
4.返回主界面
```

（3）根据提示选择查询方式，输入数字 1，表示通过工号查找。

```
1
请输入要查找的员工工号
```

（4）根据提示输入工号后输出对应员工信息，并提问是否继续查询。

```
5
工号： 5 姓名：王五 性别：W 年龄：22 电话：12345678903
是否继续查找员工信息？继续输入 Y，返回上一层输入 N
```

（5）输入“Y”继续查询，再次查询员工编号为 6 的员工信息。

```
Y
请输入要查找的员工工号
6
工号： 6 姓名：刘柳 性别：W 年龄：21 电话：12345678904
是否继续查找员工信息？继续输入 Y，返回上一层输入 N
```

（6）输入“N”结束查询，返回上一层单元。

```
N
```

```
输入要查找员工的方式
1.通过工号查找
2.通过姓名查找
3.通过电话号码查找
4.返回主界面
```

（7）根据提示选择查询方式，输入数字 2，表示通过名字查找。

```
2
请输入要查找的员工名字
王洋
工号：12 姓名：王洋 性别：M 年龄：34 电话：12345678901
是否继续查看员工信息？继续输入 Y，返回上一层输入 N
N
输入要查找员工的方式
1.通过工号查找
2.通过姓名查找
3.通过电话号码查找
4.返回主界面
```

（8）根据提示选择查询方式，输入数字 3，表示通过电话号码查找。

```
3
请输入要查找的员工电话
12345678901
工号： 1 姓名：周一 性别：M 年龄：20 电话：12345678901
工号：12 姓名：王洋 性别：M 年龄：34 电话：12345678901
是否继续查看员工信息？继续输入 Y，返回上一层输入 N
N
输入要查找员工的方式
1.通过工号查找
2.通过姓名查找
3.通过电话号码查找
4.返回主界面
```

（9）根据提示输入数字 4，返回主界面。

```
4
-----------------欢迎进入员工信息管理系统 ------------------
****************************************************************
1.添加员工信息模块
2.查找员工信息模块
3.修改员工信息模块
4.删除员工信息模块
5.退出
****************************************************************
输入要进入的系统模块:
```

19.2.6　实现员工信息的删除功能

del.h 头文件用于删除员工信息，代码如下。

```
#pragma once
void del()
```

```
{
    int n;
    char c;
    int i;
    Sput();
    x:do
    {
        cout << "请输入要删除的员工的工号" << endl;
        cin >> n;
        cout << N[n - 1];
        cout << "请确认是否删除该员工的信息，确认输入 Y，重新输入按 N" << endl;
        cin >> c;
    } while (c == 'n' || c == 'N');
    //通过覆盖前一位工号的信息的方式删除对应员工信息
    for (i = n; i < 50; i++)
    {
        N[i - 1] = N[i];
        N[i - 1].jobnumber -= 1;
    }
    cout << "删除后员工信息列表如下。" << endl;
    Sput();
    cout << "是否返回主界面？确认输入 Y，继续删除请输入 N" << endl;
    cin >> c;
    if (c == 'n' || c == 'N')
    {
        goto    x;
    }
}
```

程序运行结果如下。

（1）首先进入主界面。

```
-----------------欢迎进入员工信息管理系统  ------------------
*****************************************************************
1.添加员工信息模块
2.查找员工信息模块
3.修改员工信息模块
4.删除员工信息模块
5.退出
*****************************************************************
输入要进入的系统模块:
```

（2）输入数字 4 进入删除员工信息模块。进入对应模块后会先输出一遍所有员工的信息。

```
4
工号： 1 姓名：王小明 性别：M 年龄：20 电话：12345678901
工号： 2 姓名：吴二 性别：W 年龄：2 电话：12345678902
工号： 3 姓名：张三 性别：W 年龄：50 电话：12345678905
工号： 4 姓名：吴三 性别：M 年龄：32 电话：12341234123
工号： 5 姓名：王五 性别：W 年龄：22 电话：12345678903
工号： 6 姓名：刘柳 性别：W 年龄：21 电话：12345678904
```

```
工号： 7 姓名：小明 性别：M 年龄：31 电话：12345678909
工号： 8 姓名：郑服 性别：M 年龄：33 电话：12345678911
工号： 9 姓名：陆远 性别：M 年龄：45 电话：12345678921
工号：10 姓名：刘红 性别：W 年龄：42 电话：12345678907
工号：11 姓名：未来 性别：W 年龄：38 电话：12345678931
工号：12 姓名：王洋 性别：M 年龄：34 电话：12345678901
工号：13 姓名：恒饼 性别：M 年龄：33 电话：12312312312
请输入要删除的员工的工号
```

（3）根据输出的员工信息，选择要删除的员工工号。

```
9
工号： 9 姓名：陆远 性别：M 年龄：45 电话：12345678921
请确认是否删除该员工的信息，确认输入 Y，重新输入按 N
```

输入工号后系统会输出对应员工的信息，并输出确认信息的提示。

（4）输入“Y”后确认删除对应员工信息，然后系统会输出当前所有员工的信息。工号为 9 的陆远对应的信息被删除，后续员工的工号依次减 1。

```
Y
删除后员工信息列表如下。
工号： 1 姓名：王小明 性别：M 年龄：20 电话：12345678901
工号： 2 姓名：吴二 性别：W 年龄：2 电话：12345678902
工号： 3 姓名：张三 性别：W 年龄：50 电话：12345678905
工号： 4 姓名：吴三 性别：M 年龄：32 电话：12341234123
工号： 5 姓名：王五 性别：W 年龄：22 电话：12345678903
工号： 6 姓名：刘柳 性别：W 年龄：21 电话：12345678904
工号： 7 姓名：小明 性别：M 年龄：31 电话：12345678909
工号： 8 姓名：郑服 性别：M 年龄：33 电话：12345678911
工号： 9 姓名：刘红 性别：W 年龄：42 电话：12345678907
工号：10 姓名：未来 性别：W 年龄：38 电话：12345678931
工号：11 姓名：王洋 性别：M 年龄：34 电话：12345678901
工号：12 姓名：恒饼 性别：M 年龄：33 电话：12312312312
是否返回主界面？确认输入 Y，继续删除请输入 N
```

（5）根据提示信息选择是否返回主界面或继续删除其他员工的信息。输入“N”，继续删除其他员工的信息。

```
N
请输入要删除的员工的工号
8
工号： 8 姓名：郑服 性别：M 年龄：33 电话：12345678911
请确认是否删除该员工的信息，确认输入 Y，重新输入按 N
Y
删除后员工信息列表如下。
工号： 1 姓名：王小明 性别：M 年龄：20 电话：12345678901
工号： 2 姓名：吴二 性别：W 年龄：2 电话：12345678902
工号： 3 姓名：张三 性别：W 年龄：50 电话：12345678905
工号： 4 姓名：吴三 性别：M 年龄：32 电话：12341234123
工号： 5 姓名：王五 性别：W 年龄：22 电话：12345678903
工号： 6 姓名：刘柳 性别：W 年龄：21 电话：12345678904
工号： 7 姓名：小明 性别：M 年龄：31 电话：12345678909
```

```
工号： 8 姓名：刘红 性别：W 年龄：42 电话：12345678907
工号： 9 姓名：未来 性别：W 年龄：38 电话：12345678931
工号：10 姓名：王洋 性别：M 年龄：34 电话：12345678901
工号：11 姓名：恒饼 性别：M 年龄：33 电话：12312312312
是否返回主界面？确认输入 Y，继续删除请输入 N
```

（6）根据提示信息选择是否返回主界面或继续删除其他员工的信息，输入“Y”返回主界面。

```
Y
-----------------欢迎进入员工信息管理系统 -----------------
******************************************************************
1.添加员工信息模块
2.查找员工信息模块
3.修改员工信息模块
4.删除员工信息模块
5.退出
******************************************************************
输入要进入的系统模块:
```

19.2.7 实现员工信息的修改功能

modify.h 头文件用于修改指定员工的信息，代码如下。

```
#pragma once
void age();
void nphone();
void full();
void xname();
static int n;
void modify()                    //修改
{
    char c;
    x:do
    {
        cout << "请输入修改员工的工号" << endl;
        cin >> n;
        cout << N[n - 1];
        cout << "请确认是否修改该员工的信息，确认输入 Y，重新输入按 N" << endl;
        cin >> c;
    } while (c == 'n' || c == 'N');
        cout << "请输入要修改的项目" << endl;
        cout << "1.姓名  " << endl;
        cout << "2.年龄  " << endl;
        cout << "3.电话号码  " << endl;
        cout << "4.全部信息" << endl;
        cin >> n;
        switch (n)
        {
```

```
            case  1:xname();
                    break;
            case  2:age();
                    break;
            case  3:nphone();
                    break;
            case  4:full();
                    break;
            }
            cout << "是否返回主界面？确认输入 Y，继续修改请输入 N" << endl;
            cin >> c;
            if (c == 'n' || c == 'N')
            {
                goto    x;
            }
    }
    void xname()
    {
        cout << "请输入名字" << endl;
        cin >> N[n - 1].name;
        cout << "修改后该员工信息如下。" << endl;
        cout << N[n - 1];
    }
    void age()
    {
        cout << "请输入年龄" << endl;
        cin >> N[n - 1].age;
        cout << "修改后该员工信息如下。" << endl;
        cout << N[n - 1];
    }
    void nphone()
    {
        cout << "请输入电话号码" << endl;
        cin >> N[n - 1].phone;
        cout << "修改后该员工信息如下。" << endl;
        cout << N[n - 1];
    }
    void full()
    {
        cout << "请输入员工的信息，依次为姓名、性别（男 M/女 W）、年龄、电话。每输入一个项目后
按回车键" << endl;
        cin >> N[n-1].name >> N[n - 1].sex >> N[n - 1].age >> N[n - 1].phone;
        cout << "修改后该员工信息如下。" << endl;
        cout << N[n - 1];
    }
```

程序运行结果如下。

（1）首先进入主界面。

```
-----------------欢迎进入员工信息管理系统  -----------------
*****************************************************************
1.添加员工信息模块
2.查找员工信息模块
3.修改员工信息模块
4.删除员工信息模块
5.退出
*****************************************************************
输入要进入的系统模块:
```

（2）输入数字 3，进入修改员工信息模块。

```
3
请输入修改员工的工号
```

（3）根据提示输入要修改信息对应员工的编号。

```
7
工号： 7 姓名：小明 性别：M 年龄：31 电话：12345678909
请确认是否修改该员工的信息，确认输入 Y，重新输入按 N
```

（4）根据输出的对应员工信息选择是否修改对应员工的信息。

```
N
```

（5）输入“N”表示工号输入错误，重新输入。

```
请输入修改员工的工号
8
工号： 8 姓名：郑服 性别：M 年龄：33 电话：12345678911
请确认是否修改该员工的信息，确认输入 Y，重新输入按 N
```

（6）输入“Y”表示确定修改该工号对应的员工信息。

```
Y
请输入要修改的项目
1.姓名
2.年龄
3.电话号码
4.全部信息
```

（7）输入数字 1 表示修改该工号的名字。

```
1
请输入名字
王小明
修改后该员工信息如下。
工号： 1 姓名：王小明 性别：M 年龄：20 电话：12345678901
是否返回主界面？确认输入 Y，继续修改请输入 N
```

（8）输入“N”表示继续修改其他员工信息。

```
N
请输入修改员工的工号
7
工号： 7 姓名：小明 性别：M 年龄：31 电话：12345678909
请确认是否修改该员工的信息，确认输入 Y，重新输入按 N
Y
请输入要修改的项目
1.姓名
```

```
2.年龄
3.电话号码
4.全部信息
```

（9）输入 2 表示修改员工的年龄。

```
请输入修改员工的工号
2
工号：  2 姓名：吴二 性别：W 年龄：30 电话：12345678902
请确认是否修改该员工的信息，确认输入 Y，重新输入按 N
y
请输入要修改的项目
2
请输入年龄
2
修改后该员工信息如下。
工号：  2 姓名：吴二 性别：W 年龄：2 电话：12345678902
是否返回主界面？确认输入 Y，继续修改请输入 N
N
请输入修改员工的工号
2
工号：  2 姓名：吴二 性别：W 年龄：2 电话：12345678902
请确认是否修改该员工的信息，确认输入 Y，重新输入按 N
Y
请输入要修改的项目
1.姓名
2.年龄
3.电话号码
4.全部信息
```

（10）输入 4 表示修改员工的全部信息。

```
4
请输入员工的信息，依次为姓名、性别（男 M/女 W）、年龄、电话。每输入一个项目后按回车键
吴三
M
32
12341234123
修改后该员工信息如下。
工号：  4 姓名：吴三 性别：M 年龄：32 电话：12341234123
是否返回主界面？确认输入 Y，继续修改请输入 N
```

（11）输入“Y”，返回主界面。

```
Y
-----------------欢迎进入员工信息管理系统  -----------------
*****************************************************************
1.添加员工信息模块
2.查找员工信息模块
3.修改员工信息模块
4.删除员工信息模块
5.退出
*****************************************************************
输入要进入的系统模块:
```